普通高等教育机械类系列教材

中文版 UG NX 12.0 项目化基础教程

唐友亮　范　钧　孙肖霞　主　编

张　俊　张安民　汪　浩　副主编

郑　宇　徐春明　吴培亭　参　编

电子工业出版社
Publishing House of Electronics Industry
北京·BEIJING

内 容 简 介

本书以培养读者的三维建模和创新设计能力为核心,以 UG NX 12.0 为应用平台,精心选择典型的零件(产品)建模为项目任务,以项目方式组织编写。通过项目任务的完成过程介绍了 UG NX 软件基本命令、三维建模和创新设计的思路与方法。

全书共 8 个项目,内容包含了 UG NX 软件基本操作、曲线绘制、草图绘制、实体建模、曲面造型、装配设计、工程图绘制、螺旋千斤顶设计与运动仿真。项目采用任务导入的形式进行基本知识点的介绍,并设计有应用实例;同时针对基本知识点,各项目安排了一定数量的思考题与项目训练。为方便读者学习,书中引入的每个项目和应用实例都有相应操作视频供参考。

本书可作为应用型高校、高等职业技术学院机电类专业的教学用书,也可作为从事机械设计的工程技术人员培训或自学的参考资料。

未经许可,不得以任何方式复制或抄袭本书之部分或全部内容。
版权所有,侵权必究。

图书在版编目(CIP)数据

中文版 UG NX 12.0 项目化基础教程 / 唐友亮,范钧,孙肖霞主编. -- 北京:电子工业出版社,2025.6.
ISBN 978-7-121-50377-1

Ⅰ. TP391.72

中国国家版本馆 CIP 数据核字第 2025S5F581 号

责任编辑:桑 昀
印　　刷:三河市龙林印务有限公司
装　　订:三河市龙林印务有限公司
出版发行:电子工业出版社
　　　　　北京市海淀区万寿路 173 信箱　邮编　100036
开　　本:787×1092　1/16　印张:17.75　字数:455 千字
版　　次:2025 年 6 月第 1 版
印　　次:2025 年 6 月第 1 次印刷
定　　价:56.00 元

凡所购买电子工业出版社图书有缺损问题,请向购买书店调换。若书店售缺,请与本社发行部联系,联系及邮购电话:(010)88254888,88258888。
质量投诉请发邮件至 zlts@phei.com.cn,盗版侵权举报请发邮件至 dbqq@phei.com.cn。
本书咨询联系方式:(010)88254556,zhaoys@phei.com.cn。

前　　言

零件建模是机电产品设计岗位人员必备的基本技能。本书以培养和提升读者的零件三维设计建模能力为目标，通过典型零件（产品）建模、装配设计、工程图绘制和运动仿真实例详细介绍了 UG NX 12.0 的基本知识和操作方法。

本书采用项目教学的方式组织内容，结合软件功能特点，共包括 8 个项目。项目 1～项目 7 的编写体例相同，由项目任务、项目分析、项目相关知识、项目实施、思考题与项目训练五部分组成。在项目任务部分，给出项目设计任务；在项目分析部分，分析了项目任务的设计要求和完成设计任务所需的知识；在项目相关知识部分，介绍了完成该项目必需的知识与技能，包括相关绘图命令、图形对象操作、设计技巧等；在项目实施部分，介绍了项目任务的实施过程和详细的操作步骤；在思考题与项目训练部分，围绕项目相关功能模块的重点操作命令和技巧，精心设计了适量的练习，供读者加深对知识的理解和操作技能的强化。项目 8 以螺旋千斤顶的零件建模、装配和运动仿真为综合应用实例来对产品三维设计思维、全书知识点与操作命令进行全面总结与提升。

通过本书 8 个项目的系统学习，读者不仅能够利用 UG NX 软件进行产品三维设计，还能够具备中等难度产品的三维设计与开发能力，达到实际工作岗位对机电类工程技术人员的职业技能要求。

为了方便读者学习，本书每个项目都配备了操作视频，读者可以通过扫描相应二维码观看。书中实例用到的原始文件可登录华信教育资源网（www.hxedu.com.cn）注册后免费下载。

本书由宿迁学院唐友亮、范钧和孙肖霞担任主编。项目 1 由郑宇编写，项目 2 由唐友亮编写，项目 3 和项目 5 由张俊、唐友亮编写，项目 4 由徐春明和吴培亭编写，项目 6 由范钧编写，项目 7 由张安民和唐友亮编写，项目 8 由孙肖霞和汪浩编写。全书由唐友亮统稿。

本书由江苏高校"青蓝工程"项目资助出版。

编　者

目　　录

项目 1　UG NX 软件基本操作 ………… 1
 1.1　项目任务 ………………………… 1
 1.2　项目分析 ………………………… 2
 1.3　项目相关知识：中文版 UG NX 12.0
   基础知识 ………………………… 2
  1.3.1　UG NX 软件的启动与退出 …… 2
  1.3.2　UG NX 软件的主要功能模块
     介绍 ……………………………… 3
  1.3.3　UG NX 软件的界面 …………… 4
  1.3.4　工具条的定制 ………………… 6
  1.3.5　菜单及工具条中命令图标的
     导入 ……………………………… 6
  1.3.6　新建部件文件 ………………… 7
  1.3.7　打开与保存部件文件 ………… 8
  1.3.8　关闭部件文件 ………………… 9
  1.3.9　导入与导出部件文件 ………… 10
  1.3.10　鼠标与键盘操作 …………… 11
  1.3.11　视图操作 …………………… 11
  1.3.12　首选项设置 ………………… 13
  1.3.13　图层设置 …………………… 14
  1.3.14　编辑对象显示 ……………… 16
  1.3.15　显示和隐藏对象 …………… 16
  1.3.16　点构造器 …………………… 17
  1.3.17　矢量构造器 ………………… 18
  1.3.18　平面构造器 ………………… 19
  1.3.19　类选择器 …………………… 21
  1.3.20　坐标系 ……………………… 21
  1.3.21　命令查找器 ………………… 22
  1.3.22　GC 工具箱简介 …………… 23
  1.3.23　信息查询 …………………… 25
  1.3.24　分析 ………………………… 26
  1.3.25　帮助系统 …………………… 27
 1.4　项目实施 ………………………… 27
  1.4.1　工具条的定制 ………………… 27
  1.4.2　坐标系的变换 ………………… 28

 思考题与项目训练 …………………… 29
项目 2　曲线绘制 ……………………… 30
 2.1　项目任务 ………………………… 30
 2.2　项目分析 ………………………… 30
 2.3　项目相关知识：曲线相关命令 … 31
  2.3.1　点（点集） …………………… 31
  2.3.2　基本曲线 ……………………… 35
  2.3.3　直线 …………………………… 40
  2.3.4　圆弧 …………………………… 41
  2.3.5　矩形 …………………………… 42
  2.3.6　正多边形 ……………………… 42
  2.3.7　椭圆 …………………………… 44
  2.3.8　样条 …………………………… 44
  2.3.9　规律曲线 ……………………… 48
  2.3.10　螺旋线 ……………………… 49
  2.3.11　曲线倒斜角 ………………… 50
  2.3.12　编辑圆角 …………………… 51
  2.3.13　修剪曲线 …………………… 52
  2.3.14　分割曲线 …………………… 53
  2.3.15　派生曲线——偏置曲线 …… 55
  2.3.16　派生曲线——桥接曲线 …… 57
  2.3.17　派生曲线——连接曲线 …… 59
  2.3.18　派生曲线——投影曲线 …… 59
  2.3.19　派生曲线——镜像曲线 …… 60
  2.3.20　派生曲线——相交曲线 …… 61
  2.3.21　派生曲线——抽取曲线 …… 61
  2.3.22　派生曲线——截面曲线 …… 62
 2.4　项目实施 ………………………… 65
  2.4.1　挂钩曲线绘制 ………………… 65
  2.4.2　台灯罩曲线绘制 ……………… 66
 思考题与项目训练 …………………… 68
项目 3　草图绘制 ……………………… 70
 3.1　项目任务 ………………………… 70
 3.2　项目分析 ………………………… 71
 3.3　项目相关知识 …………………… 71

3.3.1 创建草图 …………………… 71
3.3.2 基本草图命令 ………………… 75
3.3.3 草图曲线命令——轮廓 ……… 75
3.3.4 草图曲线命令——直线 ……… 76
3.3.5 草图曲线命令——圆弧 ……… 76
3.3.6 草图曲线命令——圆 ………… 76
3.3.7 草图曲线命令——矩形 ……… 77
3.3.8 草图曲线命令——多边形 …… 78
3.3.9 草图曲线命令——椭圆 ……… 79
3.3.10 草图曲线命令——艺术样条 … 80
3.3.11 草图编辑命令——快速修剪 … 80
3.3.12 草图编辑命令——快速延伸 … 81
3.3.13 草图编辑命令——圆角（角焊） ………………………… 82
3.3.14 草图编辑命令——倒斜角 …… 83
3.3.15 草图编辑命令——制作拐角 … 84
3.3.16 草图编辑命令——派生直线 … 84
3.3.17 草图编辑命令——偏置曲线 … 85
3.3.18 草图编辑命令——投影曲线 … 85
3.3.19 草图编辑命令——镜像曲线 … 86
3.3.20 草图编辑命令——阵列曲线 … 86
3.3.21 参考曲线转换 ………………… 88
3.3.22 约束 …………………………… 89
3.4 项目实施 ………………………………… 93
3.4.1 扳手草图绘制 ………………… 93
3.4.2 钩子草图绘制 ………………… 96
3.4.3 垫片草图绘制 ………………… 98
思考题与项目训练 …………………………… 99

项目4 实体建模 ……………………………… 101
4.1 项目任务 ……………………………… 101
4.2 项目分析 ……………………………… 101
4.3 项目相关知识 ………………………… 102
4.3.1 体素特征——长方体 ………… 102
4.3.2 体素特征——圆柱 …………… 103
4.3.3 体素特征——圆锥 …………… 104
4.3.4 体素特征——球 ……………… 105
4.3.5 布尔运算命令——合并 ……… 105
4.3.6 布尔运算命令——减去 ……… 106
4.3.7 布尔运算命令——相交 ……… 107
4.3.8 基准特征——基准轴 ………… 107
4.3.9 基准特征——基准平面 ……… 110

4.3.10 扫描特征——拉伸 …………… 113
4.3.11 扫描特征——旋转 …………… 115
4.3.12 扫描特征——沿引导线扫掠 ………………………… 116
4.3.13 扫描特征——管 ……………… 116
4.3.14 编辑成形特征——孔 ………… 117
4.3.15 编辑成形特征——凸台 ……… 122
4.3.16 编辑成形特征——腔 ………… 123
4.3.17 编辑成形特征——垫块 ……… 126
4.3.18 编辑成形特征——键槽 ……… 127
4.3.19 编辑成形特征——槽 ………… 129
4.3.20 特征操作——拔模 …………… 130
4.3.21 特征操作——边倒圆 ………… 133
4.3.22 特征操作——倒斜角 ………… 134
4.3.23 特征操作——抽壳 …………… 135
4.3.24 特征操作——螺纹刀 ………… 135
4.3.25 特征操作——缝合 …………… 137
4.3.26 特征操作——修剪体和拆分体 ……………………………… 137
4.3.27 特征操作——镜像特征和镜像几何体 …………………… 138
4.3.28 特征操作——阵列特征 …… 141
4.3.29 特征操作——阵列面 ……… 142
4.3.30 同步建模简介 ……………… 143
4.4 项目实施 ……………………………… 144
4.4.1 品字尾电源插头建模 ……… 144
4.4.2 电饭煲外壳建模 …………… 150
思考题与项目训练 ………………………… 158

项目5 曲面造型 ……………………………… 162
5.1 项目任务 ……………………………… 162
5.2 项目分析 ……………………………… 163
5.3 项目相关知识 ………………………… 163
5.3.1 由点到面——四点曲面 …… 163
5.3.2 由点到面——通过点 ……… 163
5.3.3 由点到面——从极点 ……… 165
5.3.4 由线到面——直纹 ………… 165
5.3.5 由线到面——通过曲线组 … 166
5.3.6 由线到面——通过曲线网格 … 167
5.3.7 由线到面——艺术曲面 …… 168
5.3.8 由线到面——N边曲面 …… 169
5.3.9 由线到面——扫掠 ………… 170

- 5.3.10 由线到面——有界平面 …… 172
- 5.3.11 由线到面——过渡 …… 172
- 5.3.12 由线到面——填充曲面 …… 172
- 5.3.13 曲面操作——修剪片体 …… 173
- 5.3.14 曲面操作——偏置曲面 …… 173
- 5.3.15 曲面操作——修剪和延伸 …… 174
- 5.3.16 曲面操作——缝合 …… 175
- 5.4 项目实施 …… 175
  - 5.4.1 五角星曲面绘制 …… 175
  - 5.4.2 风扇叶片曲面绘制 …… 177
- 思考题与项目训练 …… 183

项目6 装配设计 …… 185
- 6.1 项目任务 …… 185
- 6.2 项目分析 …… 186
- 6.3 项目相关知识：装配相关命令 …… 186
  - 6.3.1 装配结构与建模方法 …… 186
  - 6.3.2 添加组件 …… 187
  - 6.3.3 新建组件 …… 188
  - 6.3.4 创建阵列组件 …… 188
  - 6.3.5 替换组件 …… 190
  - 6.3.6 移动组件 …… 190
  - 6.3.7 WAVE 几何链接器 …… 190
  - 6.3.8 装配导航器 …… 191
  - 6.3.9 装配约束 …… 192
  - 6.3.10 爆炸图 …… 195
  - 6.3.11 装配查询与分析 …… 197
- 6.4 项目实施 …… 197
- 思考题与项目训练 …… 203

项目7 工程图绘制 …… 204
- 7.1 项目任务 …… 204
- 7.2 项目分析 …… 205
- 7.3 项目相关知识 …… 205
  - 7.3.1 图纸管理 …… 205
  - 7.3.2 建立视图 …… 210
  - 7.3.3 编辑视图 …… 218
  - 7.3.4 图样标注 …… 220
  - 7.3.5 工程图样 …… 227
- 7.4 项目实施 …… 228
  - 7.4.1 转动轴零件图绘制 …… 228
  - 7.4.2 连接部件装配图绘制 …… 236
- 思考题与项目训练 …… 239

项目8 螺旋千斤顶设计与运动仿真 …… 241
- 8.1 螺旋千斤顶结构与工作原理 …… 241
- 8.2 千斤顶零件设计 …… 243
  - 8.2.1 项目任务 …… 243
  - 8.2.2 项目分析 …… 243
  - 8.2.3 项目实施 …… 243
- 8.3 千斤顶装配设计 …… 262
  - 8.3.1 项目任务 …… 262
  - 8.3.2 项目分析 …… 262
  - 8.3.3 项目实施 …… 263
- 8.4 千斤顶运动仿真 …… 270
  - 8.4.1 项目任务 …… 270
  - 8.4.2 项目分析 …… 270
  - 8.4.3 项目相关知识 …… 270
  - 8.4.4 项目实施 …… 272
- 思考题与项目训练 …… 276

项目 1

UG NX 软件基本操作

UG NX 软件是 Siemens PLM Software 新一代数字化产品开发系统,它包含了企业中应用最广泛的集成应用套件,用于产品设计、工程和制造全范围的开发过程,是集 CAD/CAE/CAM 于一体的软件,并且可以通过过程变更来驱动产品更新。UG NX(简称 NX)软件在航空、汽车、机械、电子电器等工业领域已经得到了广泛应用。通过本项目的学习,可以掌握 UG NX 软件的基本概念、主要功能模块、软件界面、文件管理、基本操作、常用工具、信息查询等有关内容。

1.1 项目任务

任务 1:工具条的定制

要求:定制图 1-1 所示的工具条。

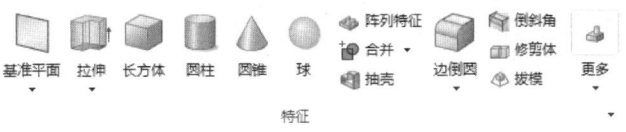

图 1-1 特征工具条的定制

任务 2:坐标系的变换

要求:将图 1-2 所示的工作坐标系(WCS)由长方体的左下角变换为图 1-3 和 1-4 所示位置和方位。

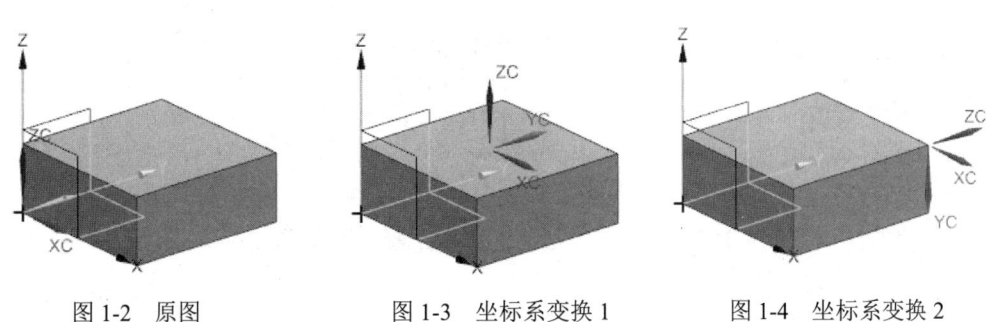

图 1-2 原图　　　　图 1-3 坐标系变换 1　　　　图 1-4 坐标系变换 2

1.2　项目分析

任务 1：菜单及工具条命令图标的导入

UG NX 12.0 启动后，很多工具条处于隐藏状态。如果显示所有工具条，软件的绘图空间将会变得很小，不利于用户操作。工具条是为快速访问常用的操作而设计的特殊对话框，可根据绘图需要及个人习惯进行工具条命令图标的导入与定制，从而提高绘图效率。

任务 2：坐标系的变换

在绘图过程中，如果要精确定位某个对象，则应以某个坐标系作为参照。UG NX 12.0 提供了多种建立工作坐标系（WCS）的方法，其中，三轴符号用于标识坐标系，轴的交点称为坐标系的原点。通过坐标系的变换，可以定义新的基准（点、线、面），方便绘图。

1.3　项目相关知识：中文版 UG NX 12.0 基础知识

1.3.1　UG NX 软件的启动与退出

1. 启动 UG NX 12.0 软件

启动 UG NX 12.0 软件的方法有三种。

（1）单击"开始"按钮，选择【Siemens NX 12.0】|【NX 12.0】，可以启动 UG NX 12.0（简称 UG NX）软件，如图 1-5 所示。系统加载 UG NX 12.0 启动程序，屏幕上出现启动画面，如图 1-6 所示。软件启动后的初始界面如图 1-7 所示。此时还不能进行实际操作，通过新建文件或打开已建立的文件，进入相应模块后才能操作。

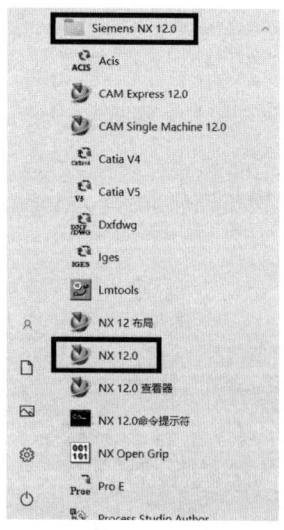

图 1-5　用开始菜单启动 UG NX 12.0 软件　　　　图 1-6　UG NX 12.0 启动画面

(2)双击桌面上的快捷图标 可以启动 UG NX 12.0 软件,如图 1-8 所示,后面的过程与上一种方法相同。

(3)双击已有的 UG NX 文件(如*.prt 格式),可以启动 UG NX 12.0 软件,同时打开该文件。

图 1-7 UG NX 12.0 启动后的初始界面

图 1-8 用桌面图标启动 UG NX 12.0 软件

2. 退出 UG NX 12.0 软件

当完成操作工作后可退出 UG NX 12.0 软件,退出方法有两种。

(1)选择【菜单】|【文件】|【退出】,可以退出 UG NX 12.0 软件,如图 1-9 所示。

(2)单击软件主窗口右上角的"关闭"按钮 ✕。

如果在关闭 UG NX 软件前,对现有对象进行了修改或做了新的操作而未保存,则系统将弹出如图 1-10 所示的"退出"对话框,提示是否真的退出,退出时是否保存已做的修改。单击"是-保存并退出"按钮,退出软件系统,并保存已做的修改;单击"否-退出"按钮,退出软件系统,不保存已做的修改;单击"取消"按钮,则不退出软件系统。

如果在关闭 UG NX 12.0 软件前做了保存,则不会弹出上述对话框。

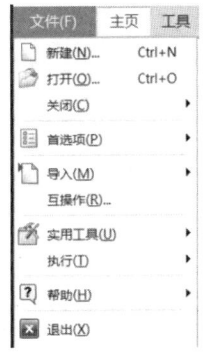

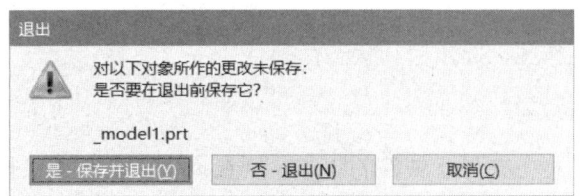

图 1-9 用菜单退出 UG NX 软件

图 1-10 "退出"对话框

1.3.2 UG NX 软件的主要功能模块介绍

UG NX 软件的各种功能都是通过相应的应用模块来实现的,每一个应用模块都是软件的一部分,它们既相对独立,又相互关联。如果需要从一个应用模块切换到另一个应用模块,可单击"应用模块"菜单,然后选择相应的模块,如图 1-11 所示。

图 1-11 切换应用模块

现对 UG NX 软件的几个主要应用模块及其功能做简要介绍。

1．基本环境模块

基本环境模块是所有应用模块的公共运行平台，在该模块下可以新建部件文件，打开已经存在的部件文件，改变部件显示状态，分析部件，输出图纸，执行外部程序，使用在线帮助等。

2．建模模块

建模模块是 UG NX 软件三维造型模块，也是应用最多的模块。用户可以利用该模块自由地表达自己的设计思想，展示自己的设计才能。在该模块中，曲线功能和曲面功能得到充分的体现，灵活而又形象的工具既可以缩短熟悉软件的时间，又可以提高操作的速度。

3．装配模块

利用装配模块可以进行产品的虚拟装配。该模块支持"自底向上"和"自顶向下"两种装配模式；可以跨越装配层直接访问装配体中的任何部件、组件或子装配体；支持装配过程中的"上下文设计"方法，可在装配模块中改变部件的设计模型。

4．制图模块

制图模块用于制作平面工程图。它具有制作平面工程图的所有功能，既可以根据已建立的产品三维模型自动生成平面工程图，又可以利用其曲线功能直接绘制平面图。当然，UG NX 软件的功能优势并不在于平面图形的绘制。

除上述模块外，UG NX 软件还包含了加工模块、运动仿真模块、外观造型设计模块、钣金模块等 20 多个模块。

1.3.3 UG NX 软件的界面

启动 UG NX 软件后，进入不同的模块将显示不同的界面。现以建模模块为例介绍 UG NX 软件界面的组成，如图 1-12 所示。进入建模模块后，UG NX 工作界面包括标题栏、菜单栏、工具条、工作区、提示栏、状态栏等。

1．标题栏

标题栏主要显示软件的版本、所在模块、当前正在操作的部件文件名称等信息，以及窗口操作按钮（最小化 _ 、最大化 □ 、关闭 ×），可以在该栏中进行撤销、重做和保存等操作。

2．菜单栏

菜单栏包含软件的主要功能命令，系统所有的命令和设置选项都归置其中。根据各个命令的功能进行分类，可划分为若干个主菜单。单击任一主菜单，都会展开子菜单，其中包含所有与该功能相关的命令选项。

项目 1　UG NX 软件基本操作

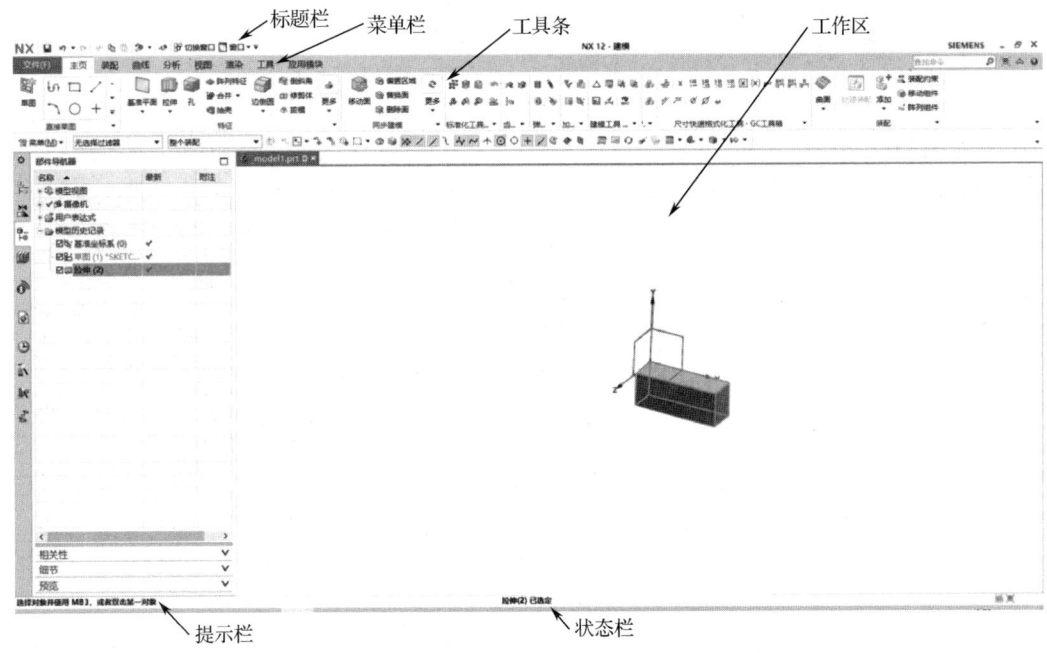

图 1-12　UG NX 界面的组成

3．工具条

工具条中每一个按钮都对应着一个不同的操作命令，并且工具条中的每一个命令都以图标形式形象地表示命令的功能。使用工具条中的按钮可以避免用户在菜单中查找命令，更方便用户使用。因此，使用工具条中的按钮发出操作命令是使用最多的一种方式。

4．工作区

工作区是 UG NX 软件操作的主要区域，也称为图形窗口。模型的创建、编辑、修改、装配、分析、演示等操作都在该区域完成。

5．提示栏

提示栏用于提示用户如何进行下一步操作。命令执行的每一步，软件都会自动在提示栏内显示怎样进行下一步操作。

6．状态栏

状态栏用于显示当前操作的结果、鼠标所在位置、图形对象的类型或名称等属性，以帮助用户了解当前所处的状态。状态栏与提示栏处于同一行，位于右端。

使用 UG NX 软件时，要时刻注意提示栏和状态栏内显示的信息，根据这些信息了解下一步要做的操作及相关操作的结果，以便及时做出调整，这对于初学者尤为重要。

提示栏通常放置在工作区的左上方，状态栏通常放置在工作区的右上方。也可以选择【菜单】|【工具】|【定制】，在弹出的"定制"对话框的"图标/工具提示"选项卡中进行设置，如图 1-13 所示。

图 1-13　提示栏与状态栏位置的设置

1.3.4 工具条的定制

工具条在窗口中的放置方式有两种：一种是在绘图区域的四周靠边放置（称为入坞），以尽量减少对绘图区域的挤占；另一种是游离于绘图区域内的任何位置（称为出坞），从外观上看类似于对话框，如图1-14所示。

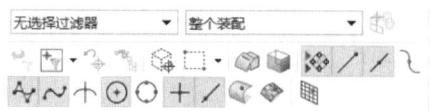

图1-14 游离的工具条

入坞放置时，鼠标指向工具条左端（水平放置）或上端（竖直放置）的齐缝线，按住鼠标左键拖动，可将工具条移动到窗口的其他边缘位置或出坞；出坞放置时，鼠标指向工具条上的标题行，按住鼠标左键拖动，可将工具条移动到绘图区域内的其他位置或入坞。

首次启动UG NX软件时，系统显示的工具条及工具条上的图标按钮都是默认的，用户可以根据自己的需要重新定制个性化工具条。

UG NX软件各模块的工具条很多，为了使用户能拥有较大的图形操作窗口，通常只将常用的工具条放置在窗口上，而将暂时不用的工具条隐藏起来。显示与隐藏工具条的方法有两种。

图1-15 "定制"对话框

（1）鼠标指向任意一个已经显示的工具条，单击鼠标右键，在弹出的快捷菜单中，名称前面带选中标记☑的是已经显示的工具条，名称前面不带选中标记□的是未显示的工具条。用鼠标单击快捷菜单中工具条的名称，相应的工具条在显示与隐藏两种状态之间切换。

（2）选择【菜单】|【工具】|【定制】，或用鼠标指向任意一个已经打开的工具条，单击鼠标右键，在弹出的快捷菜单的最下方选择"定制"选项，系统弹出"定制"对话框，如图1-15所示。

在"定制"对话框的"选项卡/条"选项卡中进行设置。在"选项卡/条"列表中勾选某工具条名称前面的复选框，则该工具条立刻显示在窗口中；若取消勾选某工具条名称前面的复选框，则该工具条立刻被隐藏。

1.3.5 菜单及工具条中命令图标的导入

并不是UG NX软件中的所有命令都可以直接从工具条或菜单中调用，有些不常用的命令通常只能从"定制"对话框中调用。为便于调用这些命令，可以将其图标导入菜单或工具条中，方法如下：在图1-16所示的"定制"对话框中选择"命令"选项卡，在类别列表中选择命令所在位置（如【菜单】|【插入】|【设计特征】），在命令列表中显示该类别的全部命令名称及图标按钮，用鼠标选择需要导入的命令的图标按钮（如旋转）并拖曳到菜单的相应位置上，则在菜单中显示该命令；同理，若拖曳到相应工具条上，则在工具条上显示该命令的图标按钮，如图1-16所示。

项目 1　UG NX 软件基本操作

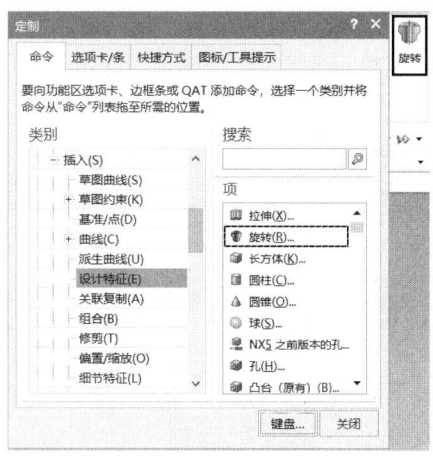

图 1-16　菜单及工具条中命令图标的导入

1.3.6　新建部件文件

新建部件文件的方法有两种：一种是选择【菜单】|【文件】|【新建】，弹出"新建"对话框，如图 1-17 所示；另一种是在"主页"选项卡中，单击"标准"工具条上的"新建"按钮，弹出"新建"对话框。下面对"新建"对话框中各选项的输入或设置加以说明。

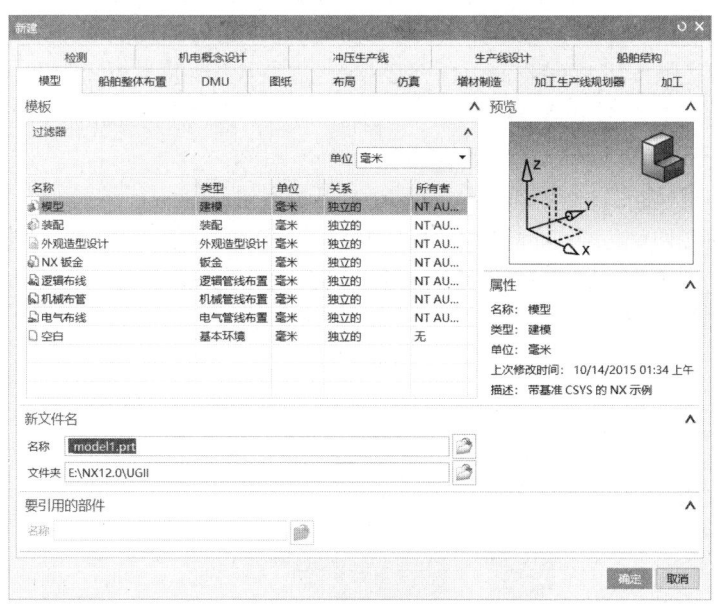

图 1-17　"新建"对话框

1. 选择文件类型

文件类型包括模型、图纸、仿真、加工等。建模时文件类型应选择"模型"，对应的部件文件格式为*.prt。

2. 选择建模时使用的尺寸单位

尺寸单位包括公制单位毫米和英制单位英寸两种。

3．命名文件名

在"名称"输入框内输入部件文件的名称。

4．选择部件文件放置的目录

在"文件夹"输入框内输入部件文件放置的目录名称,或单击输入框右侧的"浏览"按钮,通过文件目录浏览器选择部件文件存放的目录。

"新建"对话框中其他选项按默认设置,所有选项均输入或设置后,单击"确定"按钮完成新部件文件的建立,并进入建模工作界面。

⚠ 新建部件文件时,一旦指定了尺寸单位,文件建立后就不能再更改。

1.3.7 打开与保存部件文件

1．打开部件文件

打开部件文件的方法有两种,分别是:

(1)选择【菜单】|【文件】|【打开】,系统弹出"打开"对话框,如图1-18所示。
(2)单击标准工具条上的"打开"按钮,系统弹出"打开"对话框。

下面就"打开"对话框中各选项的输入或设置加以说明。

(1)在"查找范围"下拉列表框中选择要打开的部件文件存放的目录,如图1-18①所示。
(2)在"文件类型"下拉列表框中选择要打开的部件文件的类型,如图1-18②所示。
(3)在文件列表框中选择要打开的部件文件,则该文件名自动输入"文件名"下拉列表框中,如图1-18③所示,其他选项按默认设置。
(4)单击"OK"按钮,如图1-18④所示,打开部件文件。

如果要打开的文件是近期访问过的,可直接单击"标准"工具条上的"打开最近访问的部件"按钮,如图1-19所示,或选择【菜单】|【文件】|【最近打开的部件】,在下拉列表中选择要打开的部件文件。

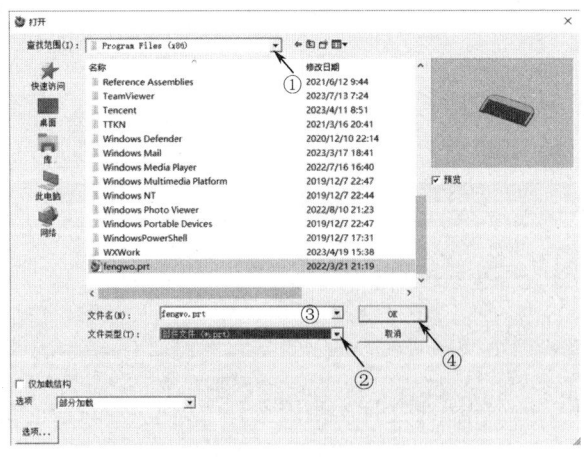

图1-18 "打开"对话框

图1-19 打开最近访问的部件

2．保存部件文件

保存部件文件的方式有以下几种。

（1）选择【菜单】|【文件】|【保存】，可保存正在操作的工作部件文件和所有已打开并修改过的其他部件文件。

（2）选择【菜单】|【文件】|【仅保存工作部件】，可保存正在操作的工作部件文件。

（3）选择【菜单】|【文件】|【全部保存】，可保存所有已打开并修改过的部件文件及所有顶级装配部件。

（4）选择【菜单】|【文件】|【另存为】，可将正在操作的工作部件以另一文件名保存或保存在另一文件目录下。

（5）单击标准工具条上的"保存"按钮 ，可保存正在操作的工作部件文件和所有已打开并修改过的其他部件文件。

1.3.8 关闭部件文件

1. 按钮操作

单击绘图区上方的"关闭"按钮 ，如图 1-20 所示。系统弹出"关闭文件"提示对话框，如图 1-21 所示。

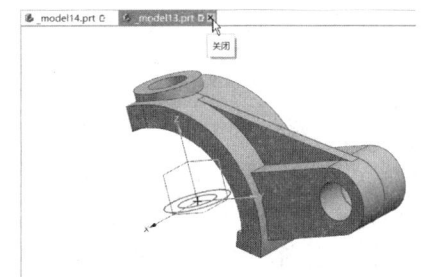

图 1-20 "关闭"按钮

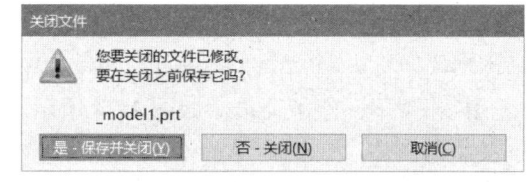

图 1-21 "关闭文件"提示对话框

单击"是-保存并关闭"按钮，则关闭所有部件，并保存已做修改的工作部件文件；单击"否-关闭"按钮，则关闭工作部件文件，不保存已做的修改；单击"取消"按钮，则不关闭部件文件。

如果关闭部件文件前做了保存，则不会弹出上述对话框。

2. 菜单操作

选择【菜单】|【文件】|【关闭】，可在下一级子菜单中选择关闭方式，如图 1-22 所示。

（1）选定的部件　弹出"关闭部件"对话框，从对话框列表中选择要关闭的已打开的部件将其关闭。

（2）所有部件　关闭已打开的所有部件。

（3）保存并关闭　保存所有打开的，并且修改过的部件文件，然后全部关闭。

（4）另存并关闭　弹出"另存为"对话框，将工作部件文件另存后关闭。

（5）全部保存并关闭　保存所有打开（修改或未修改）的部件文件，并全部关闭。

（6）全部保存并退出　保存所有打开（修改或未修改）的部件文件，并全部关闭后退出 UG NX 软件。

图 1-22 关闭部件文件

（7）关闭并重新打开选定的部件　在弹出的"重新打开部件"对话框中选择需要重新打开的部件文件。

（8）关闭并重新打开所有修改的部件。在弹出的"重新打开部件"对话框中确认该操作，若单击"是"按钮，则所有已经打开的部件文件全部关闭后再重新打开；若单击"否"按钮，则放弃该操作。

1.3.9 导入与导出部件文件

UG NX 12.0 软件可以和众多知名的 CAD/CAE/CAM 软件及其他图形软件进行数据交换，实现资源共享，如 AutoCAD、Pro/E、CATIA、SolidWorks 等。

1. 导入部件文件

导入部件文件是指把其他软件生成的文件导入 UG NX 系统中，UG NX 12.0 提供了多种格式的导入形式。选择【菜单】|【文件】|【导入】，出现下一级子菜单，如图 1-23 所示。选择不同的子菜单可导入不同类型的文件，如选择"Parasolid…"，可导入 SolidWorks 软件中生成的文件；选择"IGES"，可导入 IGES 文件；选择"AutoCAD DXF/DWG…"，可导入 AutoCAD 软件中生成的文件。此外，还有 CGM、VRML、Pro/E、STEP203、STEP214、CATIA V4、CATIA V5 等格式。

2. 导出部件文件

UG NX 导出部件文件与导入部件文件类似，利用导出功能可将现有的 UG NX 文件导出为支持其他类型软件的文件。在 UG NX 12.0 中，提供了 20 余种导出文件格式。选择【菜单】|【文件】|【导出】，出现下一级子菜单，如图 1-24 所示。选择不同的子菜单可将 UG NX 部件文件导出为不同类型的文件，如选择"AutoCAD DXF/DWG…"，可导出为 AutoCAD 文件；选择"JPEG…"，可导出为 JPG 格式的图片文件；选择"CATIA V4…"，可导出为 CATIA V4 格式的文件。

图 1-23　导入部件文件子菜单

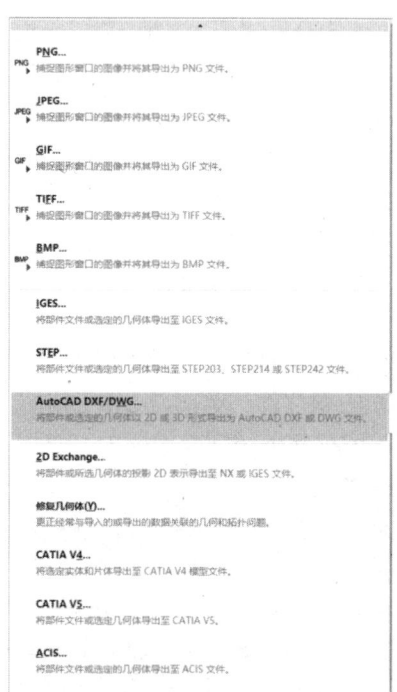

图 1-24　导出部件文件子菜单

1.3.10 鼠标与键盘操作

UG NX 12.0 的基本操作包括鼠标与键盘操作、视图操作、首选项操作、图层操作、编辑对象显示、显示与隐藏对象等。在 UG NX 软件操作过程中，鼠标操作是使用频率最高、可实现的功能最多的操作，如选择、视图平移、旋转、缩放、快捷菜单等。

操作 UG NX 软件时最好使用三键滚轮鼠标，其功能如表 1-1 所示。

表 1-1 UG NX 12.0 中鼠标功能

鼠标按键	功能	操作说明
左键（MB1）	选择图标按钮、菜单	按鼠标左键
	选择图形对象	
	选择相应功能	
	鼠标拖动	
中键（MB2）	缩放	按<MB1+MB2>或<Ctrl+MB2>并移动鼠标
	平移	按<Shift+MB2>或<MB2+MB3>并移动鼠标
	旋转	按 MB2 并移动光标
	对话框中的按钮"OK"或"确定"	单击鼠标中键 MB2
右键（MB3）	快捷菜单	单击鼠标右键 MB3
	推断菜单	指向特征对象，单击鼠标右键 MB3 并保持
	悬浮菜单	在绘图区空白处，单击鼠标右键 MB3 并保持

在 UG NX 软件操作过程中，键盘主要用于输入参数。键盘上的部分特殊功能键可以使操作更加便捷，例如：

<Tab>键：在对话框的不同输入区或选择区进行从左至右、从上至下的依次切换；
<Shift+Tab>键：在对话框的不同输入区或选择区进行自下而上、自右而左的依次切换；
<F4>键：重复上一次操作命令；
<F5>键：刷新窗口；
<F6>键：打开或退出视图缩放；
<F7>键：打开或退出视图旋转。

1.3.11 视图操作

在操作 UG NX 软件的过程中，需要不断地改变观察图形对象的视角，调整视图显示的方式。视图操作的常用图标按钮位于"视图"工具条上，如图 1-25 所示。

图 1-25 "视图"工具条

按照视图操作功能的差别可将其分为三种类型：视图观察方式、视图显示方式、视图观察方向。

1. 视图观察方式

视图工具条上提供的视图观察方式图标按钮的功能如表 1-2 所示。

表 1-2　UG NX 12.0 视图观察方式图标按钮的功能

图标	名称	功能
	缩放	按住鼠标左键，拖画矩形，将矩形区域内的视图放大到整个窗口
	平移	按住鼠标左键并拖动，以平行移动视图
	旋转	按住鼠标左键并拖动，以旋转视图
	透视	将工作视图从平行投影更改为透视投影
	适合窗口	调整工作视图的比例和中心位置，以显示所有可见对象
	正三轴测图	定向工作视图以与正三轴测图对齐
	艺术外观	根据指派的基本材料、纹理和光逼真地渲染面

2. 视图显示方式

单击图 1-26 所示"视图"工具条中"渲染样式"图标按钮右侧的三角图标，可展开一组下拉菜单，提供若干种图形显示的方式。

（1）带边着色　用光顺着色和打光渲染面（鼠标指向的视图中），并显示面的边缘。

（2）着色　用光顺着色和打光渲染面（鼠标指向的视图中），不显示面的边缘。

（3）带有淡化边的线框　旋转视图时用边缘几何体渲染鼠标指向的视图中的面，使隐藏边淡化并动态更新面。

（4）带有隐藏边的线框　旋转视图时用边缘几何体、不可见隐藏边渲染鼠标指向的视图中的面，并动态更新面。

（5）静态线框　用边缘几何体渲染鼠标指向的视图中的面，旋转视图后必须用"更新视图"命令来校正隐藏边和轮廓线。

（6）艺术外观　按照软件制定的材料、纹理和光源，实际渲染鼠标指向的视图中的面。

（7）面分析　用曲面分析数据渲染鼠标指向的视图中的面，用边缘几何体渲染剩余的面。

（8）局部着色　用光顺着色和打光渲染鼠标指向的视图中的局部着色面，用边缘几何体渲染剩余的面。

3. 视图观察方向

单击"视图"工具条中的"定向视图"图标按钮右侧的三角图标，可展开一组下拉图标，提供若干种视图观察方向，如图 1-27 所示，图中各图标按钮的功能如表 1-3 所示。

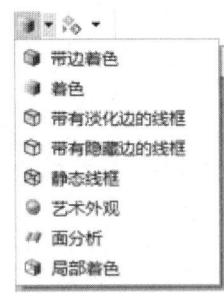

图 1-26　渲染样式

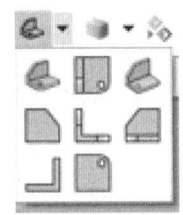

图 1-27　视图观察方向

表1-3　UG NX 12.0视图观察方向图标按钮的功能

图标	名称	功能	图例
	正二测视图	定位工作视图，以便与正二测视图对齐	
	俯视图	定位工作视图，以便与俯视图对齐	
	正等测视图	定位工作视图，以便与正等测视图对齐	
	左视图	定位工作视图，以便与左视图对齐	
	前视图	定位工作视图，以便与前视图对齐	
	右视图	定位工作视图，以便与右视图对齐	
	后视图	定位工作视图，以便与后视图对齐	
	仰视图	定位工作视图，以便与仰视图对齐	

4．背景色控制

单击"视图"工具条中"背景色"图标按钮右侧的三角图标，可展开一组下拉菜单，提供四种背景色：浅色背景、渐变浅灰色背景、渐变深灰色背景、深色背景。

> ⚠ 视图操作只改变观察者相对于图形对象的位置和视角，并不改变图形对象本身的形状、大小、位置等属性。

1.3.12　首选项设置

在特征建模过程中，不同的用户会有不同的建模习惯。在UG NX 12.0中，用户可以通过修改设置首选项参数达到熟悉工作环境的目的。包括利用"首选项"来定义新对象、名称、布局和视图的显示参数，设置生成对象的图层、颜色、字体和宽度，控制对象、视图和边界的显示，更改选择球的大小，指定选择框方式，设置成链的公差和方法，以及设计和激活栅格。本节将主要介绍常用首选项参数的设置方法。

1．对象预设置

对象预设置是指对一些模块的默认控制参数进行设置，可以设置新生成的特征对象的属性和分析新对象时的显示颜色，包括线型、线宽、颜色等参数。该设置不影响已有的对象属性，也不影响通过复制已有对象而生成的新对象的属性。参数修改后绘制的对象，其属性将会是参数设置对话框中所设置的属性。

选择【菜单】|【首选项】|【对象】,弹出"对象首选项"对话框,如图1-28所示。该对话框包括"常规""分析"和"线宽"三个选项卡。

(1)"常规"选项卡用于设置图形对象放置的图层,图形对象的类型、颜色、线型、宽度、透明度等属性。

(2)"分析"选项卡用于设置图形对象几何分析元素的显示方式。

(3)"线宽"选项卡用于设置图形对象的线宽。

2. 背景预设置

选择【菜单】|【首选项】|【背景】,弹出"编辑背景"对话框,在对话框中可对背景的显示方式、背景颜色进行设置,如图1-29所示。

图1-28 "对象首选项"对话框

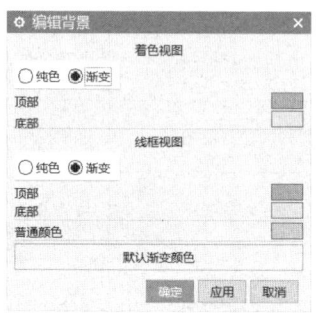

图1-29 "编辑背景"对话框

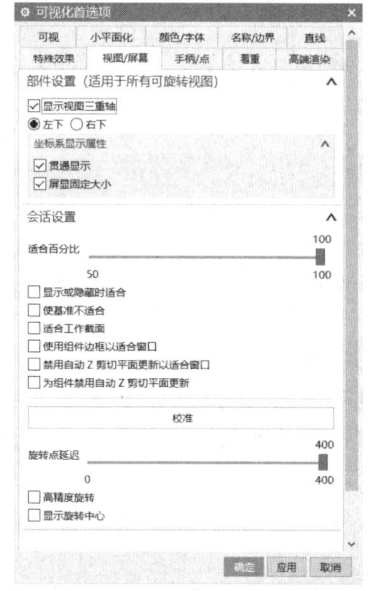

图1-30 "可视化首选项"对话框

3. 可视化预设值

选择【菜单】|【首选项】|【可视化】,弹出"可视化首选项"对话框,如图1-30所示。下面主要介绍常用的三个选项卡。

(1)"颜色/字体"选项卡主要用于设置UG NX操作中涉及的各种图像的颜色(如前景色、背景色、对象预选色、对象选中后的颜色等)、字体类型等。

(2)"可视"选项卡主要用于设置UG NX操作中涉及的图像显示方式,如视图的投影方向、渲染方式、轮廓边界显示方式等。

(3)"名称/边界"选项卡主要用于设置对象名称的启用与关闭、视图名称的启用与关闭、视图边界的显示与隐藏等。

1.3.13 图层设置

图层是指放置模型对象的不同层次。在多数图形软件中,为了方便对模型对象的管理,设置了不同的图层,每个图层可以放置不同属性的对象。各个图层不存在实质上的差异,原则上任何对象都可以根据不同需要放置到任何一个图层中。其主要作用就是在进行复杂特征建模时可以方便地进行模型对象的管理。

UG NX 系统中总共有 256 个图层，每个图层上可以放置任意数量的模型对象。在每个组件的所有图层中，只有一个图层为工作图层，所有的工作只能在工作图层上进行。其他图层可以对其可见性、可选择性等进行设置来辅助建模工作。

在 UG NX 12.0 中，图层的有关操作在【菜单】|【格式】中，如图 1-31 所示。本节将对图层操作命令进行介绍。

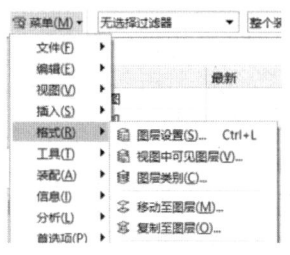

1. 工作图层

工作图层用于在建模过程中放置图形对象。可直接切换不同的图层作为工作图层。单击"实用工具"工具条中"工作图层切换"图标按钮，在下拉列表中选择作为工作图层的图层名称，该图层即成为工作图层。

图 1-31　图层操作

2. 图层设置

该选项可在创建模型前，根据实际需要、用户使用习惯和创建对象类型的不同对图层进行设置。

选择【菜单】|【格式】|【图层设置】，弹出"图层设置"对话框，如图 1-32 所示。利用该对话框，可以对部件中所有图层进行"设为可选""设为工作图层""设为仅可见"和"设为不可见"等设置，还可以进行图层信息查询，还可以对图层所属的种类进行编辑操作。

通常在创建比较复杂的模型时，为方便观察和操作，应根据需要隐藏某些图层，或者显示隐藏的图层。

3. 移动至图层

该选项将选定的对象从一个图层移动到另一个图层，原图层中不再包含选定的对象。

选择【菜单】|【格式】|【移动至图层】，弹出"类选择"对话框，选择需要移动的对象，单击"确定"按钮后弹出如图 1-33 所示的"图层移动"对话框。选择目标图层后单击"确定"按钮或"应用"按钮，完成操作。

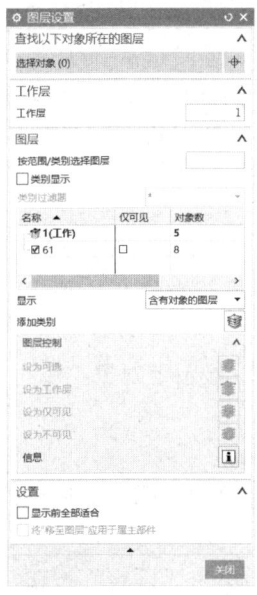

图 1-32　"图层设置"对话框

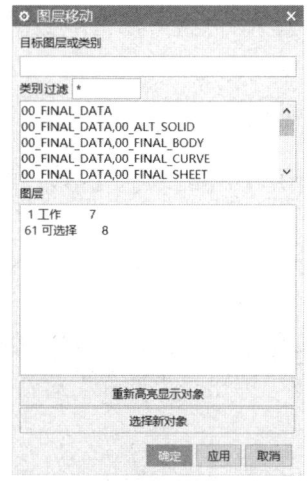

图 1-33　"图层移动"对话框

4．复制至图层

该选项将选取的对象从一个图层复制一个备份到另一个指定的图层。

选择【菜单】|【格式】|【复制至图层】，其后的操作方法与"移动至图层"类似，二者的不同点在于执行"复制至图层"操作后，选取的对象同时存在于原图层和指定的图层中。

 UG NX 软件"首选项"设置菜单分为"部件设置"菜单和"作业设置"菜单。"部件设置"菜单所做的设置会随部件文件一起保存，而"作业设置"菜单所做的设置不能随部件文件保存，只在当前操作中有效，软件重启后需重新设置。另外，有些设置仅对之后的操作结果有效，对已经完成的操作结果无效。因此，在进入 UG NX 的每一个模块时应先做设置，然后再做相应操作。

1.3.14 编辑对象显示

该选项用于编辑或修改特征对象的属性（包括所在图层、颜色、线型、透明度等）。选择【菜单】|【编辑】|【对象显示】，弹出"类选择"对话框，利用该对话框在视图工作区选取所需对象，单击"确定"按钮，弹出"编辑对象显示"对话框，如图 1-34 所示。

图 1-34 "编辑对象显示"对话框

 "编辑对象显示"操作方法及对话框的结构与预设置【首选项】|【对象】基本相同，但"编辑对象显示"操作仅仅对选定的对象有效，而【菜单】|【首选项】|【对象】操作对设置后创建的所有对象有效。

1.3.15 显示和隐藏对象

在创建较复杂的模型时，通常此模型包括多个特征对象，容易造成在大多数观察角度无法看到被遮挡的特征对象，此时就需要将不操作的对象暂时隐藏起来，先对其遮挡的对象进行操作。完成后，根据需要将隐藏的特征对象重新显示出来。下面将介绍常用的几种显示和隐藏操作方法。

1．主菜单操作

选择【菜单】|【编辑】|【显示和隐藏】，出现下一级子菜单，如图 1-35 所示。各子菜单项说明如下。

（1）显示和隐藏 弹出"显示和隐藏"对话框，单击"+"显示该对象，单击"-"隐藏该对象，如图 1-36 所示。

（2）立即隐藏 选择要隐藏的对象，则所选对象立即被隐藏。

（3）隐藏 弹出"类选择"对话框，选择要隐藏的对象，单击"确定"按钮，则所选对象被隐藏。

（4）显示 弹出"类选择"对话框，选择要显示的对象，单击"确定"按钮，则所选对象被显示出来。

项目1　UG NX 软件基本操作

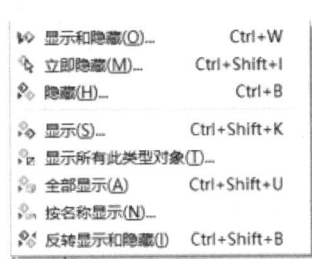

图 1-35　"显示和隐藏"菜单列表

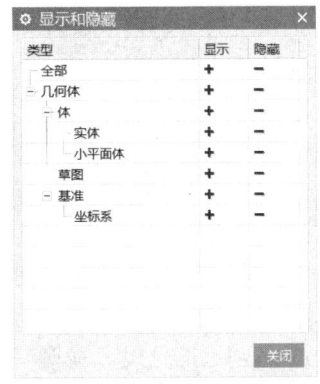

图 1-36　"显示和隐藏"对话框

（5）显示所有此类型对象　弹出"选择方法"对话框，选择要显示的对象类型，单击"确定"按钮，则所有该类型的对象被显示出来。

（6）全部显示　显示所有对象。

（7）按名称显示　显示具有指定名称的所有对象。

（8）反转显示和隐藏　将已隐藏的所有对象显示出来，隐藏所有显示的对象。

2. 快捷菜单操作

在绘图窗口中用鼠标指向或选择要隐藏的对象，单击鼠标右键出现快捷菜单，选择【隐藏】。

3. 导航器操作

在部件导航器中选择要隐藏的对象名称并单击鼠标右键，在出现的快捷菜单中选择【隐藏】。

1.3.16　点构造器

操作 UG NX 软件时，经常需要确定某一点的位置，如根据长、宽、高创建长方体时需要指定其原点（顶点）的位置，这时可单击工具条中的"点对话框"按钮，打开点构造器，如图1-37所示。利用点构造器创建点的方法有三种。

1. 鼠标捕捉

单击点构造器中的"类型"下拉列表，选择相应的捕捉点的类型，如图1-38所示。

图 1-37　点构造器

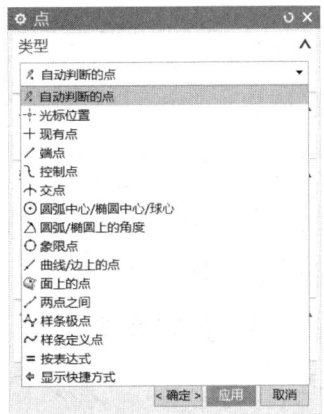

图 1-38　捕捉点的类型

（1）自动判断的点　根据鼠标所指位置对象的特点，由软件自动判断并选择点。这种方法操作简便，但容易产生误判。

（2）光标位置　捕捉鼠标单击时光标所在的位置作为所求的点位。

（3）现有点　捕捉窗口中已经存在的点作为所求的点。

（4）端点　捕捉曲线的端点作为所求的点。

（5）控制点　捕捉曲线的控制点作为所求的点。

（6）交点　捕捉两相交曲线的交点作为所求的点。

（7）圆弧中心/椭圆中心/球心　捕捉圆（圆弧）、椭圆（椭圆弧）或球的中心点作为所求的点。

（8）圆弧/椭圆上的角度　在圆（圆弧）或椭圆（椭圆弧）上捕捉与横向中心轴具有指定中心角的点。

（9）象限点　在圆（圆弧）或椭圆（椭圆弧）上捕捉与中心轴相交的点。

（10）曲线/边上的点　捕捉曲线、实体或曲面的边缘上与鼠标单击时光标所在的位置最近的点。

（11）面上的点　捕捉实体表面或曲面上与鼠标单击时光标所在的位置最近的点。

（12）两点之间　捕捉两点连线上按一定百分比分配的点。

（13）样条极点　捕捉偏离轴线的最远点。

（14）样条定义点　定义样条曲线中的点。

（15）按表达式　根据表达式计算得到的点。

2．输入坐标

直接在点构造器中输入点的三维坐标值生成点。可选择"绝对坐标系"或"WCS"（工作坐标系）。

3．采用偏置

根据现有已捕捉到的点或由输入的坐标值确定的点，通过偏置生成新的点。偏置的方式有五种，如图1-39所示。

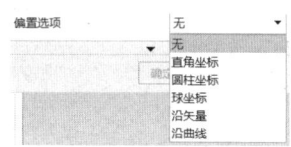

图1-39　偏置方式

（1）直角坐标　该方式利用直角坐标系进行偏移，所创建的偏移点的位置相对于参考点的偏移值由直角坐标值确定。确定参考点后在XC增量、YC增量、ZC增量后的文本框中输入偏移量。

（2）圆柱坐标　该方式利用圆柱坐标系进行偏移，所创建的偏移点的位置相对于参考点的偏移值由柱面坐标值确定。确定参考点后在半径、角度、ZC增量后的文本框中输入增量值。

（3）球坐标　该方式利用球坐标系进行偏移，所创建的偏移点的位置相对于参考点的偏移值由球坐标值确定。确定参考点后在半径、角度1、角度2后的文本框中输入增量值。

（4）沿矢量　该方式利用矢量进行偏移，所创建的偏移点的位置相对于参考点的偏移值由向量方向和偏移距离确定。在偏移时，首先选择直线作为偏移方向，再输入偏移距离。

（5）沿曲线　该方式沿曲线进行偏移，所创建的偏移点的位置相对于参考点的偏移值由偏移弧长或曲线总长的百分比确定。

1.3.17　矢量构造器

创建几何图形时，有时需要构造某一矢量。例如，根据"轴、直径和高度"类型创建圆柱体时需要指定其轴线的方向，可单击"圆柱"对话框中"指定矢量"右侧的"矢量对话框"按

钮 ，打开"矢量"对话框，如图 1-40 所示。单击对话框中的"类型"下拉列表，选择相应的矢量构造方式，如图 1-41 所示。

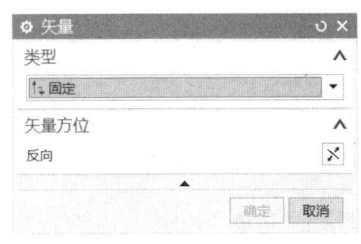

图 1-40 "矢量"对话框

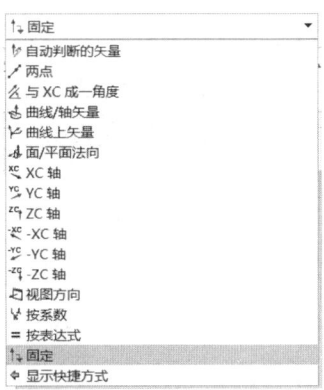

图 1-41 矢量构造方式

（1）自动判断的矢量　根据鼠标所指位置对象的特点，由软件自动判断并选择矢量。这种方法操作简便，但容易产生误判。

（2）两点　指定两个点，将从第一个点指向第二个点的矢量作为所求矢量。

（3）与 XC 成一角度　以 *XC* 轴为基准，按给定角度形成的矢量。

（4）曲线/轴矢量　选择曲线、实体边缘或基准轴，根据所选对象特点判断矢量的方向。

（5）曲线上矢量　将曲线上指定点的切线、法线或副法线作为所求矢量。

（6）面/平面法向　将曲面或平面上指定点的法向矢量作为所求矢量。

（7）XC 轴　将 *XC* 轴的正方向作为所求矢量方向。

（8）YC 轴　将 *YC* 轴的正方向作为所求矢量方向。

（9）ZC 轴　将 *ZC* 轴的正方向作为所求矢量方向。

（10）-XC 轴　将 *XC* 轴的负方向作为所求矢量方向。

（11）-YC 轴　将 *YC* 轴的负方向作为所求矢量方向。

（12）-ZC 轴　将 *ZC* 轴的负方向作为所求矢量方向。

（13）视图方向　使用视图方向来定义矢量。

（14）按系数　根据矢量的方向余弦定义矢量。在对话框中输入矢量的三个方向余弦值，可以采用直角坐标，也可以采用球坐标。

（15）按表达式　根据表达式计算得到矢量的方向。

（16）固定　构造固定单位方向矢量。

当软件按照选择的矢量生成方式确定的矢量有多解，且与所要求的矢量指向不相符时，可单击矢量构造器中的"反向"图标 ，在可能的解中进行切换。

1.3.18　平面构造器

创建几何图形时，有时需要构造某一平面。例如，在镜像几何体时，需要指定对称面，可在"镜像几何体"对话框中"指定平面"区域单击"平面对话框"按钮 ，弹出"平面"对话框，如图 1-42 所示。单击对话框中的"类型"下拉列表，选择相应的平面构造方式，如图 1-43 所示。

（1）自动判断　根据鼠标所指位置对象的特点，由软件自动判断并选择平面。这种方法操作简便，但容易产生误判。

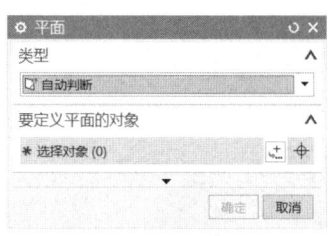
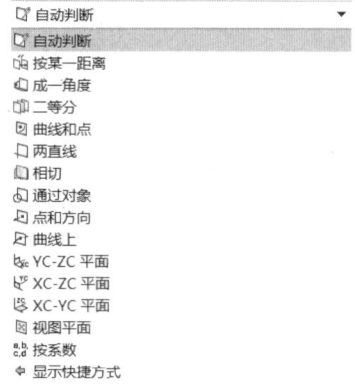

图1-42 "平面"对话框　　　　　　图1-43 平面构造方式

（2）按某一距离　选定某一平面或实体上平的表面，并向该平面法线方向按给定距离指定一平面。

（3）成一角度　选定某一平面或实体上平的表面，并选定某一线性对象，过该线性对象并与选定平面按给定角度形成的平面。

（4）二等分　选择两个平面或实体上平的表面，在这两个面之间指定一平面。若所选择的两个面相互平行，则在这两个面之间指定与这两个面平行的等距面；若所选择的两个面相交，则在这两个面之间指定与这两个面成相等角度的平面。

（5）曲线和点　在曲线或实体边缘上选择点，根据所选点的位置和数量指定平面。

① 曲线和点　过选择的点并与曲线在该点的切线垂直指定平面。

② 一点　过选择的点并根据该点所属对象的特性指定平面。

③ 两点　过选择的两点中的一点，并垂直于两点连线指定平面。

④ 三点　过选择的三点指定平面。

⑤ 点和曲线/轴　选择一个点和一条曲线（或实体边缘或轴线）对象，过该点和曲线对象（或垂直于其切线）指定平面。

⑥ 点和平面/面　选择一个点和一个平面（或实体上平的表面）对象，过该点并平行于平面对象指定平面。

（6）两直线　选择两条直线（或实体上的直线边缘）对象，若两条直线对象共面，则过这两条直线对象指定平面；若两条直线对象异面，则过其中一条直线并与另一条直线平行指定平面。

（7）相切　选择曲面（或实体表面）和参考几何体，指定与所选曲面相切并与参考几何体的特征相对应的平面。

（8）通过对象　选择一几何对象，根据其几何特征指定平面。

（9）点和方向　过选择的点并垂直于选定的矢量指定平面。

（10）曲线上　选择曲线上某一位置的点，过该点按选定的方位指定平面。

（11）YC-ZC 平面　指定与 $YC\text{-}ZC$ 坐标平面平行且相距给定距离的平面。

（12）XC-ZC 平面　指定与 $XC\text{-}ZC$ 坐标平面平行且相距给定距离的平面。

（13）XC-YC 平面　指定与 $XC\text{-}YC$ 坐标平面平行且相距给定距离的平面。

（14）视图平面　过工作坐标系原点，垂直于窗口中当前视图的投影方向指定平面。

（15）按系数　在选定的坐标系下，给定平面方程 $ax+by+cz=d$ 中的四个系数 a、b、c、d，指定平面的位置。

1.3.19 类选择器

在建模过程中，经常需要选择对象，特别是在复杂的建模中，用鼠标直接操作难度较大。因此，有必要在系统中设置筛选功能。UG NX 12.0 提供了类选择器，可以从众多选项中筛选所需的特征。例如，执行隐藏操作时，选择【菜单】|【编辑】|【显示和隐藏】|【隐藏】，首先弹出"类选择"对话框，如图 1-44 所示。选择要操作的对象时可按以下方法进行筛选。

1. 对象操作

（1）选择对象 ⊕ 用鼠标直接在窗口中选择对象。
（2）全选 ⊞ 窗口中的对象全部选中。
（3）反选 ⊞ 窗口中所有已选中的对象改为不选，所有未选中的对象改为选中。

图 1-44 "类选择"对话框

2. 其他选择方法

例如，通过输入对象名称选择对象、通过选择链选择对象或通过对象特征的父子关系选择对象等。

3. 过滤器操作

（1）类型过滤器 只选择限定类型的对象，滤除其他类型的对象，缩小选择范围。
（2）图层过滤器 只选择限定图层的对象，滤除其他图层的对象，缩小选择范围。
（3）颜色过滤器 只选择限定颜色的对象，滤除其他颜色的对象，缩小选择范围。
（4）属性过滤器 只选择限定属性的对象，滤除其他属性的对象，缩小选择范围。
（5）重置过滤器 重置过滤选项。

1.3.20 坐标系

UG NX 12.0 系统提供了两种常用的坐标系，分别为绝对坐标系（Absolute Coordinate System，ACS）和工作坐标系（Work Coordinate System，WCS）。二者都遵守右手定则，其中绝对坐标系是系统默认的坐标系，其原点位置固定不变，即无法进行变化；而工作坐标系是系统提供给用户的坐标系。在 UG NX 建模过程中，有时为了方便模型各部位的创建，需要改变坐标系原点位置和旋转坐标轴的方向，即对工作坐标系进行变换。还可以对坐标系本身进行保存、显示或隐藏等操作。

1. 创建坐标系

创建坐标系是指根据需要在视图区创建一个新的坐标系，同创建点或矢量类似。选择【菜单】|【格式】|【WCS】|【定向】，或在"实用工具"工具条上单击图标按钮 ，弹出"CSYS"对话框，如图 1-45 所示。在"类型"下拉列表中选择创建坐标系的方式，如图 1-46 所示。根据不同的创建方式，在对话框中进行设置或输入相应参数或选择相应对象，创建坐标系。

图 1-45 "CSYS"对话框

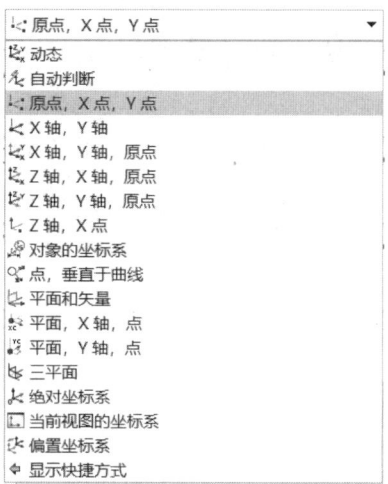

图 1-46 创建坐标系的方式

2. 变换坐标系

选择【菜单】|【格式】|【WCS】，出现坐标系变换的下一级子菜单，如图 1-47 所示。选择不同的子菜单项可对坐标系做相应变换。

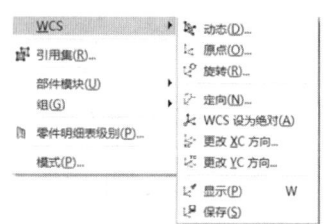

图 1-47 坐标系变换菜单

（1）动态　可利用手柄动态移动或重定向工作坐标系（WCS）。
（2）原点　平行移动工作坐标系（WCS）的原点。
（3）旋转　绕现有坐标系的某一轴旋转工作坐标系（WCS）。
（4）定向　重新定向工作坐标系（WCS）到新的坐标系。
（5）WCS 设为绝对　将工作坐标系（WCS）移动到绝对坐标系的位置上，并使二者坐标轴重合。
（6）更改 XC 方向　重定向工作坐标系（WCS）的 XC 轴。
（7）更改 YC 方向　重定向工作坐标系（WCS）的 YC 轴。
（8）显示　选择该菜单项（也可以在"实用工具"工具条上单击图标按钮 ），工作坐标系（WCS）在显示和隐藏两种状态之间切换。
（9）保存　在当前工作坐标系（WCS）原点和方位创建坐标系对象并保存，便于在后续建模过程中根据用户需要随时调用。

1.3.21 命令查找器

UG NX 软件中操作命令非常多，并且按其功能分布在不同的菜单或工具条上。但有些命令不常用或其功能类型难以界定，调用时就很难找到相应的菜单或按钮。UG NX 软件提供了便捷的命令查找功能，如可在图 1-12 右上角"命令查找器"文本框中输入要查找的命令，单击右侧搜索按钮 ，弹出图 1-48 所示"命令查找器"对话框。在对话框中显示出搜索到的与之相匹配的命令及其所在位置。

图 1-48 "命令查找器"对话框

当对应的菜单或按钮已经处于显示状态，鼠标指向命令查找器中所列的菜单名称时，主菜单中相应的菜单会立即展开，对应子菜单会高亮显示，单击鼠标左键，会启动该命令；当鼠标指向命令查找器中所列的工具条名称时，如果该工具条已经处于显示状态，则工具条中相应的按钮会高亮显示，单击鼠标左键，会启动该命令。如果查找的命令菜单或工具按钮当前处于隐藏状态，单击对话框中搜索结果区域右侧的三角符号，显示一组菜单，单击菜单上的选项，可将命令添加到相应的菜单或工具条上。

1.3.22 GC工具箱简介

与早期UG NX 8.0版本相比，UG NX 12.0增加了GC工具箱（NX中国工具箱）模块。它是Siemens PLM Software为了更好地满足中国用户对于GB（国家标准）的要求，缩短UG NX导入周期，专为中国用户开发的工具箱，是基于中国机械制图GB开发的、符合大部分企业基本要求的标准化UG NX使用环境和一系列工具套件。GC工具箱功能如下。

（1）新的中文字体更加规范、美观　GC工具箱中提供了仿宋（chinesef_fs）、黑体（chinesef_ht_filled）、楷体（chinesef_kt）三种常用的中文字体。用户在使用UG NX制图的过程中，可以方便地选取这些字体输入中文。

（2）GB制图标准　GC工具箱提供基于GB的标准化的UG NX制图环境，提高了模型和图纸的规范化程度。

（3）定制的用户默认设置　GC工具箱内置了符合GB的UG NX设置文件（DPV文件）。

（4）定制的三维模型模板和工程图模板　模型模板中定制了常用的部件属性、规范的图层设置和引用集设置等；工程图模板中提供了图幅为A0++、A0+、A0、A1、A2、A3、A4的零件制图模板和装配制图模板；制图模板都按GB定制了图框、标题栏、制图参数预设置等；在装配制图模板中按GB定制了明细栏。

（5）GB标准件库　GC工具箱的标准件库包含轴承、螺栓、螺钉、螺母、销钉、垫片和结构件等共280个常用标准件，新的标准件更改了命名规则及相关的属性，使之更加符合国内用户的使用习惯。

（6）齿轮、弹簧等零件的建模工具　齿轮建模工具包含柱齿轮、锥齿轮、格林森锥齿轮、奥林康锥齿轮、格林森准双曲线齿轮、奥林康准双曲线齿轮。设计师可随时编辑齿轮参数，也可方便地创建齿轮啮合状态。齿轮设计工具可以帮助设计师大大节省绘制标准齿轮的时间，提高设计效率。此外，还提供了弹簧建模工具。

（7）属性填写与同步工具　用户可以根据配置文件导入标准的属性，也可以从类似的组件（可选择已打开的或硬盘上的文件）中继承属性。同步工具可将主模型和图纸文件进行属性同步，免除两次重复输入的烦恼。

（8）快速尺寸格式工具　客户在标注尺寸时，常常要变换尺寸标注格式。本工具可以大幅提高注释标注效率，减少用户设置的工作量，并大幅提高注释格式的一致性。主要功能包括尺寸查询（可以在复杂的图纸中快速找到你关注的尺寸）、尺寸排序与对齐（可以提高图面质量）、对称尺寸（可以大大提高标注对称尺寸的效率）、孔规格标注符号（可以自动查找相同孔径的孔并添加识别符号）、必检符号、箭头符号、栅格线、坐标标注、技术条件库（可以将企业常用的技术条件集中管理，方便设计师们使用）及其填写工具。

（9）常用制图工具　包括以下制图工具：

① 图纸拼接工具　允许将选择的多张图纸拼接成一张图纸，以用于打印或发送等目的。用户可以指定输出为pdf、dxf、dwg等格式，可以帮助用户自动过滤非图纸文件，以提高工作效率。

② 明细表输出工具　将装配图中的明细表内容输出为指定格式的 Excel 文件。用户可以指定明细表的格式，可以指定输出的内容，为解决从 UG NX 明细表输出到 Excel 的问题提供了很大的便利。

③ 模板替换工具　可以方便灵活地实现图框替换。

（10）模型质量及标准检查工具。其包含模型文件检查、制图文件检查、装配文件检查，以保证所有模型/图纸均符合规范，便于企业内部文件的共享，避免错误的模型进入下一流程。

> ⚠ 通常 GC 工具箱随 UG NX 软件一起安装，进入建模或制图模块时会自动出现主菜单项【GC 工具箱】。如果界面上未出现 GC 工具箱，请按以下方法进行设置，使 UG NX 中的工具箱生效：设置环境变量 UGII_LANG = simpl_chinese，UGII_COUNTRY = prc。

通过选择相应的命令，可利用 GC 工具箱查询有关的技术规范、标准，做加工前的准备，以便各种齿轮、弹簧的快速建模。

1. GC 数据规范

选择【菜单】|【GC 工具箱】|【GC 数据规范】，或单击图 1-49 所示的工具条"标准化工具 -GC 工具箱"中的相关按钮图标，可检查建模、制图、装配过程中的规范情况，检查模型的属性，检查图层的使用情况，对组件重新命名、导出装配组件等。

2. GC 齿轮建模

选择【菜单】|【GC 工具箱】|【齿轮建模】，展开下一级子菜单，选择"柱齿轮建模"或"锥齿轮建模"，或者单击图 1-50 所示的工具条"齿轮建模-GC 工具箱"中的"柱齿轮建模"或"锥齿轮建模"按钮，弹出相应齿轮建模对话框。例如，单击"柱齿轮建模"按钮 ，按照提示选择或设置相应参数，可快速生成圆柱齿轮的三维模型，如图 1-51、图 1-52 所示。

图 1-49　GC 工具箱

图 1-50　齿轮建模-GC 工具箱

图 1-51　齿轮建模操作类型设置

图 1-52　齿轮建模操作参数设置与建模结果

3. GC 弹簧建模

选择【菜单】|【GC 工具箱】|【弹簧设计】，展开下一级子菜单，选择其中某一子菜单项或单击图 1-53 所示的工具条"弹簧工具-GC 工具箱"中的相关图标按钮（如"圆柱压缩弹簧"图标按钮 ），可快速生成弹簧的三维模型，如图 1-54、图 1-55 所示。

图 1-53　弹簧工具-GC 工具箱

4. 加工准备

选择【菜单】|【GC 工具箱】|【加工准备】，或单击图 1-56 所示的工具条"加工准备-GC 工具箱"中的相关图标按钮，可完成加工前工件及刀具的设置、CAM 后处理及车间文档处理、电极加工任务管理、加工基准的设置。

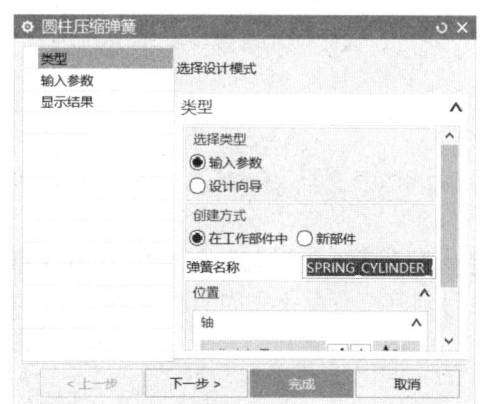 

图 1-54　弹簧建模操作类型与参数设置

图 1-55　弹簧建模操作结果　　　　图 1-56　加工准备-GC 工具箱

1.3.23　信息查询

为了了解几何图形或零部件的基本信息，UG NX 12.0 提供了信息查询的功能。

选择【菜单】|【信息】,展开图1-57所示的子菜单。对于不同的几何对象,选择不同的子菜单项,可获得不同的信息。图1-58所示为选择【对象】子菜单项时某弹簧体的信息窗口。

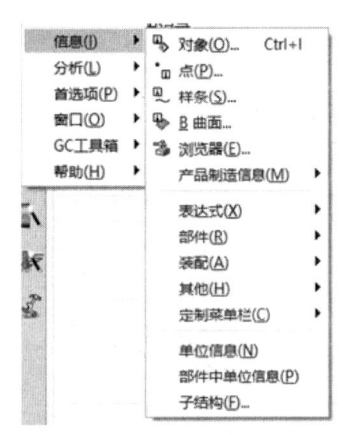

图1-57　信息查询子菜单　　　　　　　　　　图1-58　信息窗口

1.3.24　分析

UG NX 12.0 的分析菜单为用户提供几何体距离、角度、体积的测量,几何体结构和装配体的分析,模具部件、增材制造设计的验证等。

例如,测量两点间距离,可以选择【菜单】|【分析】|【测量距离】,弹出图1-59所示的"测量距离"对话框,依次选择要测量的两点,则可以得到两个目标点之间的距离,如图1-60所示。

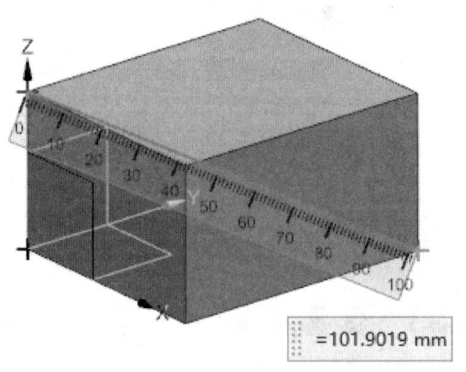

图1-59　"测量距离"对话框　　　　　　　　　图1-60　测量距离结果

1.3.25 帮助系统

UG NX 12.0 的帮助系统主要为用户提供版本信息、在线帮助等功能。选择【菜单】|【帮助】|【关联】，可获得在线帮助，并显示当前功能的使用说明。选择【菜单】|【帮助】|【关于 NX】，可获得 UG NX 软件版本的信息。

1.4 项目实施

项目 1-1 工具条的定制

1.4.1 工具条的定制

（1）启动 UG NX 软件，进入建模模块。

（2）将鼠标指针放在特征工具条或者上边框条的空白处，单击鼠标右键，在弹出的快捷菜单中选择"定制"，弹出"定制"对话框如图 1-61 所示。在弹出的"定制"对话框"命令"选项卡中，依次单击"菜单""插入"前的"+"，在展开后的"插入"下面的选项中用鼠标左键单击"设计特征（E）"，在右侧"项"中，可以看到"设计特征"中包含的命令按钮。

（3）添加"长方体"命令到特征工具条。在"项"中，用鼠标左键单击"长方体"按钮，并按住鼠标左键将其移动至特征工具条中"拉伸"命令右侧，松开鼠标，完成"长方体"命令的添加，如图 1-62 所示。

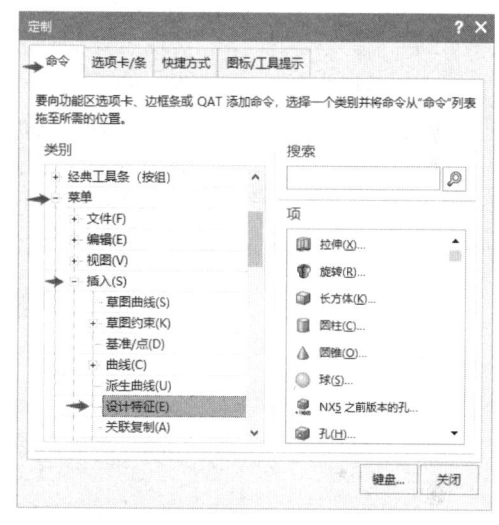

图 1-61 "定制"对话框

（4）添加"圆柱""圆锥""球"命令到特征工具条。依次按照步骤（3）的方式操作。

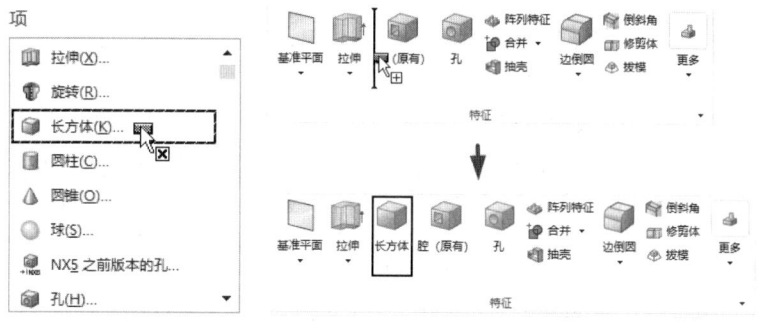

图 1-62 添加"长方体"命令到特征工具条

（5）从特征工具条中移除"腔（原有）"命令。用鼠标右键单击特征工具条中的"腔（原有）"命令按钮，弹出如图 1-63 所示的快捷菜单，选择"从特征组中移除"，则腔体命令不再在特征工具条中显示。

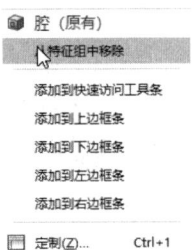

图 1-63　从特征工具条中移除"腔（原有）"命令

1.4.2 坐标系的变换

项目 1-2　坐标系的变换

（1）工作坐标系（WCS）的显示

系统默认状态下，UG NX 12.0 建模时，WCS 是不显示的。可以通过【菜单】|【格式】|【WCS】| 显示(P) 操作，实现工作坐标系的显示。

（2）工作坐标系（WCS）的变换

单击停靠功能区中的"主页"，选择特征工具条上的"长方体"命令，在坐标原点处创建 100×100×40 的长方体，如图 1-2 所示。选择【菜单】|【格式】|【WCS】| 原点(O)... ，弹出"点"对话框，在"类型"中选择"点"的捕捉方式为"两点之间"，依次选择长方体上表面的两个对角点，如图 1-64 所示。单击"确定"按钮，将坐标系变换至图 1-3 所示位置。

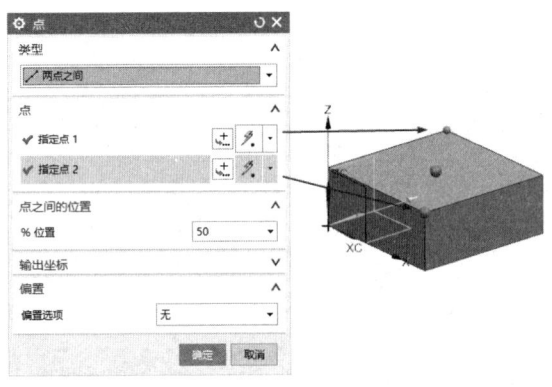

图 1-64　坐标系变换操作

选择【菜单】|【格式】|【WCS】| 原点(O)... ，弹出"点"对话框，在"类型"中选择点的捕捉方式为"自动判断的点"，选择长方体上右面的角点作为坐标系的原点，单击"确定"按钮，变换结果如图 1-65 所示。选择【菜单】|【格式】|【WCS】| 旋转(R)... ，在弹出的"旋转 WCS 绕..."对话框中选择 ⊙ -XC 轴: ZC --> YC ，角度为 90 度，单击"确定"按钮，完成图 1-4 所示坐标系的变换，如图 1-66 所示。

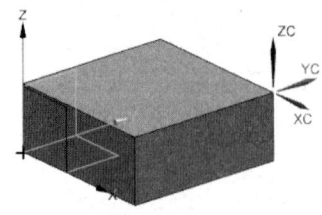

图 1-65　坐标系原点变换

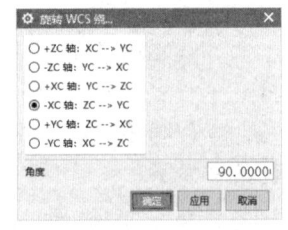

图 1-66　坐标系的旋转操作

思考题与项目训练

1-1 思考题

1-1.1 如何将"曲线""曲面"选项卡显示在停靠功能区?

1-1.2 如何将"圆柱""长方体""球""圆锥"工具按钮添加到"特征"工具条上?

1-1.3 在新建部件文件时,如何选定尺寸单位?

1-1.4 如何将自己的文件夹设定为默认的保存目录?

1-1.5 部件文件的后缀名".prt"可否去掉?

1-2 项目训练

1-2.1 在 D 盘根目录下新建一个文件夹,文件夹命名为 myNX,并将其设置为新建文件的默认路径。

1-2.2 创建一个与三坐标轴正方向夹角相同的矢量。

1-2.3 创建一个过 Y 轴且与 XY 平面夹角为 30°的基准面。

1-2.4 创建一个尺寸为 100×100.8×40.6 的长方体,测量其体积以及体对角线的长度。

项目 2

曲线绘制

曲线是构造实体模型的基础,如在实体建模中,需要通过实体截面轮廓线的拉伸、回转、扫掠等操作来构造实体;在特征建模中,曲线也可以作为建模的辅助线,如定位线、中心线等,还可以将曲线添加到草图中进行参数化设计。UG NX 软件具有强大的曲线功能,方便了用户建模。

2.1 项目任务

完成图 2-1 所示挂钩和台灯罩曲线的绘制。

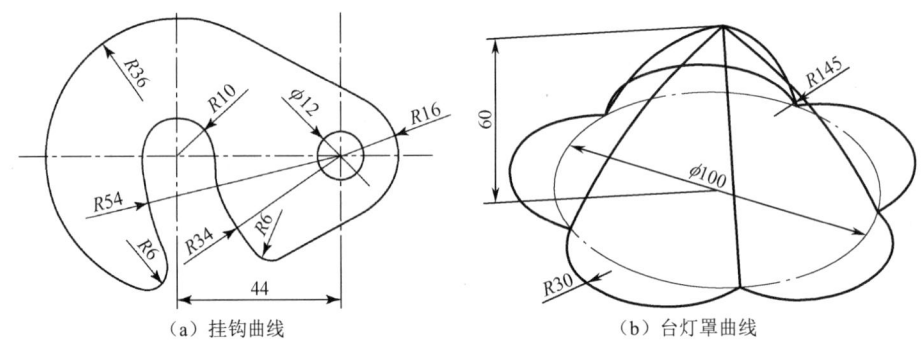

(a) 挂钩曲线   (b) 台灯罩曲线

图 2-1 项目曲线

2.2 项目分析

图 2-1(a)所示的挂钩曲线主要由直线、圆和圆弧组成,主要涉及的命令有直线、圆弧、倒圆角、点(点集)以及曲线的修剪;图 2-1(b)所示台灯罩曲线主要由直线和圆弧组成,曲线中存在多个相同的局部结构,涉及的命令主要有圆弧、点(点集)和移动对象。

2.3 项目相关知识：曲线相关命令

曲线的相关命令集中在曲线、派生曲线及编辑曲线三个工具条中，如图 2-2 所示。曲线工具条中包括点（点集）、基本曲线、直线、圆弧/圆、矩形、多边形、椭圆、样条、螺旋线、规律曲线和曲线倒斜角等命令；派生曲线工具条包括偏置曲线、桥接曲线、连接曲线、投影曲线、镜像曲线、相交曲线、抽取曲线和截面曲线等命令；编辑曲线工具条包括修剪曲线、分割曲线和编辑圆角等命令。另外，对于圆周分布的若干相同曲线结构，可通过移动对象命令实现。

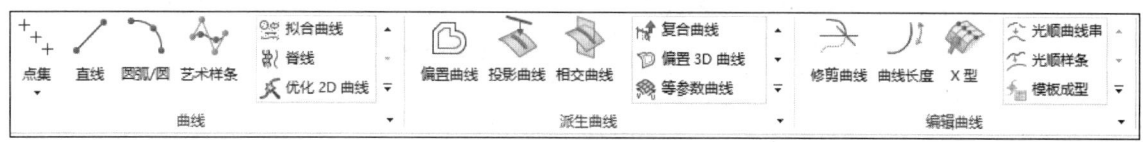

图 2-2 曲线相关工具条

需要注意的是，曲线的所有命令并没有全部在工具条中显示，如果需要使用工具条中没有的曲线命令，可以通过"定制"操作实现。

【实例 2-1】 完成图 2-3 所示曲线工具条的定制。

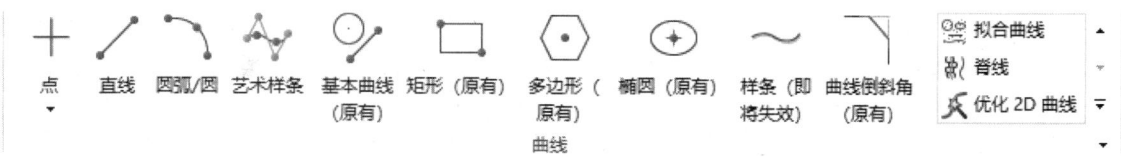

图 2-3 曲线工具条的定制

拓展训练：
（1）定制编辑圆角、分割曲线命令至编辑曲线工具条。
（2）定制相交曲线、连接曲线和抽取曲线命令至派生曲线工具条。

实例 2-1 曲线工具条的定制

2.3.1 点（点集）

1. 点

点命令用于创建一个空间中的点，这个点可以建立在任何位置。

单击"曲线"工具条中的"点"按钮，或选择【菜单】|【插入】|【基准/点】|【点】，弹出"点"对话框。点可以通过三种方式来创建：在对话框上方通过"类型"下拉列表中的选项捕捉点；在对话框"坐标"中输入坐标值精确创建点；通过指定偏置参数创建点。

2. 点集

UG NX 12.0 可以通过一次操作创建一组相关点，这些相关点的集合称为点集。点集中的点不能独立生成，而必须依附于曲线、曲面或实体边缘、表面等。

选择【菜单】|【插入】|【基准/点】|【点集】，弹出"点集"对话框，如图 2-4 所示。在"点集"对话框中的"类型"下拉列表中包含四种创建点集的方式：曲线点、样条点、面的点和交点。

（1）曲线点

"曲线点"主要用于在曲线或实体边缘上创建点集。选择"点集"对话框"类型"下拉列表中的"曲线点"，其"子类型"中有七种产生曲线点的方式。

① 等弧长　该方式是在点集的起始点和结束点之间按点间等弧长创建指定数目的点集。用户首先选取要创建点集的曲线或实体边缘，然后确定点集的数目，最后输入起始点和结束点在曲线上的位置（即占曲线长的百分比，如起始点输入0，结束点输入100，则表示起始点是曲线的起点，结束点是曲线的终点），如图2-5所示。

图2-4　"点集"对话框

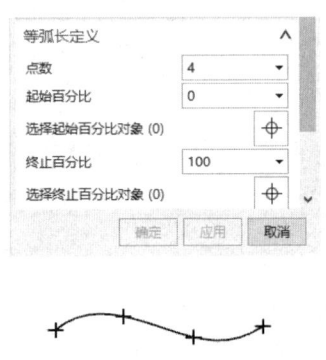
图2-5　等弧长创建点集

② 等参数　用该方式创建点集时，系统以曲线的曲率大小来分布点集的位置，曲率越大，即曲线弯曲程度越大，点间距越小；反之，曲线越平直，则点间距越大。与"等弧长"方式的操作步骤相似，用户首先选取要创建点集的曲线，然后确定点集的数目，最后输入起始点和结束点在曲线上的位置，如图2-6所示。

③ 几何级数　该方式根据几何比率来设置点集的间距。利用"几何级数"创建点集时，"点集"对话框中多了一个"比率"文本框。其操作步骤与上述两种方式类似，只是在设置完其他参数后，还需设置比率值。由这种方式创建的点集，彼此相邻的后两点间的距离与前两点间的距离比为设置的比率值。在本例中"比率"设置为0.6，效果如图2-7所示。

④ 弦公差　该方式根据弦公差设置点集的间距。弦公差是指父曲线与点集中相邻两点形成的弦之间的最大距离。弦公差越小，产生的点越多，反之则越少。在本例中设置"弦公差"为4mm，效果如图2-8所示。

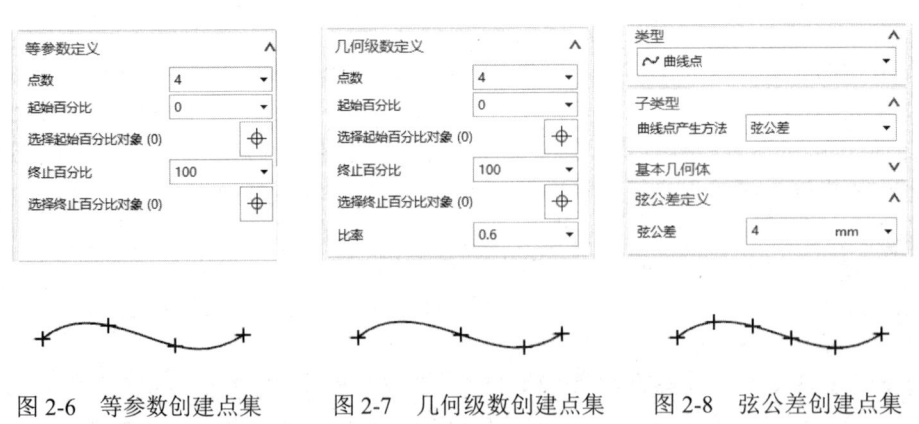

图2-6　等参数创建点集　　图2-7　几何级数创建点集　　图2-8　弦公差创建点集

⑤ 增量弧长　利用"增量弧长"创建点集需要设置各点之间的弧长，弧长必须等于或小于

所选择的曲线的长度,并且大于0,而系统按给定弧长的大小来分布点集的位置。而点数的多少则取决于曲线总长及两点间的弧长。在本例中设置"弧长"为20mm,效果如图2-9所示。

⑥ 投影点　利用"投影点"创建点集是用一个或多个点向选定的曲线作垂直投影,在曲线上生成点集。投影前后对应两点的连线沿曲线的法线方向,且距离最短。在"点集"对话框中选择"投影点"之前,利用"点"工具预先在曲线周围创建一个或多个需要投影的点;或者在"点集"对话框中选择"投影点"之后,利用"投影点定义"中的"点构造器"创建投影点,然后选择投影曲线,生成点集,如图2-10所示。

⑦ 曲线百分比　利用"曲线百分比"创建点集是通过曲线上的百分比来创建点集的。选择该选项后,首先在绘图区中选择曲线,然后在"曲线参数百分比定义"中输入百分比,单击"确定"按钮。若需继续创建点集,则单击"添加新集"按钮，输入新的百分比,单击"确定"按钮,即可生成点集,如图2-11所示。

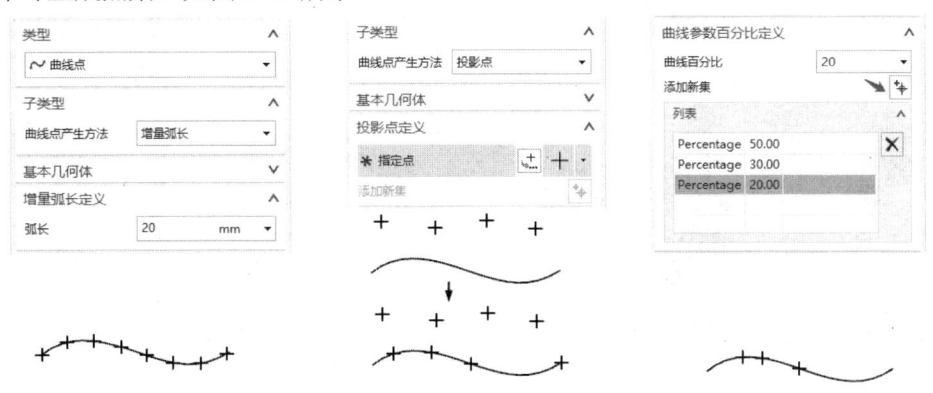

图2-9　增量弧长创建点集　　图2-10　投影点创建点集　　图2-11　曲线百分比创建点集

（2）样条点

"样条点"利用样条曲线的定义点、结点或极点来创建点集。单击"点集"对话框中"类型"区域的下拉列表,选择"样条点",如图2-12所示,其"子类型"中有三种产生样条点的方法,包括"定义点""结点"和"极点",现分别介绍它们的功能及用法。

① 定义点　利用绘制样条曲线的定义点来创建点集。利用"定义点"创建点集时,需要注意的是:首先利用"点构造器"绘制一系列点,然后将这些特征点作为样条曲线的控制点绘制样条曲线,最后在创建点集时,选取绘制的样条曲线,将原来的点调出来使用,如图2-13所示。

② 结点　利用样条曲线的结点来创建点集。选择"结点"并选取已创建的曲线,系统根据曲线的结点创建点集。

③ 极点　利用样条曲线的控制点来创建点集。选择"极点"并选取已创建的曲线,系统根据曲线的控制点创建点集,如图2-14所示。

 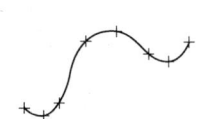 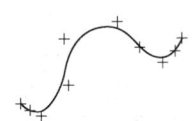

图2-12　样条点创建点集　　图2-13　定义点创建点集　　图2-14　极点创建点集

（3）面的点

"面的点"通过现有曲面或实体表面上的点或控制点来创建点集。选择该选项后，系统会提示选取面，"子类型"区域下拉列表中有三种面点产生方法：阵列、面百分比、B曲面极点，如图2-15所示。

① 阵列

通过现有的曲面或实体表面来创建点集。在"点集"对话框中选择"面的点"，然后在"子类型"中选择"阵列"，再选取曲面，最后设置"阵列定义"中的"点数"及"阵列限制"参数，单击"确定"按钮生成点集。

"点数"参数中的"U向"点数表示水平方向的点数，"V向"点数表示垂直方向的点数，如图2-16所示。

图2-15 面的点创建点集

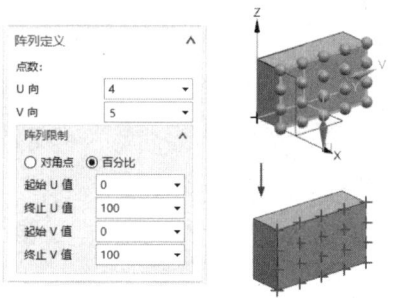

图2-16 阵列创建点集

"阵列限制"参数用于设置点集的边界，系统提供了两种点集的边界形式：对角点和百分比。

对角点方式以对角点限制点集的分布范围。单击"对角点"后，指定起点、终点，以这两点为对角点限制点集的边界。

百分比方式以表面的百分比限制点集的分布范围。单击"百分比"后，分别设置"起始U值""终止U值""起始V值""终止V值"。

② 面百分比

通过设定点在所选曲面U、V方向上的百分比创建该曲面上的点集。在"点集"对话框中选择"面的点"，然后在"子类型"中选择"面百分比"，再选取曲面或实体表面，最后设置"面参数百分比定义"参数，单击"确定"按钮生成点集。若需创建多个"面百分比"点集，可在前一个点集创建完成之后单击"应用"按钮，然后单击"添加新集"按钮，即可继续创建点集，如图2-17所示。

③ B曲面极点

该方式根据表面（B曲面）控制点的方式创建点集。利用该方式创建点集时，根据提示选取B曲面，然后单击"确定"按钮生成点集，如图2-18所示。

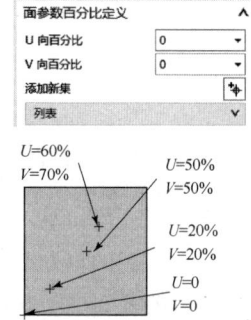  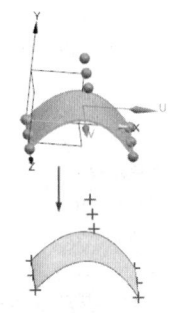

图2-17 面百分比创建点集　　　　图2-18 B曲面极点创建点集

（4）交点

"交点"是通过现有曲线或轴与曲线、面（曲面、平面）相交的点来创建点集的。利用该方式创建点集时，根据提示选取相应的对象，然后单击"确定"按钮生成点集，如图2-19所示。

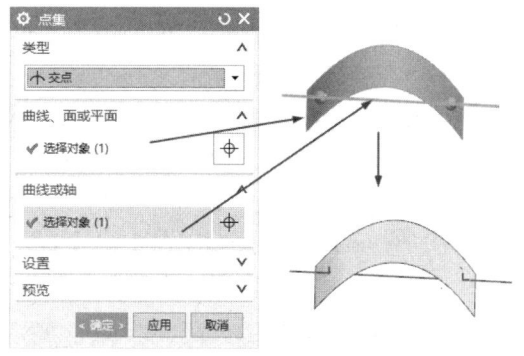

图 2-19 交点创建点集

2.3.2 基本曲线

基本曲线对话框集成了直线、圆弧、圆、圆角、修剪和编辑曲线参数等操作命令。单击"曲线"工具条上"曲线下拉菜单"的"基本曲线"按钮 （若"曲线"工具条上没有此按钮，可在"定制"对话框中选择"命令"选项卡，单击"插入"|"曲线"下的"基本曲线"按钮，将其拖曳至工具条或者曲线菜单上即可），弹出"基本曲线"对话框，如图2-20所示。

1. 直线

在默认情况下或者点选"基本曲线"对话框中的 选项时，开启直线绘制命令，相关参数含义如下。

无界——勾选"无界"复选框，则创建的直线将沿着起点与终点的方向直至绘图区的边界。只有取消勾选"线串模式"复选框，"无界"复选框才能使用。

图 2-20 "基本曲线"对话框

增量——勾选"增量"复选框，系统将以增量的方式创建直线，在"跟踪条"中输入的坐标值 XC、YC、ZC 是相对于前一点坐标的增量，而不是相对于工作坐标系的值。

点方法——下拉列表中列出了10种点的捕捉方法，用以确定直线的端点。这10种"点方法"包括自动判断的点、光标位置、现有点、端点、控制点、交点、圆弧中心/椭圆中心/球心、象限点、选择面和点构造器。

线串模式——勾选"线串模式"复选框，在绘制曲线时，系统会自动以前一段曲线的终点作为下一段曲线的起点连续创建曲线。若需终止连续绘线，单击对话框中的"打断线串"按钮即可。

锁定模式——选择"锁定模式"，新创建的直线平行或垂直于选定的直线，或者与选定的直线有一定的夹角。

解开模式——选择"锁定模式"之后，"锁定模式"按钮即变为"解开模式"按钮。在该模式下，系统将解除对正在创建的直线的锁定，当移动鼠标时，创建的直线可平行于选定直线、垂直于选定直线或与选定直线成一定角度。

平行于——该选项下有三个按钮："XC""YC""ZC"。单击相应的按钮，可创建平行于坐标轴 XC、YC、ZC 的直线。首先在绘图区选择一点，然后选择"XC"（或"YC"/"ZC"）按钮，即可创建平行于 XC（或 YC/ZC）的直线。

按给定距离平行于——该选项下有两个单选按钮："原始的"和"新的"。选择"原始的"按钮后，新创建的平行线距离由最初选择的曲线算起；选择"新的"按钮后，新创建的平行线距离由新选择的曲线算起。

角度增量——在"角度增量"文本框中输入角度增量值，按回车键确定。此时创建的直线方向是角度增量值的倍数。

在启用"基本曲线"对话框中的 ∕ 命令时，在 UG NX 软件主窗口中会弹出如图 2-21 所示的"跟踪条"对话框。

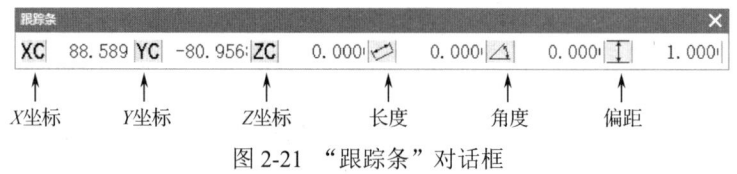

图 2-21 "跟踪条"对话框

（1）两点之间的直线　通过确定直线的两个端点创建直线，有以下三种方法。

① 任意两点创建直线　在绘图区内任意一点单击鼠标左键，此点为直线起点，在另一位置再次单击鼠标左键，确定的点为直线终点，从而创建直线。

② 通过捕捉点创建直线　在"点方法"下拉列表中选择点的捕捉方式，通过捕捉绘图区内几何对象上的点来确定直线的端点。

③ 输入点的坐标精确创建直线　在"跟踪条"对话框中的"XC""YC"和"ZC"文本框中输入直线起点的坐标，按回车键，确定直线的起点；然后继续在"跟踪条"对话框中的"XC""YC"和"ZC"文本框中输入直线终点的坐标，按回车键，确定直线的终点，即可创建直线。

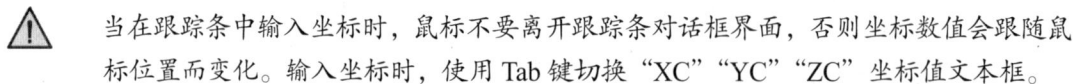

当在跟踪条中输入坐标时，鼠标不要离开跟踪条对话框界面，否则坐标数值会跟随鼠标位置而变化。输入坐标时，使用 Tab 键切换"XC""YC""ZC"坐标值文本框。

（2）绘制与 XC 成一定角度的直线　利用"点方式"在绘图区捕捉点或在跟踪条中的"XC""YC"和"ZC"文本框中输入直线的起点，然后在"跟踪条"对话框中的"长度"文本框和"角度"文本框中输入直线的长度和角度，最后按回车键，即可创建与 XC 成一定角度的直线。

（3）绘制水平或竖直的直线　在绘图区中选取直线的起点，然后在"角度增量"文本框中输入 90，并按回车键，即可创建水平或竖直的直线。

（4）绘制平行于 XC、YC 和 ZC 轴的直线　在绘图区中选取直线的起点，然后单击"基本曲线"对话框中"平行于"选项中欲平行的坐标轴的按钮，最后在"跟踪条"对话框的"长度"文本框中输入直线的长度，即可创建平行于 XC、YC 和 ZC 轴的直线。

（5）绘制与已有直线平行、垂直或成一定角度的直线　在绘图区中选择已有的欲平行、垂直或成一定角度的直线，再在绘图区中选取新建直线的起点，接着移动鼠标，系统会在状态栏中交替显示"平行""垂直"，最后在"跟踪条"对话框的"长度"文本框中输入直线的长度。如果绘制的是成一定角度的直线，还需在"跟踪条"对话框的"角度"文本框中输入新建直线与所选直线的夹角值。设置完成后按回车键，即可绘制与已有直线平行、垂直或成一定角度的直线，如图 2-22 所示。

（6）绘制与已知曲线相切或沿法向的直线　在绘图区内选取直线的起点，然后在圆弧上移动鼠标，此时系统状态栏上提示"相切"或"法向"，当鼠标移动到合适的切点或法线位置附近后单击鼠标左键，即可绘制与已知曲线相切或沿法向的直线，如图2-23所示。

图2-22　绘制与已有直线平行或垂直的直线　　　图2-23　绘制与已知曲线相切或沿法向的直线

（7）绘制与一条曲线相切并与另一条曲线相切或垂直的直线　在绘图区内选择第一条曲线，然后在第二条曲线上移动鼠标，系统会在状态栏中显示"相切"或"法向"，当显示所需直线时，单击鼠标左键确定直线终点，即可绘制所需直线。

　　绘制曲线的切线时，其结果与鼠标在曲线上捕捉的位置有直接的关系。

（8）绘制两条直线的角平分线　依次选择两条直线（注意：选择时不要选取直线上的控制点），系统自动以这两条直线的理论交点作为新建直线的起点，移动鼠标到两条直线四个夹角中的任意一个来设定直线的方向，然后在"跟踪条"对话框的"长度"文本框中输入直线的长度，或者直接在绘图区内选择一点作为角平分线的终点，即可绘制两条直线的角平分线，如图2-24所示。

（9）绘制两条平行直线的中线　依次选择两条平行直线，系统自动创建两条平行直线的中线，然后在"跟踪条"对话框的"长度"文本框中输入直线的长度，或者直接在绘图区内选择一点作为中线的终点，即可绘制两条平行直线的中线，如图2-25所示。

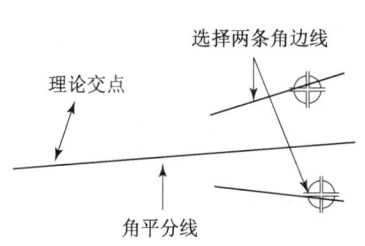 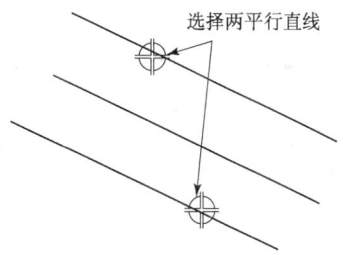

图2-24　绘制两条直线的角平分线　　　　　图2-25　绘制两条平行直线的中线

（10）偏置直线　取消勾选"基本曲线"对话框中的"线串模式"复选框，用鼠标选取绘图区中已存在的直线，然后在"跟踪条"对话框的Ⅰ文本框中输入偏置值，按回车键或直接单击"基本曲线"对话框中的"确定"按钮即可创建偏置直线。偏置的方向与鼠标相对于已知直线的位置有关，在选择直线时，选择球✥十字中心在直线哪一侧，则输入的正的偏置值就偏向哪边。

2. 圆弧

单击"基本曲线"对话框中的"圆弧"按钮，切换至圆弧绘制界面，如图2-26所示，此时"跟踪器"也做出了相应的变化。

整圆——表示在绘制圆弧时，会以整圆的形式显示。"整圆"复选框仅在取消勾选"线串模式"复选框时才能使用。

备选解——在绘制圆弧时，单击该按钮，系统将显示出与未单击该按钮时创建的圆弧互补的另一段圆弧。

利用"基本曲线"对话框中的"圆弧"选项创建圆弧有两种方法："起点，终点，圆弧上的点"和"中心点，起点，终点"。

（1）利用"起点，终点，圆弧上的点"创建圆弧　在绘图区选取三点分别作为圆弧的起点、终点和圆弧上的点，或者在"跟踪条"对话框中的"XC""YC""ZC"文本框中依次输入圆弧的起点坐标、终点坐标及圆弧上一点的坐标，在每次坐标输入完成后按回车键，即可创建圆弧，如图 2-27 所示。

（2）利用"中心点，起点，终点"创建圆弧　在绘图区选取三点分别作为圆弧的中心点、起点和终点，或者在"跟踪条"对话框中的"XC""YC""ZC"文本框中依次输入圆弧的中心点坐标、起点坐标、终点坐标，在每次坐标输入完成后按回车键，即可创建圆弧，如图 2-28 所示。

图 2-26　圆弧绘制界面

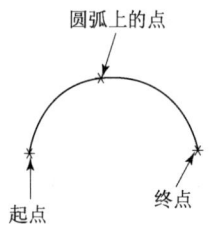
图 2-27　绘制圆弧 1

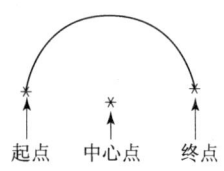
图 2-28　绘制圆弧 2

3．圆

单击"基本曲线"对话框中的"圆"按钮⊙，切换至圆绘制界面，如图 2-29 所示。绘制圆的方法有两种。

（1）在对话框中选择自动判断或者在"点方法"的下拉列表中选择一种具体方法确定圆心，然后移动鼠标在绘图区的另一位置选取一点作为圆上的点或者通过跟踪条输入半径值（或直径值），即可创建圆。

（2）在"跟踪条"对话框中的"XC""YC""ZC"文本框中输入圆心坐标，按回车键确定圆心，然后在半径或直径文本框中输入半径或直径值，即可创建圆。

绘制一个圆之后，若勾选"多个位置"复选框，则在绘图区的其他位置单击鼠标，可创建多个与前一个圆大小相同的圆。

当需要修改圆（或者圆弧）的参数时，可以用鼠标双击待修改的圆曲线，弹出"圆弧/圆"对话框，如图 2-30 所示。修改相应参数后，单击"确定"按钮，完成参数修改。

图 2-29　圆绘制界面

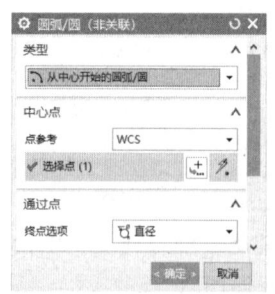
图 2-30　"圆弧/圆"对话框

利用"基本曲线"对话框中圆的命令只能在 XC-YC 平面或者平行于 XC-YC 的平面内绘制圆,如果需要在其他方位的平面内绘制圆,需要先将坐标系的 XC-YC 平面变换到该方位。

4. 圆角

圆角命令是在曲线间进行圆弧过渡或者对未闭合的边通过圆角进行圆弧闭合。

单击"基本曲线"对话框中的"圆角"按钮 ,弹出"曲线倒圆"对话框,如图 2-31 所示。"曲线倒圆"对话框中各选项的含义如下。

方法——"曲线倒圆"有三种方法:简单圆角、2 曲线圆角和 3 曲线圆角。

半径——用于设置圆角的半径值。

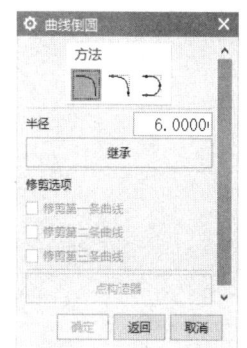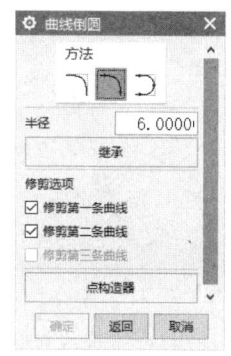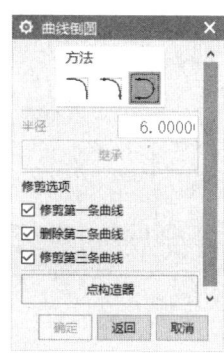

图 2-31 "曲线倒圆"对话框

继承——系统继承已有的半径值,后面所倒的圆角均为此半径值。当单击"继承"按钮时,要求选择已有的圆角,选择后系统会将已选择的圆角半径值显示在"半径"文本框中。

修剪第一条曲线——勾选该复选框后,系统在倒圆角时修剪选择的第一条曲线。

修剪第二条曲线——勾选该复选框后,系统在倒圆角时修剪选择的第二条曲线。

修剪第三条曲线——只有选择了"3 曲线圆角"图标时,该复选框才可用。勾选该复选框后,系统在倒圆角时修剪选择的第三条曲线。

(1)简单圆角 "简单圆角"用于对两条共面但不平行的直线进行倒圆角。单击"简单圆角"按钮 ,在"半径"文本框中输入圆角半径,然后将鼠标移动至欲倒圆角处,单击鼠标左键,即可按输入圆角半径创建圆角,如图 2-32 所示。选择直线时,选择球半径范围内应包括要倒圆角的两条直线,选择球的中心为圆角圆弧中心所在方位。

(2)2 曲线圆角 "2 曲线圆角"是指在空间中任意两条相交直线、两条相交曲线或直线与曲线之间创建圆角。单击"2 曲线圆角"按钮 ,在"半径"文本框中输入圆角半径,然后设置修剪选项。接着依次选取第一条曲线和第二条曲线,将鼠标移动至目标圆角圆心所在的大概位置处,单击鼠标左键,即可创建圆角,如图 2-33 所示。

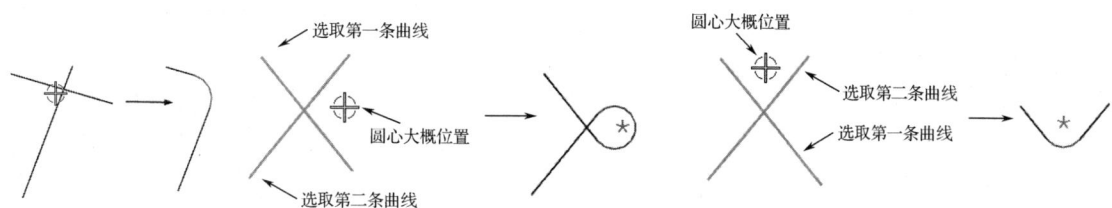

图 2-32 简单圆角   图 2-33 2 曲线圆角

利用"2曲线圆角"时,选择曲线的顺序不同,圆角的结果也不同。两条曲线间的圆角是在右手笛卡儿坐标系中,沿圆弧所在平面的第三轴正方向看向负方向,在选择的第一条曲线到第二条曲线之间按照逆时针方向生成圆弧。

(3)3曲线圆角 "3曲线圆角"是指同一平面上任意三条曲线间生成的圆角(三条曲线相交于一点除外),这三条曲线可以是点、直线、圆弧、样条曲线及二次曲线的任意组合。

单击"3曲线圆角"按钮 ,然后设置修剪选项。接着依次选取第一条曲线、第二条曲线和第三条曲线,将鼠标移动至欲倒圆角处,单击鼠标左键,即可创建圆角,如图2-34所示。图2-34(b)为不修剪和不删除生成的圆角结果,图2-34(c)为修剪和删除第二条曲线生成的圆角结果。

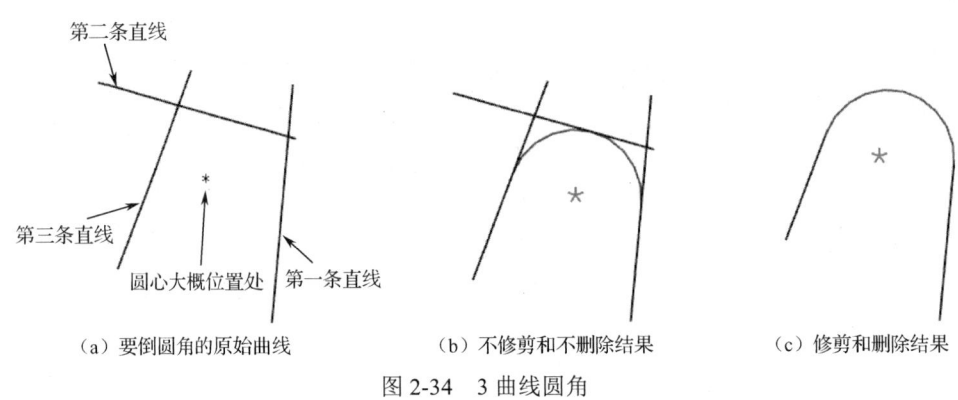

图2-34 3曲线圆角

2.3.3 直线

除利用"基本曲线"对话框中的直线命令绘制直线外,还可以利用"曲线"工具条中的"直线"命令创建直线。

单击"曲线"工具条中的"直线"按钮 ,或选择【菜单】|【插入】|【曲线】|【直线】,弹出"直线"对话框,如图2-35所示。

在"直线"对话框中,包含了"开始""结束""支持平面""限制"和"设置"选项。

(1)开始 用于设置直线的起点。在"起点选项"下拉列表中列出了三种指定起点的方式。

① 自动判断 系统根据用户选择的对象自动判断起点的约束类型。

② 点 利用点捕捉方式选择起点。如果光标处没有现存点,则系统将光标所在的位置作为直线的起点。在该方式下,"点参考"选项有效,"点参考"下拉列表中列出了三种坐标系,通过在鼠标右下角的文本框中输入三个坐标轴上的偏移量定义起点。

图2-35 "直线"对话框

③ 相切 直线的起点与圆弧、圆或曲线相切。

除以上三种方式可以确定直线的起点外,也可以单击"点构造器"按钮 ,通过"点构造器"定义直线的起点。

(2)结束 用于设置直线的终点,在"终点选项"下拉列表中列出了三种指定终点的方式,与"起点"选项含义相同。

（3）支持平面 用于定义新建直线所在的平面，在创建直线的任一步骤中均可修改支持平面，包括以下三种选项。

① 自动平面 系统根据所选择的起点和终点自动判断一个临时的平面，自动平面显示为浅绿色，如图 2-36 所示。

② 锁定平面 系统将使自动平面锁定，此时可以改变起点或终点，但支持平面不发生改变。锁定平面的颜色以当前基准平面颜色显示，如图 2-37 所示。

③ 选择平面 选择一个已经存在的面或利用"平面构造器" 创建一个平面，如图 2-38 所示。

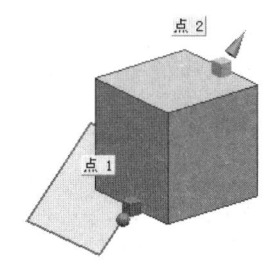

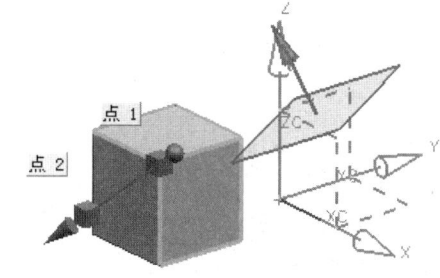

图 2-36 自动平面示意图　　　图 2-37 锁定平面示意图　　　图 2-38 选择平面示意图

（4）限制 用于设置起点和终点的限制距离，包括"起始限制""终止限制"和"距离"选项，通过这些选项进一步确定直线的长度。

在"起始限制"及"终止限制"下拉列表中列出了"值""在点上"和"直至选定对象"三个选项。

① 值 通过输入数值对直线的起点和终点进行定义。该数值表示从起点测量的长度。

② 在点上 通过选择点来指定直线的起点和终点。

③ 直至选定对象 通过选定面、曲线、边、体或基准平面来定义直线起点和终点的界限。

（5）设置 用于设置创建的直线具有的关系特征，如关联、延伸至视图边界。

2.3.4 圆弧

圆弧和圆的绘制也可使用"曲线"工具条中的"圆弧/圆"命令来完成。

单击"曲线"工具条中的"圆弧/圆"按钮 ，或选择【菜单】|【插入】|【曲线】|【圆弧/圆】，弹出"圆弧/圆"对话框，在对话框的"类型"下拉列表中系统提供了两种创建圆弧的方法："三点画圆弧"和"从中心开始的圆弧/圆"。

（1）三点画圆弧 在绘图区选取两点分别作为圆弧的起点和终点，这时曲线上出现可移动的第三点，可以在恰当的位置单击鼠标左键确定第三点，从而确定圆弧，或在对话框的"大小"区域的文本框中输入圆弧半径，按回车键确定圆弧。若需要创建圆，则在对话框的"限制"区域勾选"整圆"复选框即可，如图 2-39 所示。

（2）从中心开始的圆弧/圆 在绘图区域选取一点作为圆弧/圆的中心，然后在绘图区域的另一位置选取另一点作为圆弧上的点，或在"大小"区域的文本框中输入圆弧的半径，即可创建圆弧，如图 2-40 所示。

"圆弧/圆"对话框中其他各选项的含义可参见"直线"对话框中的选项含义。

图 2-39　三点画圆弧　　　　　图 2-40　从中心开始的圆弧/圆

2.3.5 矩形

矩形命令是通过选择对角点创建矩形的。单击"曲线"工具条中的"矩形"按钮▭，弹出"点"对话框，在绘图区域中指定矩形的两个对角点的位置，或者在"坐标"文本框中输入两个对角点的坐标值，即可创建矩形。

【实例 2-2】 完成图 2-41 所示风机曲线。

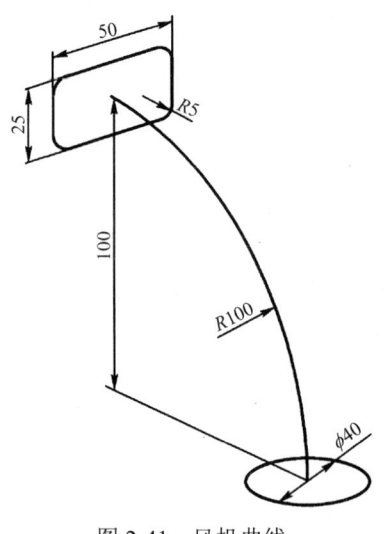

实例 2-2　风机曲线绘制

图 2-41　风机曲线

2.3.6 正多边形

正多边形广泛应用于工程设计中，如六角螺母、冲压锤头、滑动导轨等各种外形规则的零件。单击"曲线"工具条中的"多边形"按钮⬡，弹出"多边形"边数输入对话框，如图 2-42 所示，在"边数"文本框中输入欲创建的多边形的边数，单击"确定"按钮。接着弹出"多边形"类型对话框，如图 2-43 所示。系统提供了"内切圆半径""多边形边""外接圆半径"三种创建正多边形的方法。

 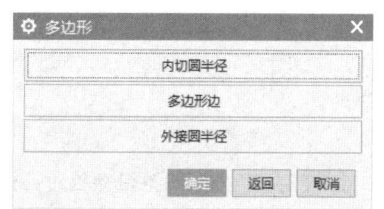

图 2-42 "多边形"边数输入对话框　　　　图 2-43 "多边形"类型对话框

1. 内切圆半径

单击"内切圆半径"按钮，弹出内切圆半径参数对话框，如图 2-44 所示。对话框中的"内切圆半径"为正多边形内切圆的半径，"方位角"为正多边形绕中心逆时针旋转的角度，在这两个文本框中输入相应的参数，单击"确定"按钮，弹出"点"对话框用于设置正多边形的中心位置，最后在绘图区直接指定正多边形的中心位置，或在"点"对话框中输入正多边形中心点的坐标，单击"确定"按钮，即可创建所需的正多边形，如图 2-45 所示（图中内切圆半径小的方位角设置为 0，内切圆半径大的方位角设置为 45）。

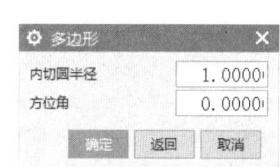 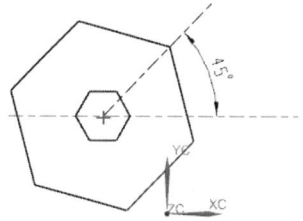

图 2-44 内切圆半径参数对话框　　　　图 2-45 按内切圆半径创建正多边形

2. 多边形边

单击"多边形"按钮，弹出"多边形"对话框，如图 2-46 所示。对话框中的"侧"是指正多边形的边长，方位角是指多边形的旋转角度。在"侧"和"方位角"文本框中输入相应的参数，单击"确定"按钮，弹出"点"对话框，设置多边形中心位置。可在绘图区域用鼠标直接选取多边形的中心位置，或在"点"对话框中输入多边形中心点的坐标，然后单击"确定"按钮，即可创建所需的正多边形，如图 2-47 所示。

 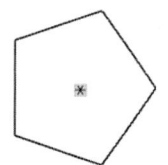

图 2-46 "多边形"对话框　　　　图 2-47 按多边形边创建正多边形

3. 外接圆半径

单击"外接圆半径"按钮，弹出外接圆半径参数对话框，如图 2-48 所示。对话框中的"圆半径"是指多边形外接圆的半径，在"圆半径"和"方位角"文本框中输入相应的参数，单击"确定"按钮，弹出"点"对话框设置正多边形中心位置，在绘图区直接指定正多边形的中心位置，或在"点"对话框中输入正多边形中心点的坐标，即可创建所需的正多边形，如图 2-49 所示。

图 2-48 外接圆半径参数对话框

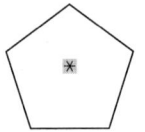

图 2-49 按外接圆半径创建正多边形

2.3.7 椭圆

椭圆是在建立模型过程中常用的曲线,椭圆默认的生成平面为 XC-YC 或者与 XC-YC 平行的平面。单击"曲线"工具条上的"椭圆"按钮 ⊕,或选择【菜单】|【插入】|【曲线】|【椭圆】,弹出"点"对话框,用于设置椭圆中心的位置,选取椭圆中心之后,单击"点"对话框中的"确定"按钮,弹出"椭圆"对话框,设置椭圆的各参数,即可创建椭圆,如图 2-50 所示。

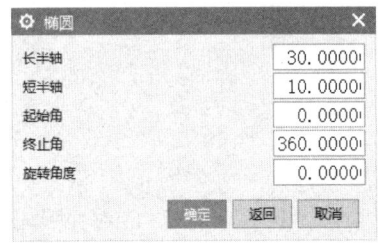
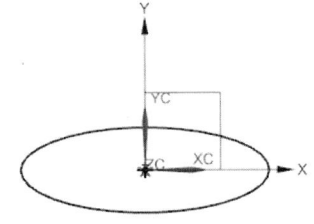

图 2-50 创建椭圆

"椭圆"对话框中各参数的含义如下。

长半轴和短半轴——椭圆有长轴和短轴。在 UG NX 软件中,长轴为椭圆沿着 XC 方向所在的轴径,短轴为椭圆沿着 YC 方向所在的轴径。长半轴和短半轴为长轴和短轴的一半,如图 2-51 所示。

起始角和终止角——画椭圆弧时沿逆时针绕 ZC 轴旋转,起始角和终止角用来确定椭圆弧的起始和终止位置,如图 2-52 所示。

旋转角度——椭圆的长轴相对于 XC 轴沿逆时针方向倾斜的角度。

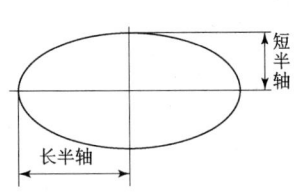

图 2-51 长半轴与短半轴

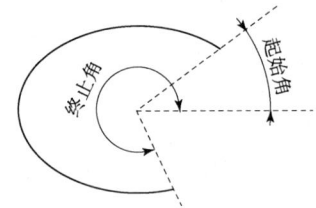

图 2-52 起始角与终止角

图 2-53 "样条"对话框

2.3.8 样条

样条是根据给定一组控制点或通过多项式方程产生的曲线。在 UG NX 中所创建的样条曲线都是 NURBS 曲线。

单击"曲线"工具条中的"样条"按钮 ～,弹出"样条"对话框,如图 2-53 所示。"样条"对话框中提供了四种创建样条曲线的方法:"根据极点""通过点""拟合""垂直于平面"。

1. 根据极点

通过设定样条曲线的各个控制点来生成样条曲线。单击"根据极点"按钮后,弹出"根据极点生成样条"对话框,如图 2-54 所示。控制点的创建方法有两种:使用点构造器定义点和从文件中读取控制点。

1)曲线类型

用于设置样条曲线的类型,包括"多段"和"单段"两种类型。

(1) 多段　产生样条曲线时,所绘制的样条曲线必须与"根据极点生成样条"对话框中的"曲线次数"的设置相关。此时,样条曲线的控制点数目必须大于曲线的阶数(次数)。如果曲线阶数为 3,则样条曲线最少应有 4 个控制点才能够创建一个节段的样条曲线;如果有 5 个控制点,则可以创建两个节段的样条曲线。

(2) 单段　所创建的样条曲线只有一个节段,此时,"曲线次数"和"封闭曲线"两个选项不可用,即单段样条曲线不能封闭。

2)曲线次数

用于设置曲线的阶数,即曲线的数学多项式的最高次幂。用户设置的控制点数量必须大于曲线的阶数,否则无法创建样条曲线。

3)封闭曲线

用于设置生成的样条曲线是否封闭。当勾选该复选框时,所创建的样条曲线的起点与终点重合,生成一条封闭的样条曲线,否则将生成一条开放的样条曲线,如图 2-55 所示。

4)文件中的点

用于从已有文件中读取控制点的数据,该选项仅用于创建多段的样条曲线。

图 2-54　"根据极点生成样条"对话框

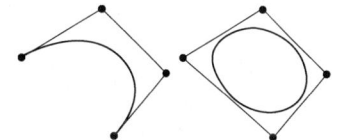

图 2-55　开放和封闭的样条曲线

2. 通过点

通过设置样条曲线的各定义点创建一条通过各定义点的样条曲线。该方法主要应用于逆向工程或已知各定义点的数据而构造样条曲线,它可以精确地控制曲线的形状和尺寸。"通过点"与"根据极点"方法的区别在于生成的样条曲线是否通过每个控制点。

单击图 2-53 中的"通过点"按钮,弹出"通过点生成样条"对话框,如图 2-56 所示。与"根据极点生成样条"对话框相比,这里多了"指派斜率"和"指派曲率"两项。同样地,可以通过点构造器定义点和从文件中读取控制点两种方式来创建控制点。

指派斜率——当使用了"文件中的点"按钮后,该按钮可用,用于设置创建的样条曲线通过定义点时的斜率,从而控制样条曲线的形状。

指派曲率——当使用了"文件中的点"按钮后,该按钮可用,用于设置创建的样条曲线通过定义点时的曲率，从而控制样条曲线的形状。

单击"确定"按钮，系统弹出"样条"对话框，如图 2-57 所示。该对话框提供了四种定义点的方式："全部成链""在矩形内的对象成链""在多边形内的对象成链"及"点构造器"。前三种方式要求用户在选择创建样条曲线功能之前预先定义好足够多的点，以便进行选取；而最后一种方式则可以利用点构造器来指定定义点，其中最常用的是最后一种方式。

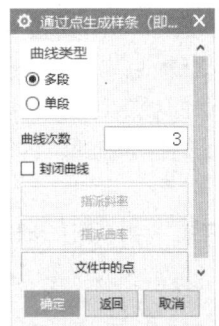

图 2-56 "通过点生成样条"对话框

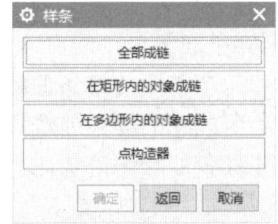

图 2-57 "样条"对话框 1

全部成链——选择起点和终点间的点集作为定义点来创建样条曲线。单击该按钮后，弹出"指定点"对话框，根据提示栏依次选择样条曲线的起点和终点，系统将自动辨别选择起点和终点之间的点集，并以此创建样条曲线。

在矩形内的对象成链——利用矩形框选择样条曲线的点集作为定义点来创建样条曲线。单击该按钮后，根据提示栏确定矩形框的第一角点和第二角点，接着在矩形框选中的点集中选择样条曲线的起点与终点，系统将自动辨别选择起点和终点之间的点集，并以此创建样条曲线。

在多边形内的对象成链——利用多边形选择样条曲线的点集作为定义点来创建样条曲线。单击该按钮后，根据提示栏依次选取多边形的顶点，接着在多边形选中的点集中选择样条曲线的起点与终点，系统将自动辨别选择起点和终点之间的点集，并以此创建样条曲线。

点构造器——利用点构造器来定义样条曲线的各定义点，从而创建样条曲线。单击该按钮后，弹出"点"对话框，系统提示指定样条曲线的定义点，完成定义点之后，单击"点"对话框中的"确定"按钮，弹出"指定点"对话框，单击"是"按钮，接着将弹出"通过点生成样条"对话框。在该对话框中，可以通过"指派斜率"或"指派曲率"选项定义样条曲线，也可接受默认参数设置，直接单击"确定"按钮，创建样条曲线，如图 2-58 所示。

(a) 定义曲线生成的点　　(b) 生成的样条曲线

图 2-58 利用点构造器创建样条曲线

3. 拟合

拟合命令是以拟合（即样条曲线上的点与定义点之间距离的平方和最小）方式创建样条曲线的。单击图 2-53 中的"拟合"按钮，弹出"样条"对话框，如图 2-59 所示。该对话框提供了五种定义点的方式："全部成链""在矩形内的对象成链""在多边形内的对象成链""点构造器""文件中的点"。这些方式在前面都已经做过介绍，在此不再赘述。选择其中一种方式，按照前面所介绍的方法确定样条曲线的定义点，单击"确定"按钮，系统弹出"由拟合创建样条"对话框，如图 2-60 所示，提示用户选择拟合方法并进行相应的设置。接着单击"确定"按钮，即可创建样条曲线。

项目 2　曲　线　绘　制　47

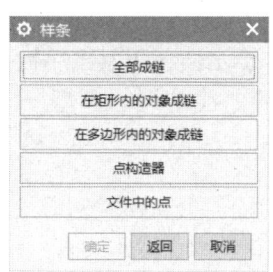

图 2-59　"样条"对话框 2

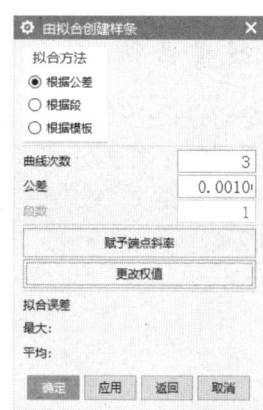

图 2-60　"由拟合创建样条"对话框

1）拟合方法

拟合方法指用于选择创建样条曲线的拟合方式，系统提供了三种拟合方式。

（1）根据公差　根据样条曲线与定义点之间的最大许可公差来创建样条曲线。选择这种拟合方法，可以在"曲线次数"和"公差"文本框中输入样条曲线的阶数和样条曲线与定义点之间的最大许可公差来设置样条曲线。

（2）根据段　根据样条曲线的节段数生成样条曲线。选择这种拟合方法，可以在"曲线次数"和"段数"文本框中输入样条曲线的阶数和样条曲线的节段数来设置样条曲线。

（3）根据模板　根据模板曲线生成样条曲线，曲线的次数和结点顺序均与模板曲线相同。选择这种拟合方法，还需定义一条模板样条曲线。

2）赋予端点斜率

用于指定样条曲线的起点和终点的斜率。

3）更改权值

用于设置所选数据点对样条曲线形状影响的加权因子。加权因子越大，样条曲线越接近所选数据点，反之，则远离。若加权因子为零，则在拟合过程中系统将会忽略所选数据点。

4．垂直于平面

垂直于平面命令以垂直于平面的曲线生成样条曲线。单击图 2-53 中"垂直于平面"按钮后，弹出"样条"对话框，如图 2-61 所示，此时系统提示用户选择样条垂直的起始平面。先选择或通过平面子功能定义起始平面，然后选取起始平面上的起点，接着选择或通过平面子功能定义下一平面，再指定样条曲线的方向，继续选取所需的平面，即可生成一条样条曲线。利用该方式生成样条曲线时，与样条曲线垂直的参考平面最多不超过 100 个。

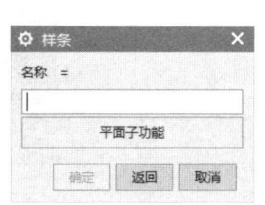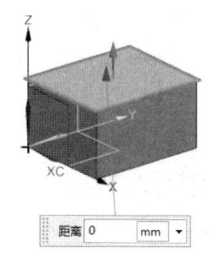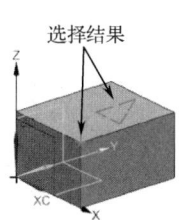

图 2-61　垂直平面

2.3.9 规律曲线

规律曲线是通过指定 X、Y、Z 坐标的变化函数来生成的一种曲线操作命令，如正弦曲线、余弦曲线、渐开线等，图 2-62（a）所示为正弦曲线，图 2-62（b）所示为渐开线的应用实例。创建规律曲线需要定义 X、Y、Z 三个坐标分量的规律函数。单击曲线工具条中的"规律曲线"按钮，弹出图 2-62（c）所示的"规律曲线"对话框。规律曲线的规律类型一共有七种，如图 2-62（d）所示。

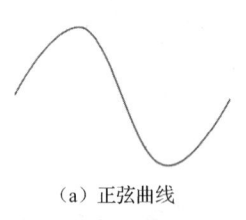

（a）正弦曲线

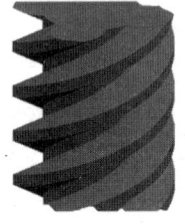

（b）渐开线蜗杆

（c）"规律曲线"对话框

（d）规律类型

图 2-62 规律曲线

在 UG NX 中利用规律曲线绘制各种方程曲线时，需要进行坐标转换，其转换关系如下：
（1）极坐标（或柱坐标 r,θ,z）与直角坐标系 (x,y,z) 的转换关系
$$x=r\cos(\theta); \quad y=r\sin(\theta); \quad z=z$$
（2）球坐标系 (r,θ,φ) 与直角坐标系 (x,y,z) 的转换关系
$$x=r\sin\theta\cos\varphi; \quad y=r\sin\theta\sin\varphi; \quad z=r\cos\theta$$
在 UG NX 表达式中输入时：theta=θ　phi=φ　r=rho；在所有 UG NX 表达式中，必须先在名称栏输入 t，公式栏输入 0，类型为恒定的，即无单位。t 是 UG NX 自带的系统变量，其取值为 0~1 之间的连续数。

【实例 2-3】 完成图 2-63 所示铃铛曲线的绘制（参数方程已知）。

```
铃铛曲线
t=1
r=t^3+t*(t+1)
theta= t*360
phi=t2*360*50
xt=r*cos(phi)
yt=r*sin(phi)
zt=r*cos(theta)
```

图 2-63 铃铛曲线及参数方程

实例 2-3 铃铛曲线的绘制

2.3.10 螺旋线

螺旋线通常用于螺旋槽特征的扫描轨迹线，如螺钉、螺母、螺杆和弹簧等零件。螺旋线由多个圈构成，并在规律曲线的基础上创建。

单击"曲线"工具条上曲线下拉菜单中的"螺旋"按钮，弹出"螺旋"对话框。螺旋线的生成类型有"沿矢量"和"沿脊线"两种，如图2-64、图2-65所示。图2-66所示为"沿脊线"螺旋线的相关参数。

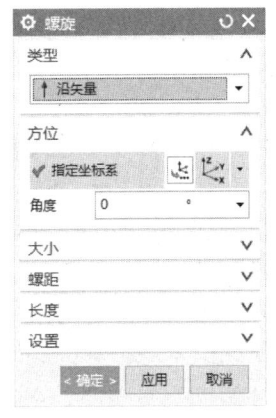
图2-64 "沿矢量"螺旋线

图2-65 "沿脊线"螺旋线

图2-66 "沿脊线"螺旋线参数

1. 方位

方位用于指定生成螺旋线的坐标系和螺旋线的起始角度。

2. 大小

大小用于设置螺旋线径向尺寸的给定方式，包括"直径"和"半径"两种方式。规律类型用于设置螺旋线半径或者直径的变化方式，系统提供了七种规律函数来控制螺旋线半径或者直径沿轴向的变化，如图2-67所示。

（1）恒定　用于创建恒定半径的螺旋线。单击"恒定"按钮，在对应的"值"文本框中输入规律值，设置其他参数后，单击"确定"按钮，最后在绘图区内指定基点即可创建恒定半径的螺旋线，如图2-68所示。

图2-67 规律类型

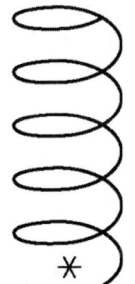
图2-68 恒定半径的螺旋线

（2）线性　用于设置螺旋线的半径沿轴线按线性规律变化。单击"线性"按钮，在"起始值"和"终止值"文本框中输入参数值，设置其他参数后，单击"确定"按钮，最后在绘图区内指定基点，即可创建线性螺旋线。

（3）三次　用于设置螺旋线的半径按三次方变化。单击"三次"按钮，在"起始值"和"终止值"文本框中输入参数值，设置其他参数后，单击"确定"按钮，最后在绘图区内指定基点，即可创建三次螺旋线。

（4）沿脊线的线性　用于创建沿脊线变化的螺旋线，其变化形式为线性的。首先创建一条曲线，单击"沿脊线的线性"按钮，系统将提示选取一条脊线，选择刚才创建的曲线，再利用点创建功能指定脊线上的点，并确定螺旋线在该点处的半径即可。

（5）沿脊线的三次　用于创建沿脊线变化的螺旋线，其半径变化形式呈三次方。单击"沿脊线的三次"按钮，系统将提示选取一条脊线，使螺旋线沿此脊线变化，再选取脊线上的点并输入该点处的半径即可。该方式与"沿脊线的线性"的最大差别就是螺旋线在旋转时半径的变化方式，前一种按线性变化，而该方式则按三次方变化。

（6）根据方程　用于创建指定的运算表达式控制的螺旋线。在利用"根据方程"方式创建螺旋线之前，首先必须定义方程。选择【菜单】|【工具】|【表达式】，在弹出的"表达式"对话框中定义表达式。然后单击"螺旋线"按钮，在"螺旋线"对话框中的"规律类型"选项中选择"根据方程"按钮，此时，系统将会按照预先定义的方程来创建螺旋线。

（7）根据规律曲线　利用规律曲线决定螺旋线的旋转半径来创建螺旋线。单击"根据规律曲线"按钮，根据系统提示首先选取一条规律曲线，然后再选取一条基线来确定螺旋线的方向，最后再选取螺旋线的基点，即可创建螺旋线。

3．螺距

螺距用于设置螺旋线相邻两圈对应点之间的轴向距离。螺距值的设定方式同螺旋线径向尺寸给定方式一样，也有七种方式。

4．长度

用于设置螺旋线的长，有"限制"和"圈数"两种指定方式。

5．设置

用于设置螺旋线的旋转方向，包括"右旋"和"左旋"两种。
（1）右旋　螺旋线的旋转方向符合右手螺旋定则。
（2）左旋　螺旋线的旋转方向符合左手螺旋定则。

2.3.11　曲线倒斜角

曲线倒斜角命令用于对两条共面的直线或曲线之间的尖角进行倒角。单击"曲线"工具条中"曲线"下拉菜单中的"曲线倒斜角"按钮，或选择【菜单】|【插入】|【曲线】|【倒斜角】，弹出"倒斜角"对话框，如图2-69所示。系统提供了两种倒斜角的方式：简单倒斜角和用户定义倒斜角。

1．简单倒斜角

简单倒斜角用于对两条共面的直线进行倒斜角，产生的两个倒角边偏移值相同。单击"简单倒斜角"按钮，弹出"简单倒斜角"对话框，如图2-70所示。在"偏置"文本框中输入倒斜角的偏移量，单击"确定"按钮，弹出"倒斜角"对话框，系统提示用户"指定倒斜角的角"，将鼠标移至即将倒角的角处（注意光标选择球范围内涵盖两条要倒角的直线），单击鼠标左键，在弹出的对话框中选择取消，即可创建简单倒斜角，如图2-71所示。

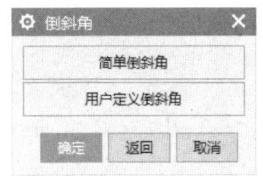

图2-69 "倒斜角"对话框1

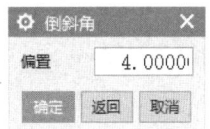

图2-70 "简单倒斜角"对话框

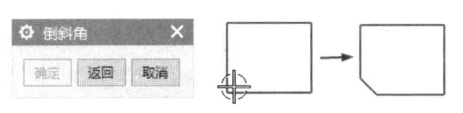

图2-71 简单倒斜角

2. 用户定义倒斜角

用户定义倒斜角用于用户进行自定义倒斜角，可以设置不同的倒角偏移值和倒角角度值。

单击"用户定义倒斜角"按钮，弹出"倒斜角"对话框，如图2-72所示，系统提供了三种曲线修剪方式：自动修剪、手工修剪和不修剪。

（1）自动修剪　系统根据倒角参数自动裁剪两条连接曲线。
（2）手工修剪　用户根据需要修剪倒角的两条连接曲线。
（3）不修剪　不修剪倒角的两条连接曲线。

在选择其中一种修剪方式之后，弹出"倒斜角"尺寸设置对话框。UG NX系统提供了"偏置值"与"偏置和角度"两种定义倒角尺寸的方法，如图2-73所示。

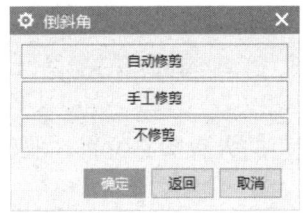

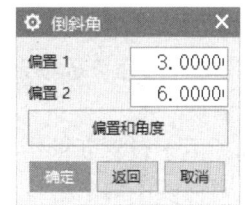

图2-72 "倒斜角"对话框2　　　　图2-73 "倒斜角"尺寸设置对话框

2.3.12 编辑圆角

编辑圆角命令用于对两条直线或曲线之间已生成的圆角进行修改。单击"编辑曲线"工具条中的"编辑圆角"按钮，弹出"编辑圆角"对话框，如图2-74所示。系统提供三种编辑圆角的方式："自动修剪""手工修剪"和"不修剪"。

1. 自动修剪

选择该方式，系统自动根据圆角来修剪两条连接曲线。

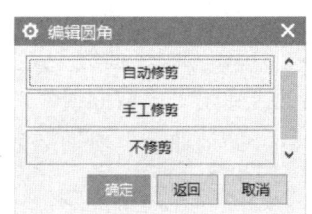

图2-74 "编辑圆角"对话框

2. 手工修剪

该方式用于在用户干预下修剪圆角的两条连接曲线。选择该方式后，随后响应系统提示，设置好对话框中的相应参数，然后确定是否修剪圆角的第一条连接曲线，若修剪，则选定第一条连接曲线的修剪端，接着确定是否修剪圆角的第二条连接曲线，若修剪，则选定第二条连接曲线的修剪端即可。

3. 不修剪

选择该方式，则不修剪圆角的两条连接曲线。

当用户选择其中一种修剪方式后，按照系统提示依次选择第一个对象、要修剪的圆角、第二个对象，接着弹出"编辑圆角"半径参数设置对话框，如图 2-75 所示，修改参数后单击"确定"按钮即可。

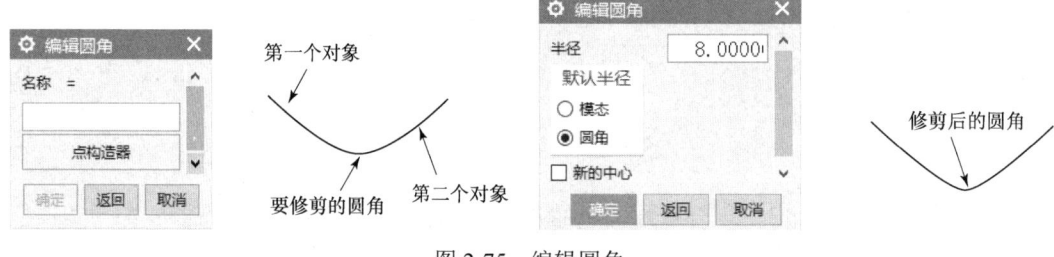

图 2-75 编辑圆角

"编辑圆角"对话框中各选项的含义如下。

（1）半径

该选项用于设置圆角的新半径值。

（2）默认半径

该选项用于设置上面的"半径"文本框中的默认值，包括两个单选项。

① 模态　选择该选项，则"半径"文本框中的默认半径值保持不变，直到在"半径"文本框中输入新的半径值。

② 圆角　选择该选项，则"半径"文本框中的默认半径值为所编辑圆角的半径值。

（3）新的中心

该选项用于设置新的中心点。可通过设定新的一点改变圆角的大致圆心位置。取消勾选此复选框，则仍以当前圆心位置来对圆角进行编辑。

2.3.13 修剪曲线

修剪曲线命令是修剪或延伸曲线到指定的边界对象，根据选择的边界对象（如曲线、边缘、平面、点或光标位置等）和需要修剪的曲线段来调整曲线的端点，可延长或裁剪直线段、圆弧、二次曲线或样条曲线。

单击"编辑曲线"工具条中的"修剪曲线"按钮 ，或者选择菜单【编辑】|【曲线】|【修剪】，弹出"修剪曲线"对话框，如图 2-76 所示。

"修剪曲线"对话框给出了修剪曲线的步骤和相关选项，分别介绍如下。

1. 要修剪的曲线

该选项用于选择需要修剪的曲线。

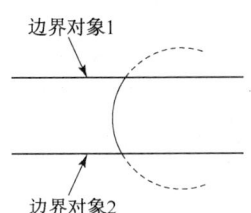

图 2-76 修剪曲线

2. 边界对象

该选项用于指定修剪曲线的边界对象。边界对象的类型可以是选定的平面、曲线、点或边缘，也可以通过"指定平面"选择基准面作为边界对象。

3. 修剪或分割

（1）操作　包含"修剪"和"分割"两种操作。

（2）方向　包含"最短的 3D 距离"和"沿方向"两个选项。"最短的 3D 距离"是按边界对象与待修剪的曲线之间的三维最短距离判断两者交点的，然后根据交点修剪曲线，该方法主要用于修剪空间曲线；"沿方向"是按在设定的矢量方向上边界对象与待修剪的曲线之间的最短距离来判断两者交点的，然后再根据交点修剪曲线。

（3）设置

① 关联　修剪后的曲线与原曲线具有相关性，即若改变原曲线的参数，则修剪后的曲线与边界对象之间的关系自动更新。

② 输入曲线　用于控制修剪后原曲线的保留方式，包括"保持"（输入曲线不受修剪曲线的影响，仍保持它们的初始状态）、"隐藏"（隐藏输入曲线）、"删除"（通过修剪曲线将输入曲线从系统中删除）和"替换"（用已修剪的曲线替换输入曲线）四种方式。

③ 曲线延伸段　如果要修剪的曲线是样条曲线并且需要延伸到边界，则利用该选项设置其延伸方式，包括"自然"（将样条曲线沿着其端点的自然路径延伸至边界）、"线性"（将样条曲线的端点以线性方式延伸至边界）、"圆形"（将样条曲线的端点以圆形方式延伸至边界）和"无"（不将样条曲线延伸至边界）四种方式。

④ 修剪边界对象　勾选该复选框，系统不仅对需要修剪的曲线进行修剪，而且对边界对象也进行修剪。

2.3.14　分割曲线

分割曲线命令用于将曲线分割成若干段，分割后的每一段都是独立的曲线。

单击"编辑曲线"工具条中的"分割曲线"按钮 ∫，或者选择【菜单】|【编辑】|【曲线】|【分割】，弹出"分割曲线"对话框，如图 2-77 所示。在"分割曲线"对话框的"类型"区域中提供了"等分段""按边界对象""弧长段数""在结点处"和"在拐角上"五种分割方法。

 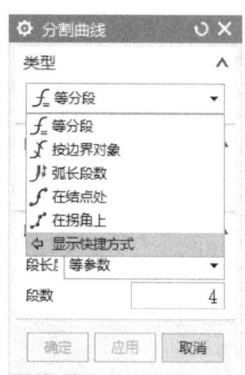

图 2-77 "分割曲线"对话框

1. 等分段

以等长或等参数的方法将曲线分割成相同的节段。选择该方式后,"段长度"选项中包含两种曲线分割方式:"等参数"和"等弧长"。

(1) 等参数　根据曲线的参数性质等分曲线。对于直线将等分线段,对于圆弧或椭圆将等分角度,对于样条曲线将以其极点为中心等分角度。

(2) 等弧长　将曲线的弧长等分。

"段数"文本框用来设定均匀分割曲线的节段数。

利用"等分段"方式分割曲线,首先在"分割曲线"对话框的"类型"区域中选择"等分段",然后选择需要分割的曲线,接着在"段数"文本框中输入等分段数并单击"确定"按钮即可。

2. 按边界对象

该方式是利用边界对象来分割曲线的,边界对象可分别定义为点、直线和平面或表面。在绘图区内选择要分割的曲线,系统会弹出"分割曲线"对话框,单击"是"按钮,接下来选择边界曲线,单击"确定"按钮即可,如图 2-78 所示。

 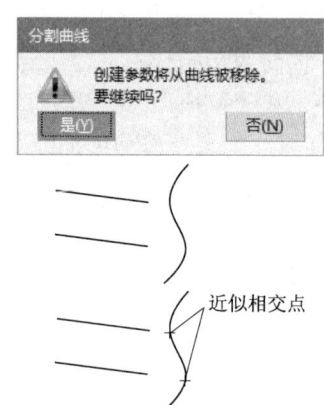

图 2-78 按边界对象分割曲线

3. 弧长段数

该方式是通过分别定义各节段的弧长来分割曲线的。应用该方式时,系统弹出参数对话框让用户设置分段的弧长参数值,且当系统完成分割操作后,还会弹出一个对话框来显示当前曲线的操作结果，会显示操作后的分段数和剩余部分的弧长值，如图 2-79 所示。

4．在结点处

该方式只能分割样条曲线，它在曲线的定义点处将曲线分割成多个节段。单击该选项后，选择要分割的曲线，然后在"方法"下拉列表中选择分割曲线的方法，系统提供了三种分割方法："按结点号""选择结点"及"所有结点"，最后单击"确定"按钮即可，如图 2-80 所示。

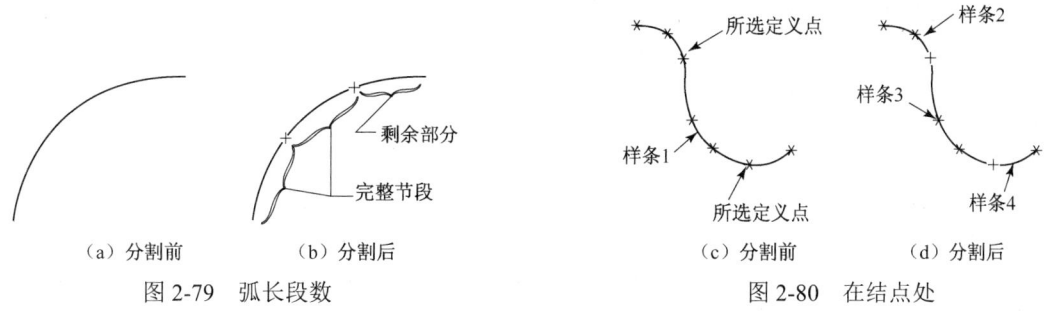

图 2-79　弧长段数　　　　　　　　　图 2-80　在结点处

5．在拐角上

该方式是在拐角点（一阶不连续点）分割样条曲线的（拐角点是由于样条曲线节段的结束点方向和下一节段开始点方向不同而产生的点）。单击该选项后，选择要分割的曲线，系统会在样条曲线的拐角点分割曲线，如图 2-81 所示。

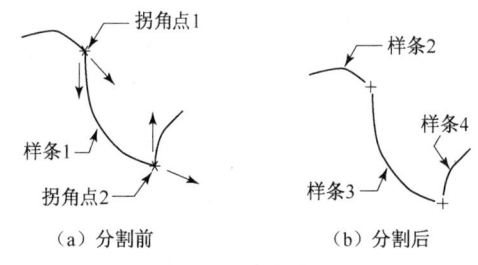

图 2-81　在拐角上

 如果对样条曲线进行分割，则样条曲线上的定义点数据将全部丢失。

2.3.15　派生曲线——偏置曲线

偏置曲线命令用于生成原曲线的等距线，该功能可以平移或复制曲线，可生成直线、圆弧、二次曲线、样条曲线或边界曲线的偏置曲线。

在"曲线"工具条中单击"偏置曲线"按钮 ，弹出"偏置曲线"对话框，如图 2-82 所示。各选项含义及设置方法如下。

1．偏置类型

该选项用于设置曲线的偏置方式，系统提供了"距离""拔模""规律控制"和"3D 轴向"四种方式。

（1）距离　该方式按照给定的偏移距离来偏置曲线。选择该方式后，"偏置"区域下方的"距离"文本框被激活，在"距离"和"副本数"文本框中分别输入偏移距离和生成的偏置曲线数量。

（2）拔模　该方式将曲线按指定的拔模角度偏置到与曲线所在平面相距拔模高度的平面上。拔模高度为原曲线所在平面和偏置后所在平面间的距离，拔模角度为偏置方向与原曲线所在平面的法线的夹角。选择该方式后，"高度"和"角度"文本框被激活，分别输入拔模高度值和拔模角度值，然后再设置好其他参数即可，如图2-83所示。

图2-82　"偏置曲线"对话框

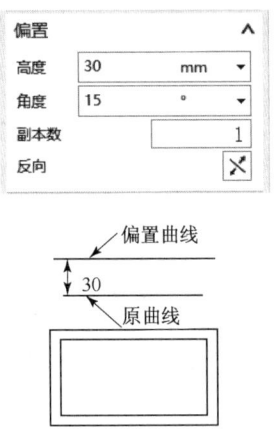

图2-83　拔模方式

（3）规律控制　该方式按规律控制偏移距离来偏置曲线。选择该方式后，从"规律类型"下拉列表中选择相应的偏置距离的规律控制方式后，逐步根据系统提示操作即可。

（4）3D轴向　该方式按照三维空间中的偏置方向和偏置距离来偏置共面或非共面曲线，通过"轴矢量"选项来控制偏置方向。

2. 偏置

用于设置偏置曲线的偏置距离和数量，包括三项。

（1）距离　设置在锥形箭头矢量指示的方向上与选中曲线之间的偏置距离，负的距离值意味着将在反方向上偏置曲线。

（2）副本数　按照相同的偏置距离，构造多组偏置曲线。

（3）反向　单击该按钮，反转锥形箭头矢量标记的偏置方向。

3. 设置

（1）关联

勾选该复选框，偏置后的曲线与原曲线具有相关性，即修改原曲线的参数，则偏置后的曲线与边界之间的关系自动更新。

（2）输入曲线

控制偏置后的原曲线是否保留，其中包括四种控制方法："保持""隐藏""删除"和"替换"。

① 保持　原曲线保持原始状态，不受偏置曲线操作的影响。

② 隐藏　隐藏原曲线。

③ 删除　偏置曲线后将原曲线删除。

④ 替换　原曲线被偏置曲线替换。

（3）修剪

该选项用于设置偏置曲线的修剪方式，它将影响到偏置曲线的形状，共有三种修剪方式。

① 无　偏置后的曲线既不延长相交也不彼此修剪或倒圆角，如图2-84（a）所示。

② 延伸相切　偏置曲线将延伸相交或彼此修剪，如图 2-84（b）所示。
③ 圆角　若偏置曲线的各组成曲线彼此不相连接，则系统以半径值为偏置距离的圆弧将各组成曲线彼此相邻的端点两两相连；若偏置曲线的各组成曲线彼此相交，则系统在其交点处修剪多余部分，如图 2-84（c）所示。

图 2-84　修剪方式示意图

（4）高级曲线拟合
该选项用于设置偏置曲线的拟合方式，包括"阶次和段""阶次和公差""保持参数化"和"自动拟合"四种方式。
（5）公差
该选项用于设置偏置曲线的精度。

2.3.16　派生曲线——桥接曲线

桥接曲线是指在两个对象之间创建相切的圆角曲线。曲线可通过各种方式控制，可在曲面、曲线、点或边缘之间生成过渡连接曲线，根据连接对象的不同，可进行不同的设置。桥接曲线是曲线连接中最常用的方法。

单击"派生曲线"工具条上派生曲线库中的"桥接曲线"按钮，系统会弹出"桥接曲线"对话框，如图 2-85 所示，它用于融合或桥接两条不同位置的曲线。对话框中各选项的意义及设置如下。

1. 起始对象

起始对象用于选择桥接曲线的起点，起点可以是点、曲线、边或面。在选中"截面"选项时，可以选择曲线或边作为起始对象；在选中"对象"选项时，可以选择点或面作为起始对象。

2. 终止对象

终止对象用来指定桥接曲线的终止对象。在"终止对象"区域内除"截面""对象"两个选项外，还有"基准"和"矢量"选项供选择。在选中"基准"选项时，可以选择基准面或基准轴作为终止对象；在选中"矢量"选项时，通过选择的对象自动判断矢量作为生成桥接曲线的矢量延伸方向。

3. 连接

该选项用来设置桥接曲线的起点或终点位置和曲线方向，以及连接点之间的连接属性。根据所选择的连接对象的不同，所需要的桥接曲线的属性也不同。

（1）连续性　用于设置桥接曲线与其连接对象的连续性，包括 G0（位置）、G1（相切）、G2（曲率）和 G3（流）四种连续方式。

G0（位置）连续根据选取曲线的位置确定与起始对象、终止对象在连接点处的连续方式；G1（相切）连续是指两个对象在连接点处相切，即一阶导数连续；G2（曲率）连续是指两个对象在连接点处曲率相等，即二阶导数连续；G3（流）连续是指两个对象在连接点处曲率连续，即三阶导数连续。

图 2-86 所示的是"相切"和"曲率"两种连续方式的对比。

图 2-85 "桥接曲线"对话框

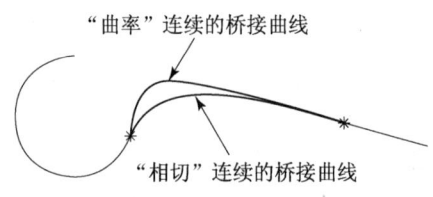

图 2-86 不同连续方式效果对比

（2）位置　用于设置起始对象和终止对象的桥接位置。

（3）方向　用于设置连接点处桥接曲线的方向。

根据所选起始对象和终止对象的不同，位置和方向设置的参数也有所不同。

4．约束面

当需要用曲线网格构建一个边缘的倒圆角特征时，可利用"约束面"来设置与桥接曲线相连或相切的曲面。

5．半径约束

该选项用于为复杂变形设置最小和峰值的约束值，要求两个输入曲线必须是共面的。使用该选项时，"深度和歪斜"形状控制被激活。

6．形状控制

该选项用于设定桥接曲线的形状控制方式。桥接曲线的形状控制方式有"相切幅值"和"深度和歪斜"两种。

（1）相切幅值　通过改变桥接曲线与第一条曲线或第二条曲线连接点的相切矢量值来控制桥接曲线的形状。可以通过拖动"开始"或"结束"滑块，或直接在其文本框中输入相切矢量值来控制曲线形状，如图 2-87 所示。

（2）深度和歪斜　通过改变曲线峰值的深度和歪斜值来控制曲线形状。"深度"选项控制曲率对曲线形状的影响。"歪斜"是指曲率沿曲线的转动的变化率，即曲线在空间的扭曲程度，它主要用来控制最大曲率的位置。图 2-88 所示的分别为不同的深度值和歪斜值对桥接曲线的影响。

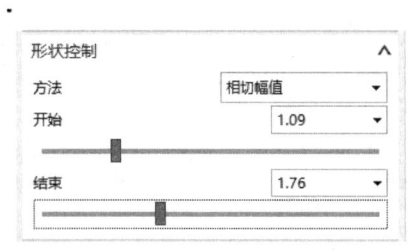

图 2-87 相切幅值控制桥接曲线

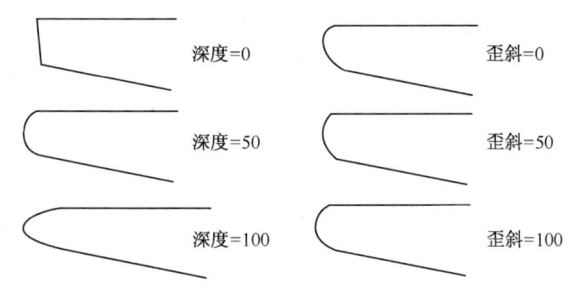

图 2-88 深度和歪斜控制桥接曲线

7．设置

该选项用于设置桥接曲线的相关性和距离公差，距离公差为模型设置的默认值。

8．微定位

该选项用于细微调节桥接曲线点的精确程度。

2.3.17 派生曲线——连接曲线

连接曲线是指将所选的多条曲线或边连接成一条曲线，生成与原先的曲线链相似的多项式样条曲线。利用该命令可方便地创建样条。

在"派生曲线"工具条中单击"连接曲线"按钮 （如未显示，可通过定制功能进行定制），弹出"连接曲线"对话框，如图 2-89 所示，在该对话框中选择需要连接的曲线，设置好相关参数后，单击"确定"按钮，即可完成曲线的合并操作。

"连接曲线"对话框中的"输出曲线类型"选项用于定义合并操作后曲线的类型，其下拉列表中有四种类型："常规""三次""五次"和"高级"。可根据需要设置曲线合并后的类型，其中"三次"类型合并的结果更易编辑，因此使用较多。

2.3.18 派生曲线——投影曲线

投影曲线是指将曲线或点沿某一方向投影到现有的曲面、平面或参考面上，系统可自动连接输出的曲线。若投影曲线与面上的边缘或孔相交，则投影曲线会被面上的边缘或孔所修剪。单击"曲线"工具条中"投影曲线"按钮 ，或选择【菜单】|【插入】|【派生曲线】|【投影】，系统弹出"投影曲线"对话框，如图 2-90 所示。

图 2-89 "连接曲线"对话框

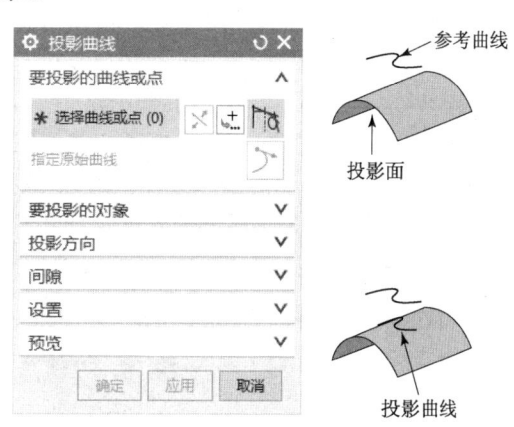

图 2-90 投影曲线

在进行投影曲线操作时有两个步骤：一是选择要投影的曲线或点，二是选择要投影的表面或平面。"投影曲线"对话框中的各选项及参数含义如下。

1．要投影的曲线或点

选择或创建要投影的曲线或点及输入对象。

2．要投影的对象

选择要投影的曲面、平面或基准平面。

3．投影方向

用于设置投影方向，在"方向"下拉列表框中提供了以下五种投影方式。

（1）沿面的法向　沿所选投影面的法向向投影面投影曲线。

（2）朝向点　从原定义曲线朝着一个点向选取的投影面投影曲线。

（3）朝向直线　沿垂直于选定直线或参考轴的方向向选取的投影面投影曲线。

（4）沿矢量　沿设定的矢量方向向选取的投影面投影曲线。当选择使用"沿矢量"方式后，"投影方向"内的"投影选项"被激活，其中包括三项："无"是指按照用户选定的投影矢量方向进行投影；"投影两侧"是指沿投影矢量方向两侧投影选定曲线；"等弧长"是指将位于 $XC\text{-}YC$ 坐标系中的曲线向基于 $U\text{-}V$ 坐标系中的表面投影时，保持在两个坐标方向上的曲线长度。

（5）与矢量成角度　沿与设定矢量方向成一定角度的方向向选取的投影面投影曲线。

4．间隙

勾选"创建曲线以桥接缝隙"复选框，可以创建新的曲线以连接投影所产生的缝隙。

5．设置

（1）关联　投影曲线与输入曲线具有相关性，即若改变输入曲线的参数，则投影后的曲线与输入曲线之间的关系自动更新。

（2）输入曲线　用于控制投影后原曲线的保留方式。包括"保持"（输入曲线不受投影曲线的影响，仍保持它们初始状态）、"隐藏"（隐藏输入曲线）、"删除"（通过投影将输入曲线从系统中删除）和"替换"（用投影曲线替换输入曲线）四种。

（3）高级曲线拟合　用于设置要投影曲线的拟合方法，主要包括四种方法。

① 阶次和段　根据曲线的阶次和段数进行拟合。

② 阶次和公差　根据曲线的阶次和公差进行拟合。

③ 保持参数化　根据与输入曲线相同的参数进行拟合。

④ 自动拟合　根据曲线的最小度数、最高阶次、最大段数等参数进行自动拟合。

（4）连接曲线　用于指出是否连接投影曲线，在其下拉列表中包括"否"和"常规"两个选项："否"是指投影到多个曲面或平面的投影曲线相互独立；"常规"是指将分段的投影曲线以常规的样条曲线连接成一条样条曲线。

（5）公差　用于指定投影曲线特征的公差。

2.3.19　派生曲线——镜像曲线

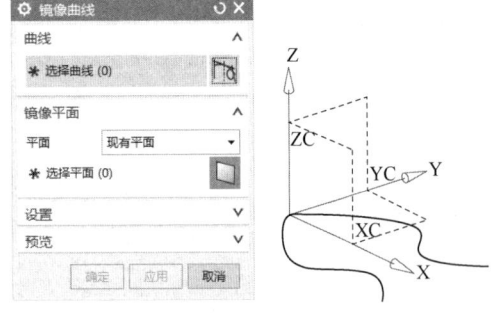

图 2-91　镜像曲线

镜像曲线命令用于将选定的曲线相对于选定的平面镜像生成对称的新的曲线。可镜像的曲线包括任何曲线，镜像平面可以是平面、基准平面或实体表面等。单击"曲线"工具条中的"镜像曲线"按钮，弹出"镜像曲线"对话框，如图 2-91 所示。

首先在绘图区选择要镜像的曲线，然后选择镜像平面，接着单击"确定"按钮即可生成镜像曲线。"镜像曲线"对话框中主要选项及参数的含义如下。

（1）选择曲线　指定要镜像的曲线。
（2）镜像平面　指定现有的平面或创建新的平面作为镜像的对称面。
（3）设置

① 关联　若选中该选项，则投影后的曲线与原曲线相关联，只要原曲线发生变化，投影曲线也会随之变化。

② 输入曲线　用于控制镜像后原曲线的保留方式，包括"保持"（输入曲线不受投影曲线的影响，仍保持它们的初始状态）、"隐藏"（隐藏输入曲线）、"删除"（通过投影将输入曲线从系统中删除）和"替换"（用投影曲线替换输入曲线）四种。

2.3.20　派生曲线——相交曲线

相交曲线命令用于创建两个对象组之间的相交曲线。各组对象可分别为一个表面（若为多个表面，则必须属于同一实体）、一个参考面、一个片体或一个实体。

单击"曲线"工具条中的"相交曲线"按钮，或选择【菜单】|【插入】|【派生曲线】|【相交】，弹出"相交曲线"对话框，如图2-92所示。

相交曲线操作相对较为简单，进入"相交曲线"对话框后，选择第一组面，接着选择第二组面，确定了两组相交对象之后，设置其他选项，单击"确定"按钮，即可完成相交曲线的相关操作，如图2-93所示。"相交曲线"对话框中各选项的含义如下。

（1）第一组　确定用于产生交线的第一组对象。
（2）第二组　确定用于产生交线的第二组对象。
（3）保持选定　单击"应用"按钮后，自动重复选择第一组或第二组对象。
（4）设置　设置产生的相交曲线的关联性与精度。

 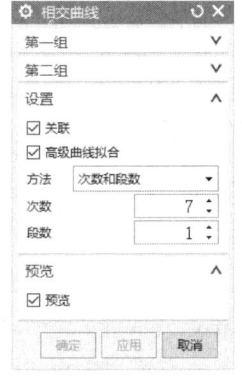 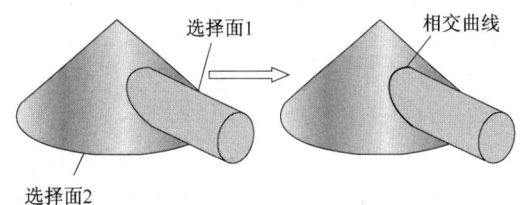

图 2-92　"相交曲线"对话框　　　　　　图 2-93　相交曲线操作

2.3.21　派生曲线——抽取曲线

抽取曲线是指利用已有的一个或多个实体的边和表面生成直线、圆弧、二次曲线和样条等。大多数抽取的曲线与原对象是非关联的，但也可选择创建关联的等斜度或阴影轮廓曲线。单击"派生曲线"工具条中的"抽取曲线"按钮，弹出"抽取曲线"对话框，如图2-94所示。

在"抽取曲线"对话框中提供了五种抽取曲线的方式。从中选取欲抽取的曲线方式后，再选择欲从中抽取曲线的对象即可完成操作。下面介绍这五种抽取曲线类型的用法。

1．边曲线

该方式用于指定由表面或实体的边缘抽取曲线。

2．轮廓曲线

该方式用于从轮廓被设置为不可见的视图中抽取曲线。此方法适用于抽取无边缘线的表面上的侧面轮廓线（如球面、圆柱面的侧面等）。例如，抽取圆锥的轮廓线如图2-95所示。

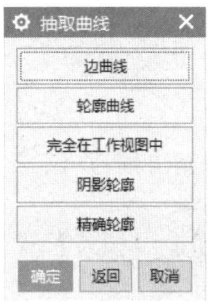
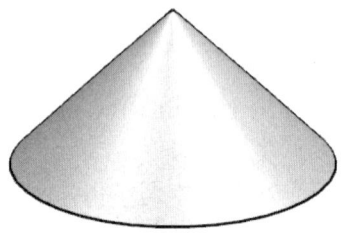

图2-94 "抽取曲线"对话框　　　　图2-95 以"轮廓曲线"方式抽取圆锥的轮廓线

3．完全在工作视图中

该方式用于对视图中的所有边缘抽取曲线，此时产生的曲线将与工作视图的设置有关。

4．阴影轮廓

该方式用于从选定对象的可见轮廓线上抽取曲线。要执行这个选项，可将有隐藏边的工作视图设置为"不可见"，然后选择"阴影轮廓"，单击"确定"按钮即可。

5．精确轮廓

该方式可产生精确效果的3D曲线算法在工作视图中创建显示体轮廓的曲线。要执行这个选项，可将有隐藏边的工作视图设置为"不可见"，然后选择"阴影轮廓"，单击"确定"按钮即可。

2.3.22 派生曲线——截面曲线

截面曲线通过将平面与体、面或曲线相交来创建点或曲线。一个平面与一个表面或一个平面相交会创建一条截面曲线，而一个平面与曲线相交会创建一个点。

单击"派生曲线"工具条中的"截面曲线"按钮，或选择【菜单】|【插入】|【派生曲线】|【截面】，弹出"截面曲线"对话框，如图2-96所示。

在"截面曲线"对话框中包括四种平面类型："选定的平面""平行平面""径向平面"和"垂直于曲线的平面"。下面介绍这四种类型平面的用法。

1．选定的平面

该方式是在绘图工作区中，直接选择某平面作为截面。可将坐标平面、基准平面或其他平面作为剖切平面。选择该方式后，依次在绘图区选择要剖切的对象和剖切平面，然后单击"确定"按钮即可，如图2-97所示。相关的选项含义如下。

（1）选择对象　用于选择要被剖切的对象。

（2）剖切平面　用于选择已有的平面或基准平面作为剖切平面。
（3）曲线拟合　用于设置截面曲线的拟合阶次，推荐使用三次。
（4）公差　用于设置截面曲线的公差。

图2-96　"截面曲线"对话框

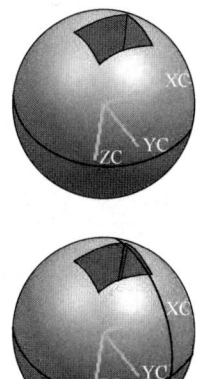

图2-97　以"选定的平面"方式创建截面曲线

 如果勾选了"关联"复选框，则平面的子功能不可用，此时必须选择现有的平面。

2. 平行平面

该方式用于设置一组等间距的平行平面作为截面，如图2-98所示。选择该方式后，"截面曲线"对话框中会出现"平面位置"选项。首先选择要剖切的图形对象（球体和内部的圆锥面），然后指定相应的剖切平面（YC-ZC平面），最后在"平面位置"面板的文本框中输入相应的参数即可。相关的选项含义如下。

（1）起点和终点　从选择的剖切平面开始测量，正距离为显示的矢量方向。
（2）步进　每个临时平行平面之间的相互距离。

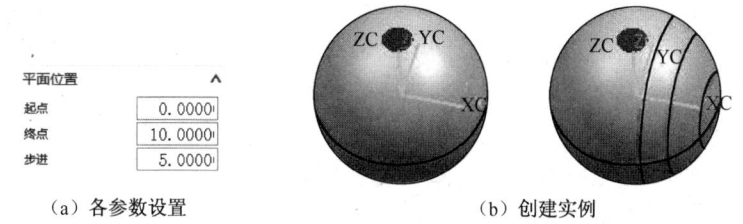

（a）各参数设置　　　　　　　　（b）创建实例

图2-98　以"平行平面"方式创建截面曲线

3. 径向平面

该方式用于设定一组等角度扇形展开的放射状平面作为截面，如图2-99所示。选择该选项后，首先选择剖切对象（球体），然后指定矢量（ZC轴）确定放射状平面的旋转轴线，最后确定一个参考平面上的点（本例中选择矩形的角点），并在"平面位置"面板的文本框中设置参数即可。对话框中的各选项含义如下。

（1）径向轴　用以定义径向平面绕其旋转的轴矢量。若要指定轴矢量，可以利用矢量或矢量构造器工具。

（2）参考平面上的点　用于指定径向参考平面上的点。

（3）起点　表示相对于初始平面的角度，径向剖切面由此角度开始，按照右手螺旋法则确定正方向。

（4）终点　表示径向剖切面相对于初始平面的角度，径向剖切面在此角度处结束。

（5）步长　表示径向剖切面之间的夹角。

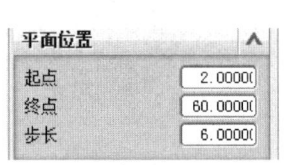 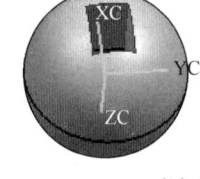 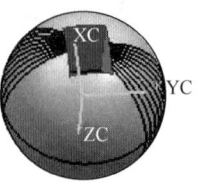

（a）各参数设置　　　　　　　　　　　（b）创建实例

图 2-99　以"径向平面"方式创建截面曲线

4．垂直于曲线的平面

该方式用于设定一个或一组与选定曲线垂直的平面作为截面，如图 2-100 所示。选择该方式后，选择剖切对象（圆柱面），然后选取曲线（圆弧），并在"平面位置"区域选择间距方式（等弧长），在文本框中输入相关参数即可。对话框中的各选项含义如下。

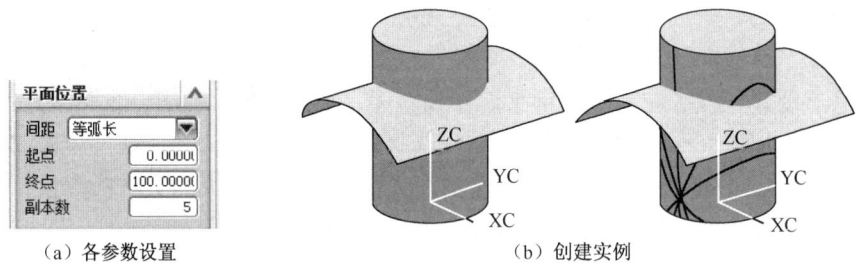

（a）各参数设置　　　　　　　　　　　（b）创建实例

图 2-100　以"垂直于曲线的平面"方式创建截面曲线

1）选择曲线或边

选择沿其创建垂直平面的曲线或边。可利用将"过滤器"设置为曲线或边来辅助选择对象。

2）间距

用以设置创建间距平面的方式，共有五种。

（1）等弧长　沿曲线路径以等弧长方式间隔平面。利用此方式必须在"起点""终点"文本框中设置平面相对于曲线全弧长的起始和结束位置的百分比，并在"副本数"文本框中设置剖切平面的数目。

（2）等参数　根据曲线的参数化法来设置剖切平面。

（3）几何级数　根据几何级数比来设置剖切平面。

（4）弦公差　根据弦公差来设置剖切平面。当选择了曲线或边后，定义曲线段使线段上的点距线段端点连线的最大弦距离等于在"弦公差"文本框中输入的弦公差值。

（5）增量弧长　以沿曲线路径递增方式设置剖切平面。在"弧长"文本框中输入值。

2.4 项目实施

2.4.1 挂钩曲线绘制

项目 2-1 挂钩曲线绘制

1．启动 UG NX 12.0 并创建新文件

启动软件后新建一个文件。

2．绘制中心线

（1）选择【菜单】|【首选项】|【对象】，展开"常规"标签，将"线型"更改为中心线，单击"确定"按钮。

（2）单击"视图"工具条中的"俯视图"按钮，将视图方向调整为当前默认视图方向"俯视图"。

（3）单击"曲线"工具条中的"直线"按钮，弹出"直线"对话框，绘制三条中心线。两条距离为 44mm 的平行线可利用"偏置曲线"命令绘制。

3．绘制曲线

（1）选择【菜单】|【首选项】|【对象】，展开"常规"选项卡，将"线型"更改为实线，单击"确定"按钮。

（2）绘制右边的圆。单击"曲线"工具条中的"基本曲线"按钮，弹出"基本曲线"对话框，单击"圆"按钮，在右边的中心线交点上绘制半径分别为 6mm、16mm、34mm、54mm 的四个圆，如图 2-101 所示。

（3）绘制左边的圆。重复上步操作，在左边的中心线交点上绘制半径分别为 10mm 和 36mm 的两个圆，如图 2-102 所示。

（4）绘制公切线。单击"曲线"工具条中的"基本曲线"按钮，弹出"基本曲线"对话框，单击"直线"按钮，绘制如图 2-103 所示的两条公切线。

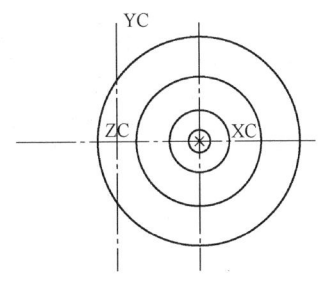 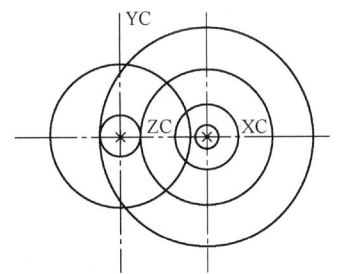 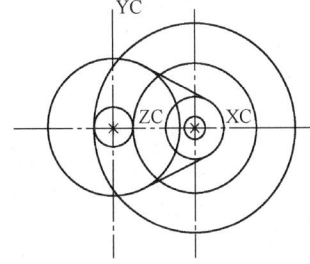

图 2-101　绘制四个圆　　　图 2-102　绘制左侧两个圆　　　图 2-103　绘制两条公切线

4．编辑曲线

（1）单击"编辑曲线"工具条上的"修剪曲线"按钮，弹出"修剪曲线"对话框，取消勾选"关联"复选框，然后设置"输入曲线"方式为"删除"，进行曲线修剪，如图 2-104 所示。

（2）绘制圆角。单击"曲线"工具条中的"基本曲线"按钮，弹出"基本曲线"对话框，单击"圆角"按钮，弹出"曲线倒圆"对话框，选择倒圆方式为"2 曲线圆角"，倒两个半径为 6mm 的圆角，如图 2-105 所示。

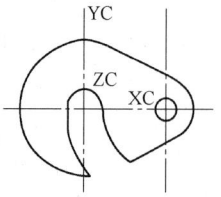

图 2-104 修剪曲线结果

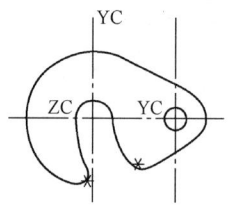

图 2-105 倒圆角操作

2.4.2 台灯罩曲线绘制

1. 启动 UG NX 12.0 并创建新文件

启动软件后新建一个文件。

项目 2-2 台灯罩
曲线绘制

2. 绘制曲线

（1）绘制 $\phi100$ 圆。选择"曲线"工具条中的"圆弧"按钮，在弹出的对话框中选择类型，圆的中心点选择坐标原点，"通过点"选项选择"直径"，并在直径大小输入框中输入 100，"支持平面"选择 XY 平面，"限制"区域勾选"整圆"，单击"确定"按钮。将鼠标放在绘制好的圆上，单击鼠标右键，在弹出的快捷菜单中选择"编辑显示"命令，在弹出的对话框中设置线的形式为 ————、宽度为 0.18mm。

（2）创建五等分点集。选择"曲线"工具条中的点集按钮，在弹出的对话框中设置参数，如图 2-106 所示，单击"确定"按钮，等分结果如图 2-107 所示。（注：图中圆为封闭图形，五等分时输入点的数量为 6。）

图 2-106 五等分曲线参数设置

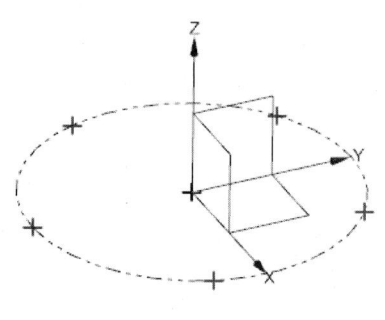

图 2-107 五等分曲线结果

（3）R30 圆弧的绘制。选择"曲线"工具条中的"圆弧"按钮，在弹出的对话框中选择类型，圆弧"支持平面"的"平面选项"中选择"选择平面"，并选择 XY 基准平面为 R30 的圆弧支持平面，依次设置起点、端点和中点（选择半径，并输入半径值为 30），之后在"限制"选项中修改相应参数，单击"确定"按钮。参数设置与结果如图 2-108 所示。

（4）R145 圆弧的绘制。选择"曲线"工具条中的圆弧按钮，在弹出的对话框中选择类型，圆弧"支持平面"选择为通过点 1 和 Z 轴的平面，依次设置起点、端点和中点（选择半径，并输入半径值为145），之后在"限制"选项中修改相应参数，单击"确定"按钮。参数设置与结果如图2-109所示。

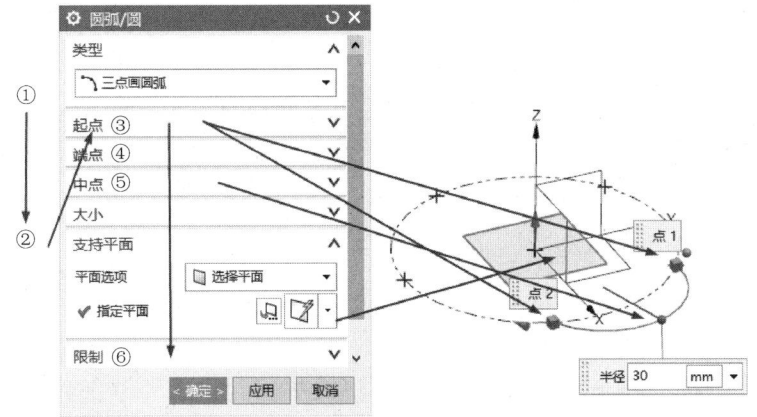

图2-108 R30圆弧的创建

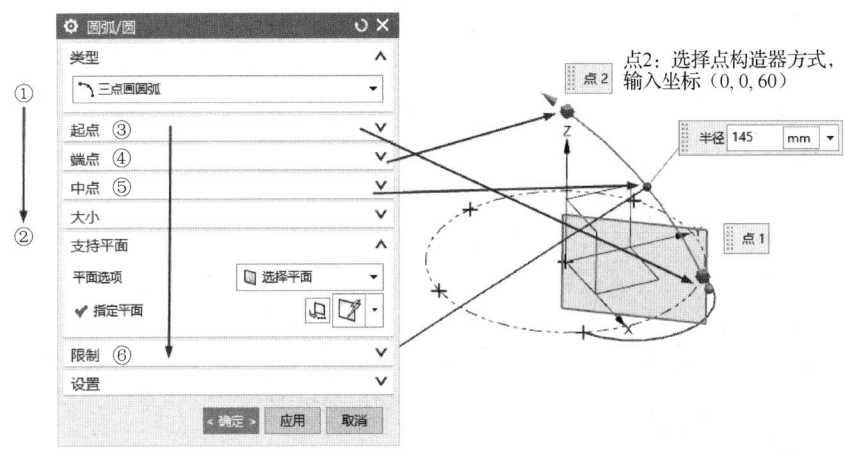

图2-109 R145圆弧的创建

（5）相同均布圆弧的绘制。选择【菜单】|【编辑】|【移动对象】，弹出"移动对象"对话框，选择R30和R145的圆弧作为对象，其余参数的设置如图2-110所示，单击"确定"按钮。

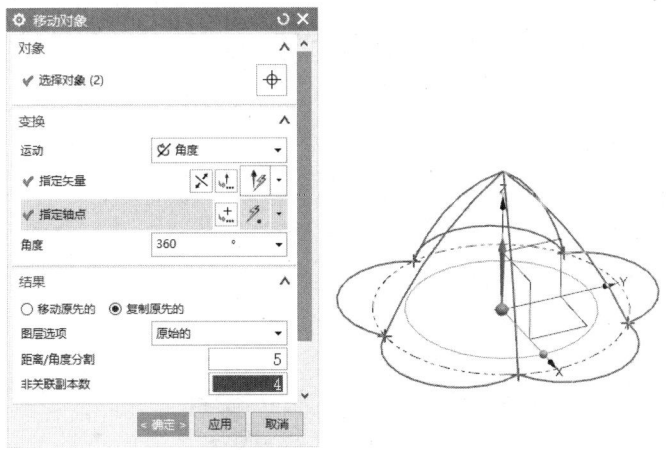

图2-110 相同均布圆弧的绘制

思考题与项目训练

2-1 思考题

2-1.1 曲线与草图曲线的区别是什么？

2-1.2 如何将共面不平行的两条直线相交于一点？

2-1.3 多边形和椭圆绘制时需要指定平面吗？如何改变图形的绘制平面？

2-1.4 当利用镜像曲线命令生成对称曲线时，原对象删除后，对称曲线是否会删除？

2-1.5 样条操作中，通过点生成多段类型的样条曲线时，如何设置曲线的阶数？阶数与点数有关系吗？

2-2 项目训练

2-2.1 利用曲线命令，绘制图 2-2.1 所示花瓣曲线图形。

2-2.2 绘制图 2-2.2 所示三角星图形。

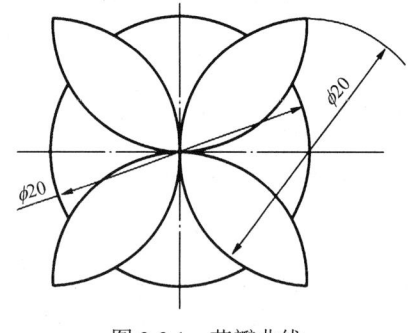 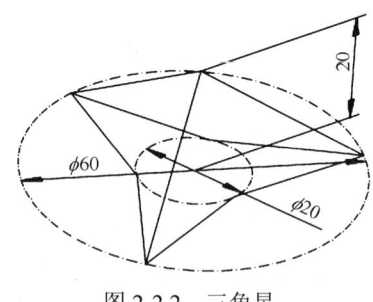

图 2-2.1　花瓣曲线　　　　　　　图 2-2.2　三角星

2-2.3 图 2-2.3 所示为角型拉手实物和尺寸图，利用曲线命令绘制其结构中心曲线。

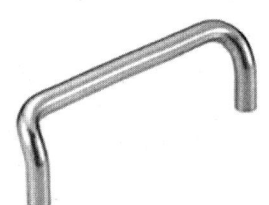 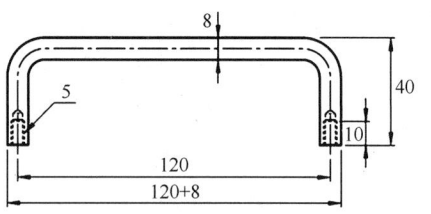

图 2-2.3　角型拉手

2-2.4 绘制图 2-2.4 所示曲线。

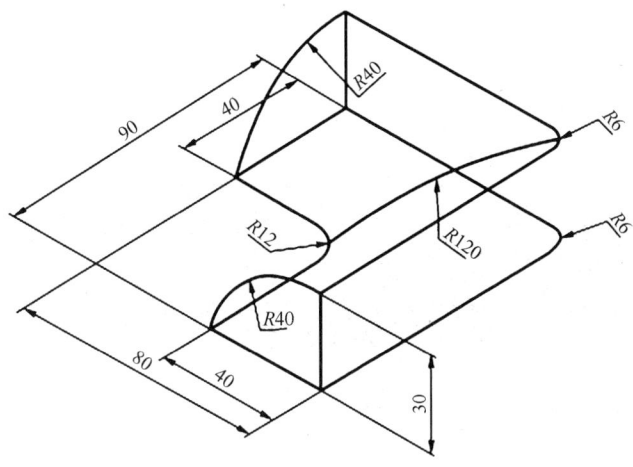

图 2-2.4 曲线

2-2.5 根据所给参数方程，绘制图 2-2.5 所示六叶花形曲线。

t=1
theta=t*360
r=5-(3*sin(theta*3))^2
xt=r*cos(theta)
yt=r*sin(theta)

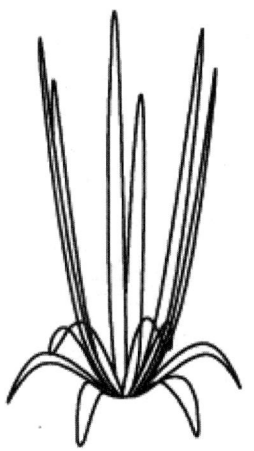

图 2-2.5 六叶花形曲线

项目 3

草图绘制

草图绘制是指在用户指定的平面上创建由直线、圆弧等组成的二维图形的过程。草图是 UG NX 特征建模的一个重要工具，适用于创建截面较复杂的特征模型。一般情况下，用户的三维建模都是从创建草图开始的，即先利用草图功能创建出特征的大致形状，再利用草图的几何和尺寸约束功能，精确设置草图的形状尺寸和位置。草图绘制完成后即可利用拉伸、回转或扫掠等功能，创建与草图关联的实体特征。用户可以对草图的几何约束和尺寸约束进行修改，从而快速更新模型。绘制草图还是实现 UG NX 软件参数化特征建模的基础，根据草图所建立的模型非常容易通过主要参数控制其形状、结构、大小和位置。

3.1 项目任务

完成图 3-1 所示项目草图的绘制。

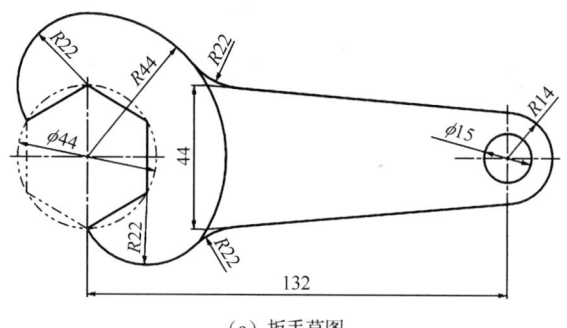

（a）扳手草图

图 3-1 项目草图

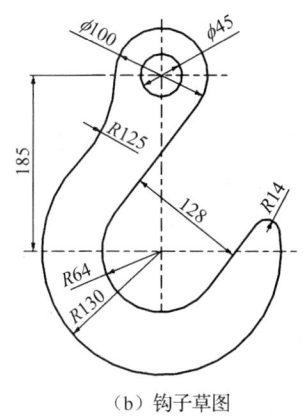
（b）钩子草图

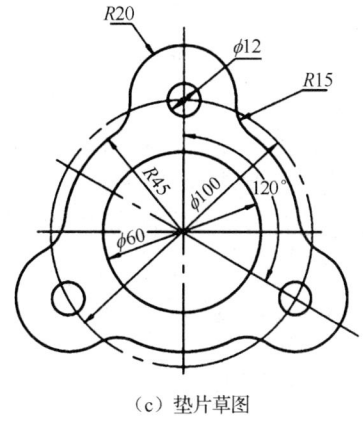
（c）垫片草图

图 3-1 项目草图（续）

3.2 项目分析

图 3-1（a）所示扳手草图主要由多边形、圆弧、直线、圆组成，涉及的命令有直线、圆、圆弧、多边形、尺寸约束、几何约束等；图 3-1（b）所示钩子草图主要由圆、圆弧组成，涉及的命令有圆、圆弧、直线、尺寸约束、相切约束；图 3-1（c）所示垫片草图的特征是三个方向的图形相同，涉及的命令有圆、圆弧、阵列。

3.3 项目相关知识

草图绘制的相关操作主要有三大类，即创建草图、编辑草图及添加约束。创建草图包括基本草图、轮廓、直线、圆弧、圆、圆角、倒斜角、矩形、多边形、椭圆、艺术样条等命令；编辑草图包括修剪、延伸、创建曲线的副本，如镜像曲线、偏置曲线、阵列曲线、派生曲线等命令；添加约束包括尺寸约束和几何约束。

草图工作平面是用于草图创建、约束和定位、编辑等操作的平面，是创建草图的基础。当通过参数化控制曲线或标准几何特征无法满足设计需要时，通常需要创建草图。

3.3.1 创建草图

创建草图（绘制草图）有两种不同的路径，包括在任务环境中绘制草图和直接草图。

1. 在任务环境中绘制草图

单击"直接草图"工具条中的"草图"按钮 ，也可以选择【菜单】|【插入】|【草图】或【菜单】|【插入】|【在任务环境中绘制草图】，弹出"创建草图"对话框，提示用户选择一个放置草图的平面，如图 3-2 所示。创建草图平面的方式有两种。

图 3-2 "创建草图"对话框

（1）在平面上

"在平面上"是指指定某一平面作为草图的工作平面。

将"创建草图"对话框中的"草图类型"设置为"在平面上",如图3-3所示。

在"草图坐标系"区域"平面方法"下拉列表框中有两种指定草图工作平面的方式,如图3-4所示。

① 自动判断　根据鼠标选择的对象自动判断并指定草图坐标系,程序自动选择草图平面,一般为 XC-YC 基准平面。

② 新平面　通过选择的对象定义草图平面,包括基准平面和模型上的平面。

"参考"用于定义参考平面与草图平面的位置关系。"参考"有"水平"和"垂直"两个选项。

① 水平　参考平面与草图平面的位置关系为水平。

② 垂直　参考平面与草图平面的位置关系为垂直。

"原点方法"有"指定点"和"使用工作部件原点"两个选项。

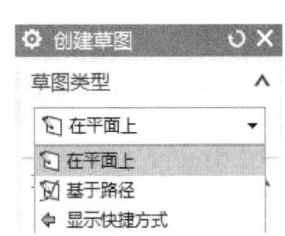

图3-3　选择草图平面类型

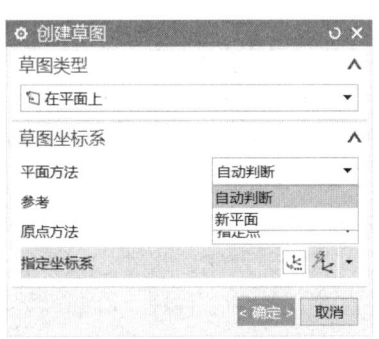

图3-4　选择"自动判断"作为草图平面

（2）基于路径

基于路径是指选择一个已存在的曲线（如直线、圆或其他曲线）、实体的曲线轮廓为路径,通过该路径确定一个平面作为草图平面。

在"创建草图"对话框的"草图类型"区域选择"基于路径"选项,如图3-5所示。操作步骤如下。

① 在图形窗口选择作为路径的曲线或实体边缘等。

② 设置草图平面相对于路径的位置。在"创建草图"对话框的"平面位置"选项中,"位置"有"弧长""弧长百分比""通过点"三个选项。

弧长　按绝对长度分割曲线,限定草图平面经过分割点;

弧长百分比　按百分比分割曲线的弧长,限定草图平面经过分割点;

通过点　通过指定曲线上的点,使草图平面经过该点。

③ 设置草图平面相对于路径的方位。在"创建草图"对话框"平面方位"区域的"方位"下拉列表框中可以选择"垂直于路径""垂直于矢量""平行于矢量""通过轴"等方式限定草图平面的方位。

完成"创建草图"对话框的设置后,单击"确定"按钮,进入草图绘制界面,如图3-6所示。

对于复杂的部件,有时需要创建若干幅草图,系统会按照这些草图生成的先后次序依次将其命名为"SKETCH_000""SKETCH_001""SKETCH_002"等,其中只有一幅草图处于激活状态,草图的绘制、编辑只能在激活状态下进行。单击图3-6中"草图"工具条上草图名下拉列表框,可切换需要激活的草图。

项目 3　草　图　绘　制

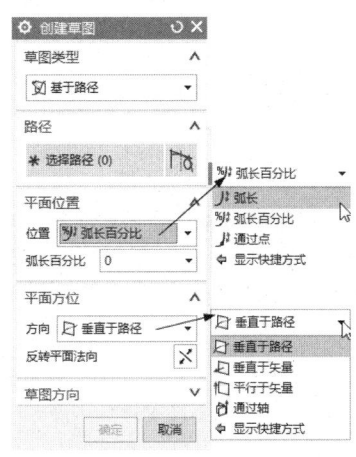

图 3-5　"基于路径"创建草图平面

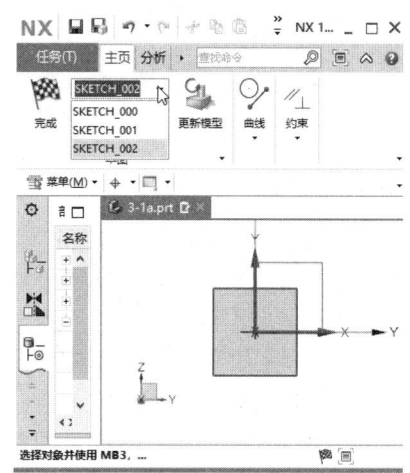

图 3-6　草图绘制界面

2. 直接草图

UG NX 软件启动之后，在建模环境"主页"选项卡的"直接草图"工具条中单击"草图"按钮，弹出"创建草图"对话框，如图 3-2 所示，在选择并确定草图平面后，"直接草图"工具条中将显示部分草图绘制工具，如图 3-7 所示。直接草图与任务环境中的草图创建过程相同。

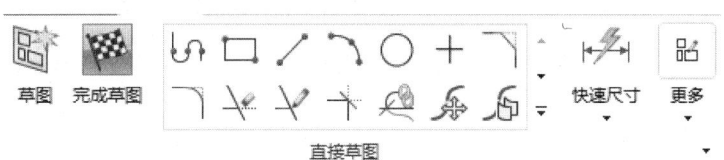

图 3-7　"直接草图"工具条

⚠　"在任务环境中绘制草图"与"直接草图"的区别：直接草图是在建模环境中绘制草图；在任务环境中绘制草图是在草图环境中绘制草图。通常建议使用在任务环境中绘制草图。

3. 草图参数设置

在绘制草图之前，通常要对草图的样式、尺寸标注样式、草图几何元素的颜色进行设置。选择【菜单】|【首选项】|【草图】，弹出"草图首选项"对话框，如图 3-8 所示。

（1）"草图设置"选项卡

在"草图首选项"对话框中单击"草图设置"选项卡，可以设置草图尺寸标签样式、文本高度等参数或选项。

"尺寸标签"有"表达式""名称""值"三个选项，可以对草图中的尺寸标签样式进行设置。

勾选"屏幕上固定文本高度"复选框，可以在"文本高度"文本框中输入文本高度值来设置草图中尺寸数字的高度。在缩放草图时，会使尺寸文本维持恒定大小。如果取消勾选此复选框并进行缩

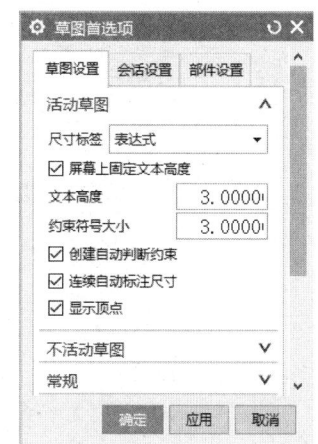

图 3-8　"草图首选项"对话框

放，则会使尺寸文本随草图缩放。

勾选"创建自动判断约束"复选框，则在草图绘制时系统将自动判断并添加约束。

勾选"连续自动标注尺寸"复选框，则在草图绘制时系统将自动判断并标注相应尺寸。

勾选"显示顶点"复选框，则在草图上显示图形的各顶点。

（2）"会话设置"选项卡

在"草图首选项"对话框中单击"会话设置"选项卡，可以设置草图绘制时捕捉角的精度、草图显示状态、默认名称前缀等内容，如图3-9所示。

在"设置"区域，可以通过"对齐角"文本框设置草图绘制时允许的捕捉角度误差。

"显示自由度箭头"：控制草图中的自由度箭头是否显示。

"动态草图显示"：显示或关闭非常小的几何体的约束和顶点符号。

"显示约束符号"：控制约束符号的初始显示与隐藏。

"更改视图方向"：控制当创建或停用草图时是否更改视图方向。

"基于第一个驱动尺寸缩放"：通过调整第一个驱动尺寸来按比例缩放整个模型。

"维持隐藏状态"：此首选项与隐藏命令一起使用，可控制草图对象的显示。

"保持图层状态"：控制工作层在草图环境中是否保持不变。

"显示截面映射警告"：在进行截面映射时会显示警告信息，系统在创建或使用截面时检测到潜在问题。

"背景"下拉列表框中"纯色""继承颜色"两个选项可以设置背景色的种类。

在"名称前缀"区域，可以在各草图元素所对应的文本框中设置各元素名称的前缀，如直线名称前缀设置成"Line"，则在草图中绘制的直线会被系统按先后次序自动命名为"Line1""Line2"等。

（3）"部件设置"选项卡

在"草图首选项"对话框中单击"部件设置"选项卡，如图3-10所示，可以设置草图中各种状态的对象颜色。单击各对象名称后面的颜色选项，都可以打开"颜色"对话框，选择所需要的颜色。如果单击"继承自用户默认设置"选项，则可以将所有对象的颜色恢复为用户默认的颜色。

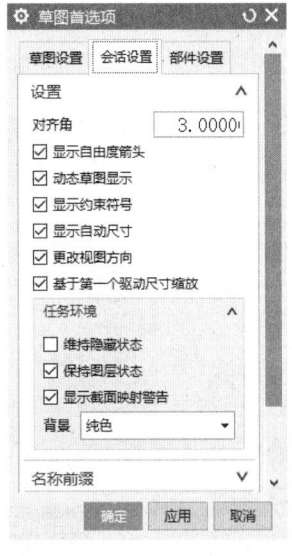

图3-9 "会话设置"选项卡

图3-10 "部件设置"选项卡

3.3.2 基本草图命令

"基本草图"命令主要是对创建的草图进行确认、定向、重命名、修改附着面、草图评估等操作,如图3-11所示。

1. 完成

"完成"命令用于对创建的草图进行确认并退出草图任务环境。

2. 定向到草图

"定向到草图"命令用于将当前活动草图平面复位,便于绘制和观察草图,如图3-12所示。

图 3-11 基本草图命令

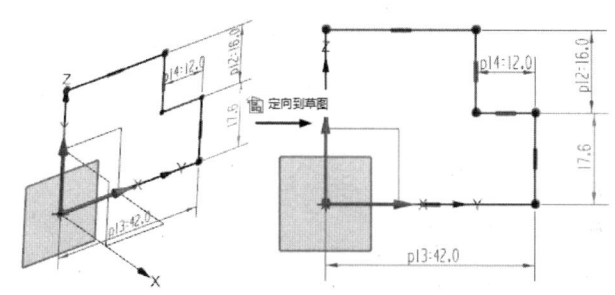

图 3-12 "定向到草图"命令

3. 重新附着

"重新附着"命令用于将草图重新附着在其他基准平面、平面或轨迹上,或者更改草图方位。在"草图"组中单击"重新附着"按钮 ![icon],弹出"重新附着草图"对话框,重新选择需要附着的实体表面或基准面,单击"确定"按钮,草图将附着到新的平面上,如图3-13所示。

图 3-13 重新附着草图

⚠ "重新附着草图"对话框与"创建草图"对话框功能完全一样,这里就不再对"重新附着草图"对话框的功能选项进行重复介绍了。

3.3.3 草图曲线命令——轮廓

选择【菜单】|【插入】|【草图曲线】|【轮廓】,或单击"曲线"工具条中的"轮廓"按钮 ![icon],

可绘制单段或连续的多段曲线。既可以绘制直线段，也可以绘制圆弧。

在"轮廓"对话框中，"对象类型"有两种，分别为"直线"和"圆弧"。

直线：绘制类型为直线。

圆弧：绘制类型为圆弧。

"输入模式"有两种，分别为坐标模式和参数模式。

坐标模式：以直角坐标参数输入方式来绘制曲线。

参数模式：以极坐标参数输入方式来绘制曲线。

【实例 3-1】 用"轮廓"命令完成图 3-14 所示草图的绘制。

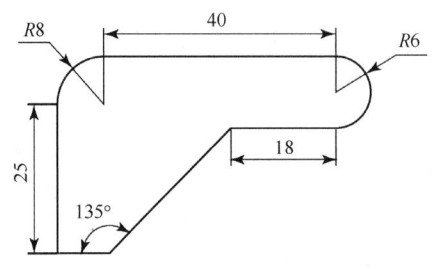

图 3-14 "轮廓"命令绘图实例

实例 3-1 轮廓

3.3.4 草图曲线命令——直线

"直线"命令用于绘制单段直线段，单击"曲线"工具条中的"直线"按钮 ，弹出"直线"对话框，如图 3-15 所示。其功能及使用方法与"轮廓"工具条中的"直线"命令基本相同，区别在于"轮廓"工具条中的"直线"命令可以连续绘制直线或圆弧。

3.3.5 草图曲线命令——圆弧

"圆弧"命令用于绘制单段圆弧，单击"曲线"工具条中的"圆弧"按钮 ，弹出"圆弧"对话框，如图 3-16 所示。绘制圆弧的方法有以下两种。

（1）单击"圆弧"对话框中的"三点定圆弧"按钮 ，依次确定圆弧的起点、终点和弧上一点的位置，可生成圆弧；也可以依次确定圆弧的起点和终点，并在光标右下角的文本框中输入圆弧半径，在圆心位置附近单击鼠标左键生成圆弧。

（2）单击"圆弧"对话框中的"中心和端点定圆弧"按钮 ，依次确定圆弧的圆心、起点和终点的位置，可生成圆弧；或者依次确定圆弧的圆心和起点，在光标右下角的文本框中输入半径和扫掠角度，则过这两点可生成两个满足尺寸限制的圆弧，需指定终点的方位才能生成圆弧。

3.3.6 草图曲线命令——圆

"圆"命令用于绘制圆，单击"曲线"工具条中的"圆"按钮 ，弹出"圆"对话框，如图 3-17 所示。绘制圆的方法有以下两种。

图 3-15 "直线"对话框

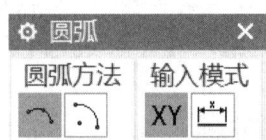

图 3-16 "圆弧"对话框

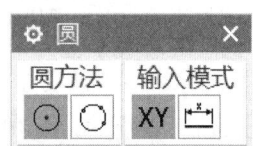

图 3-17 "圆"对话框

（1）单击"圆"对话框中的"圆心和直径定圆"按钮⊙，确定圆心位置，指定圆周上任意一点或在光标右下角的文本框中输入圆的直径生成圆。

（2）单击"圆"对话框中的"三点定圆"按钮○，指定圆周上三点的位置，可生成圆；也可以指定圆周上一点，并在光标右下角的文本框中输入圆的直径，然后再指定一点。若两点之间的距离大于输入的直径，则过第一点，并以两点连线作为直径方向生成圆；若两点之间的距离小于输入的直径，则过这两点可生成两个满足直径限制的圆，需指定第三点确定圆的方位才能生成圆。

3.3.7　草图曲线命令——矩形

"矩形"命令用于绘制矩形，单击"曲线"工具条中的"矩形"按钮□，弹出"矩形"对话框，如图3-18所示。绘制矩形的方法有以下三种。

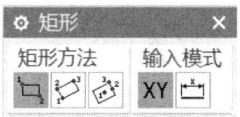

图3-18　"矩形"对话框

（1）单击"矩形"对话框中的"按两点"按钮，指定两个点作为矩形对角线端点的位置生成矩形，如图3-19中①、②所示；指定一点作为矩形顶点，如图3-20中①所示，然后在光标右下角的文本框中输入矩形的宽度和高度，可生成四个满足条件的矩形，需指定第二点确定矩形相对于第一点的方位才能生成矩形，如图3-20中②所示（图中虚线表示可生成的另外三个矩形）。

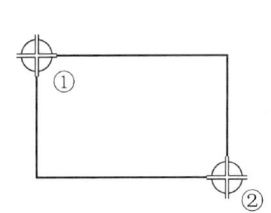
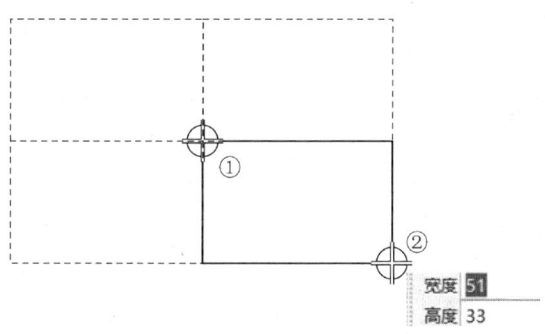

图3-19　指定两点绘制矩形　　　　图3-20　指定两点及宽度与高度绘制矩形

"按两点"生成的矩形，其四条边处于水平和竖直的方位。

（2）单击"矩形"对话框中的"按三点"按钮，指定两个点作为矩形一条边的两个端点，两点之间的距离同时限定了矩形的宽度，如图3-21中①、②所示，指定第三个点，使矩形的另一边经过该点以限定矩形长度，从而生成矩形，如图3-21中③所示；指定一点作为矩形顶点，如图3-22中①所示，然后在光标右下角的文本框中输入矩形的宽度、高度和角度，可生成四个满足条件的矩形，需指定第二点确定矩形相对于第一点的方位才能生成矩形，如图3-22中②所示（图中虚线表示可生成的另外三个矩形）。

（3）单击"矩形"对话框中的"从中心"按钮，指定一点作为矩形的中心点，如图3-23中①所示；指定第二点为矩形一条边的中点，如图3-23中②所示；指定第三个点，使矩形的另一边经过该点以限定矩形高度，从而生成矩形，如图3-23中③所示。

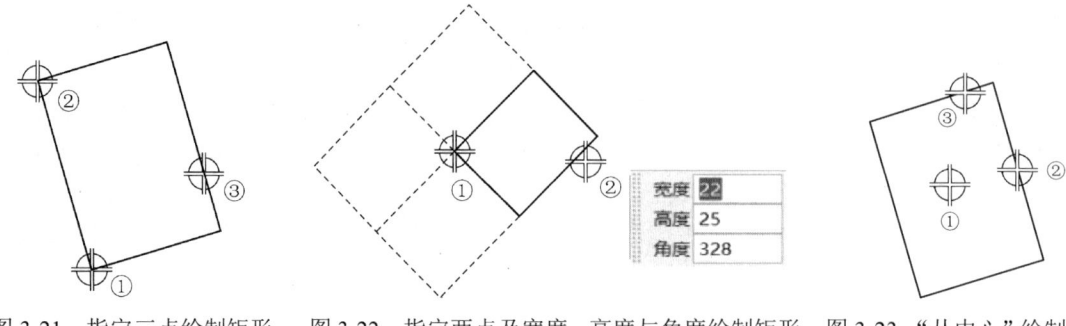

图 3-21 指定三点绘制矩形　　图 3-22 指定两点及宽度、高度与角度绘制矩形　　图 3-23 "从中心"绘制矩形

【实例 3-2】 完成图 3-24 所示支撑板草图的绘制。

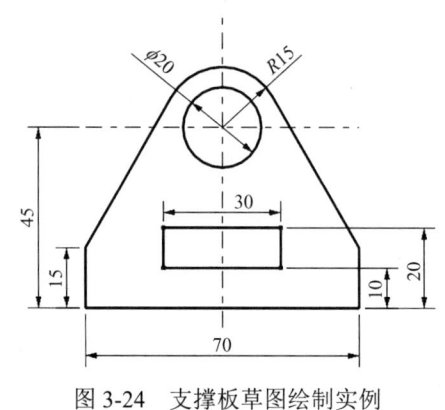

图 3-24 支撑板草图绘制实例

实例 3-2 支撑板

3.3.8 草图曲线命令——多边形

"多边形"命令用于绘制指定边数的正多边形。单击"曲线"工具条中的"多边形"按钮⊙，弹出"多边形"对话框，如图 3-25 所示。"多边形"对话框中的部分选项含义如下所述。

中心点——指定正多边形的中心点。

边——输入多边形的边数，系统默认的最小边数是 3。

大小——指定多边形的外形尺寸类型，各参数如下所述。

1）指定点

指定某一条边的中点，该点用于确定正多边形的旋转角度和外接圆、内切圆的半径值。

2）大小

在"大小"下拉列表框中有 3 种定义正多边形大小的方式，包括内切圆半径、外接圆半径和边长。

（1）内切圆半径

指定内切于正多边形的圆半径。

（2）外接圆半径

指定外接于正多边形的圆半径。

（3）边长

指定正多边形某一条边的边长。其值与顶点到中心点的距离相等。

3）半径

当在"大小"下拉列表框中选择"内切圆半径"或"外接圆半径"选项时，此选项用于指定内切圆半径或外接圆半径值，如图 3-25 所示。

4）旋转

此选项用于指定正多边形旋转的角度值。该角度为鼠标指针自 X 轴正方向绕坐标原点逆时针转过的角度，如图 3-26 所示。

5）长度

当在"大小"下拉列表框中选择"边长"选项时，此选项用于指定正多边形中某条边的边长值。

图 3-25 "多边形"对话框

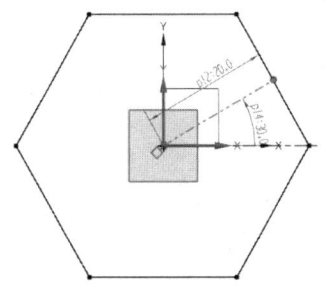

图 3-26 正六边形

3.3.9 草图曲线命令——椭圆

"椭圆"命令可以绘制基于中心点、长半轴值（大半径）及短半轴值（小半径）的椭圆图形。单击"曲线"工具条上的"椭圆"按钮⊙，弹出"椭圆"对话框，如图 3-27 所示。

"椭圆"对话框中的部分选项含义如下所述。

中心——指定椭圆的中心。

大半径——指定椭圆的长半轴，可以通过指定点或输入大半径值的方式指定。

小半径——指定椭圆的短半轴，可以通过指定点或输入小半径值的方式指定。

限制——勾选"封闭"复选框，将创建完整的椭圆。取消勾选"封闭"复选框，可以输入起始角度值和终止角度值来创建部分椭圆。

旋转——在"角度"文本框中输入长半轴绕中心点逆时针旋转的角度值。

 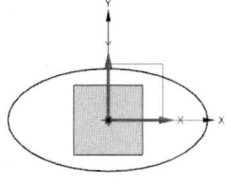

图 3-27 绘制椭圆

3.3.10 草图曲线命令——艺术样条

样条线分为艺术样条和拟合样条两种。"艺术样条"通过拖放定义点或极点，并在定义点指定斜率或曲率加以约束，动态创建和编辑样条线；"拟合样条"通过与指定的数据点拟合来创建样条。下面以艺术样条为例介绍其绘制方法。

单击"曲线"工具条中的"艺术样条"按钮，弹出"艺术样条"对话框，如图 3-28 所示。首先设置对话框中各选项与参数，并在"类型"区域选择"通过点"或"根据极点"选项，然后在绘图空间指定一系列点，单击"确定"按钮，生成艺术样条曲线，如图 3-29 和图 3-30 所示。

图 3-28 "艺术样条"对话框

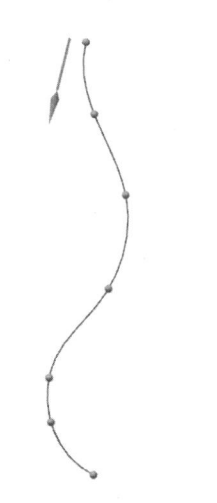
图 3-29 选择"通过点"选项生成的曲线

图 3-30 选择"根据极点"选项生成的曲线

【实例 3-3】 完成图 3-31 所示草图的绘制。

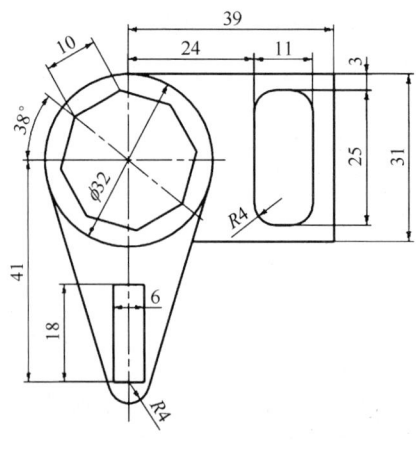
图 3-31 综合草图实例

实例 3-3 综合草图

3.3.11 草图编辑命令——快速修剪

"快速修剪"命令用于裁剪曲线上多余的部分，单击"曲线"工具条中的"快速修剪"按钮，弹出"快速修剪"对话框，如图3-32所示。快速修剪的方法有以下两种。

（1）设定边界修剪 如要裁剪图3-33所示两条相交直线位于圆形区域内的部分，单击激活"快速修剪"对话框中"边界曲线"区域的"选择曲线"选项，在图形区用鼠标选择圆形边界（根据需要，可以一次性连续选择多条边界曲线），如图3-33中①所示；单击激活对话框中"要修剪的曲线"区域的"选择曲线"选项，在图形区用鼠标选择要裁剪掉的曲线，如图3-33中②、③所示，修剪结果如图3-33中④所示。

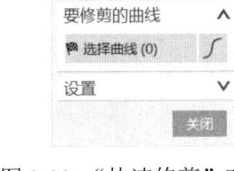

图3-32 "快速修剪"对话框

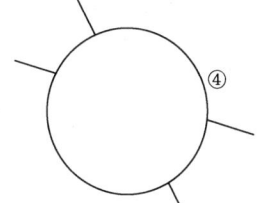

图3-33 设定边界修剪

（2）不设边界修剪 如要裁剪图3-34所示的两条相交直线位于圆形区域外的部分，可直接单击激活对话框中"要修剪的曲线"区域的"选择曲线"选项，在图形区用鼠标选择要裁剪掉的曲线，如图3-34中①、②、③、④所示，修剪结果如图3-34中⑤所示。

当一次要修剪多个对象时，可按住鼠标左键并拖动，这时光标变成画笔形状，如图3-35中①所示，与画笔画出的曲线相交的线段都将被裁剪掉，如图3-35中②所示。

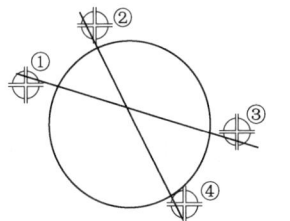

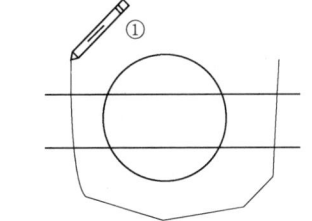

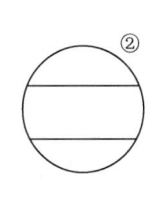

图3-34 不设边界修剪　　　　　　　　图3-35 用画笔选择修剪对象

 不设边界修剪只能修剪到与另一对象相交的交点处。

3.3.12 草图编辑命令——快速延伸

"快速延伸"命令用于将曲线延伸至另一临近曲线或选定的边界。单击"曲线"工具条中的"快速延伸"按钮 ，弹出"快速延伸"对话框，如图3-36所示。快速延伸的方法有以下两种。

（1）设定边界延伸 如要将图3-37所示直线1直接延伸至与直线3相交，单击激活"快速延伸"对话框中"边界曲线"区域的"选择曲线"选项，在图形区用鼠标选择作为延伸界限的曲线——直线3（根据需要，可以一次性连续选择多条边界曲线），如图3-38中①所示；单击激活对话框中"要延伸的曲线"区域的"选择曲线"选项，在图形区用鼠标选择要延伸的曲线——直线1，如图3-38中②所示，延伸结果如图3-38③所示。

（2）不设边界延伸 如要延伸图3-39中①所示的直线1至直线3，单击激活对话框中"要延伸的曲线"区域的"选择曲线"选项，在图形区用鼠标选择要延伸的直线1，延伸结果如图3-39中②所示，再次用鼠标选择要延伸的直线1，延伸结果如图3-39中③所示。

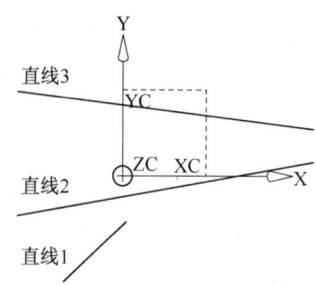

图 3-36 "快速延伸"对话框　　　　图 3-37 延伸直线 1

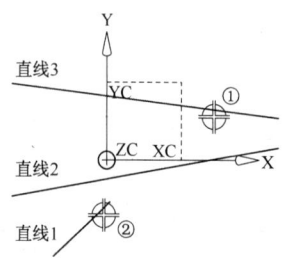
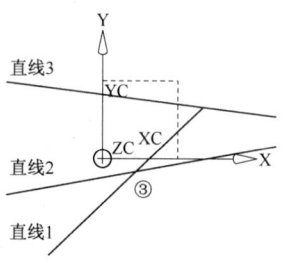

图 3-38 设定边界延伸

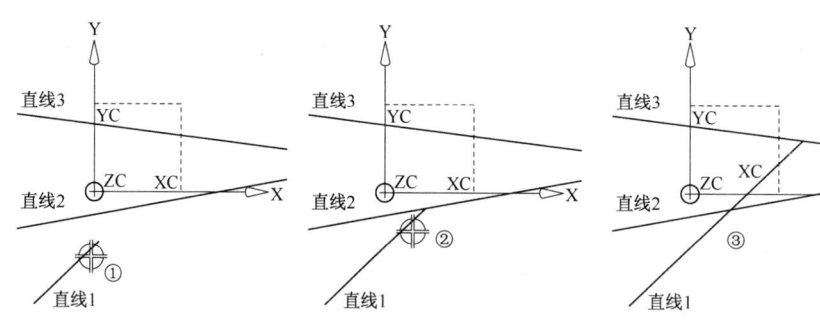

图 3-39 不设边界延伸

 图形对象延伸后必须与边界相交，否则将无法延伸；并且只能延伸到与另一曲线相交的交点处；选择要延伸的对象时，鼠标单击的位置必须位于中点一侧靠近边界的部分。

3.3.13 草图编辑命令——圆角（角焊）

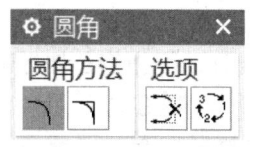

图 3-40 "圆角"对话框

"圆角"命令用于在两条或三条曲线之间创建圆角。单击"曲线"工具条中的"角焊"按钮，弹出"圆角"对话框，如图 3-40 所示。创建圆角的方法有以下两种。

（1）要在图 3-41 中①所示的矩形上生成圆角，可单击"圆角"对话框中"圆角方法"区域的"修剪"按钮，在绘图区域选择要生成圆角的 a 和 b 两条线段，然后在光标右下角的文本框中输入圆角半径，按键盘上的<Enter>键或单击鼠标中键，生成如图 3-41 中②所示的圆角；若在绘图区域依次选择 c、b、a 三条线段，则生成与三条线段同时相切的圆角，如图 3-41 中③所示。

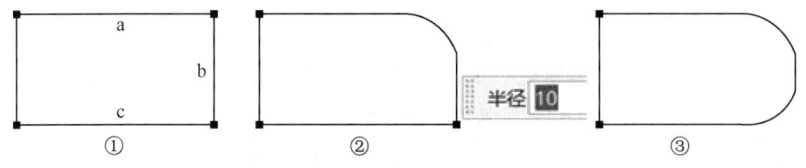

图 3-41　修剪创建圆角

（2）要在图 3-42 中①所示的矩形上生成圆角并保留圆角外侧的曲线，可单击"圆角"对话框中"圆角方法"区域的"取消修剪"按钮，在绘图区域选择两条线段，然后在光标右下角的文本框中输入圆角半径，生成如图 3-42 中②所示的圆角；也可在绘图区域选择三条线段，生成如图 3-42 中③所示的圆角。

若在三条线间生成圆角，可在"圆角"对话框中的"选项"区域选择"删除第三条曲线"按钮，删除圆角外侧的曲线，如图 3-41 中③所示，否则将保留该曲线，如图 3-43 所示。

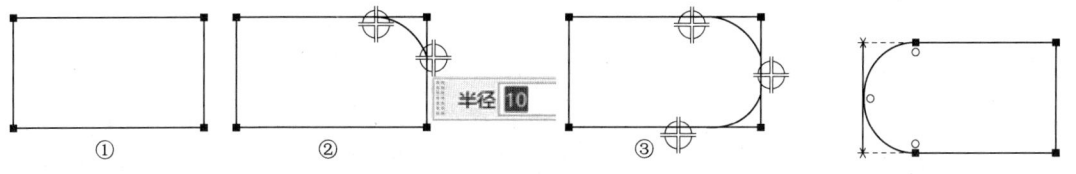

图 3-42　不修剪创建圆角　　　　　　图 3-43　保留第三条曲线创建圆角

若在选定的曲线之间生成的圆角有多个不同的结果，则可以在"圆角"对话框中"选项"区域单击"创建备选圆角"按钮，在不同结果之间切换。

3.3.14　草图编辑命令——倒斜角

"倒斜角"命令用于在两条曲线之间生成倒角。单击"曲线"工具条中的"倒斜角"按钮，弹出"倒斜角"对话框，如图 3-44 所示。倒斜角的类型有以下三种。

（1）对称倒斜角　在对话框的"偏置"区域"倒斜角"下拉列表框中选择"对称"选项，在"距离"文本框中输入倒斜角的距离尺寸，单击激活对话框中"要倒斜角的曲线"区域的"选择直线"选项，在窗口中选择将要倒角的两条直线可完成对称倒斜角，如图 3-45 所示。

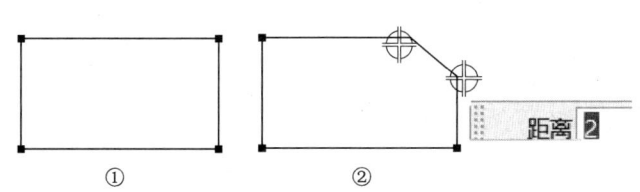

图 3-44　"倒斜角"对话框　　　　　　图 3-45　对称倒斜角

（2）非对称倒斜角　在对话框的"偏置"区域"倒斜角"下拉列表框中选择"非对称"选项，在"距离"文本框中输入倒角两侧的距离尺寸，单击激活对话框中"要倒斜角的曲线"区域的"选择直线"选项，在窗口中选择将要倒角的两条直线可完成非对称倒斜角，如图 3-46 中①所示。倒角倾斜的方向与两直线的选择次序及鼠标单击确认的位置有关，若倒角倾斜的方向与所需方向相反，则调整两条直线的选择次序或拖动鼠标改变单击确认的位置即可。

（3）根据偏置和角度倒斜角　在对话框的"偏置"区域"倒斜角"下拉列表框中选择"偏置和角度"选项，在"距离"和"角度"文本框中输入倒斜角与一侧的夹角及一侧的距离尺寸，单击激活对话框中"要倒斜角的曲线"区域的"选择直线"选项，在窗口中选择将要倒角的两条直线即可完成倒斜角，如图 3-46 中②所示。输入的距离为选择的第一条直线与倒角顶点的距离，角度为选择的第一条直线与倒角的夹角，若倒角倾斜的方向与所需方向相反，则调整选择两条直线的次序或拖动鼠标改变单击确认的位置即可。

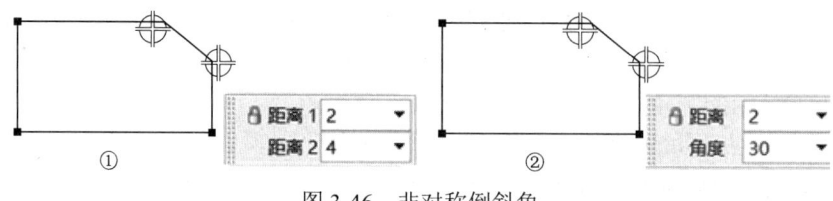

图 3-46　非对称倒斜角

3.3.15　草图编辑命令——制作拐角

"制作拐角"命令用于将两条曲线延伸或修剪到一个交点处来形成拐角。单击"曲线"工具条中的"制作拐角"按钮，弹出"制作拐角"对话框，如图 3-47 所示，选择两条曲线可制作拐角。

当选择的两条曲线不相交时，如图 3-48 中①所示，将两条曲线延伸至交点后形成拐角，如图 3-48 中②所示。

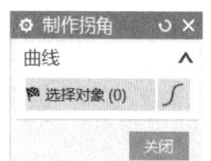　　　　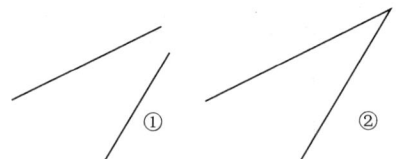

图 3-47　"制作拐角"对话框　　　　图 3-48　延伸后制作拐角

当选择的两条曲线相交时，如图 3-49 中①所示，将两条曲线修剪至交点后形成拐角。选择曲线时，鼠标单击的部位不同，修剪后的结果也不同，最终保留的曲线是交点一侧鼠标单击的部分，如图 3-49 中②、③、④、⑤所示。

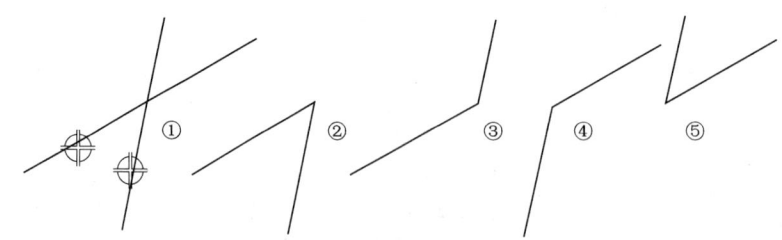

图 3-49　修剪后制作拐角

3.3.16　草图编辑命令——派生直线

单击"曲线"工具条中的"派生直线"按钮，可绘制派生直线。

"派生直线"命令用于按指定间距绘制与现有直线平行的直线，如图 3-50 所示；或绘制两条平行线的中线，如图 3-51 所示；或绘制两条相交线的角平分线，如图 3-52 所示。

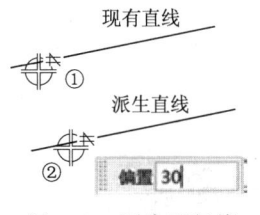
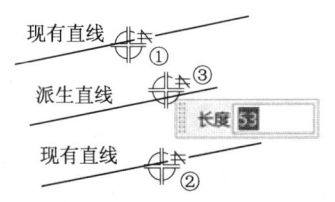
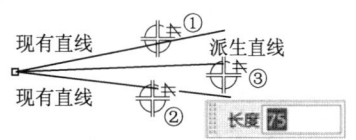

图 3-50 派生平行线　　图 3-51 派生两条平行线的中线　　图 3-52 派生两条相交线的角平分线

3.3.17 草图编辑命令——偏置曲线

"偏置曲线"命令用于生成草图平面上曲线串的等距线。单击"曲线"工具条中的"偏置曲线"按钮，弹出"偏置曲线"对话框，如图 3-53 所示。首先，选中要偏置的曲线，然后在对话框中设定相应的选项和参数，单击"确定"按钮或"应用"按钮，完成曲线偏置。对话框设置如下。

（1）在"偏置"区域"距离"文本框中输入偏置后的曲线与原曲线之间的距离。

（2）当预览到的偏置曲线的位置与期望的位置不符时，单击"反向"按钮，则偏置位置可在原曲线的内侧与外侧之间切换。

（3）勾选"对称偏置"复选框时，可同时在原曲线的内外两侧各偏置一条等距离的曲线。

（4）在"副本数"文本框中可输入一次性生成偏置曲线的数目。

（5）当偏置曲线位于原曲线内侧时，偏置结果如图 3-54 中①所示。

图 3-53 "偏置曲线"对话框

（6）当偏置曲线位于原曲线外侧时，需在"端盖选项"下拉列表框中选择所需的类型。

① 延伸端盖　偏置后的曲线如有断口，则延伸至相交的交点处，如图 3-54 中②所示。

② 圆弧帽形体　偏置后的曲线如有断口，则用输入的偏置距离为半径值进行圆弧连接，如图 3-54 中③所示。

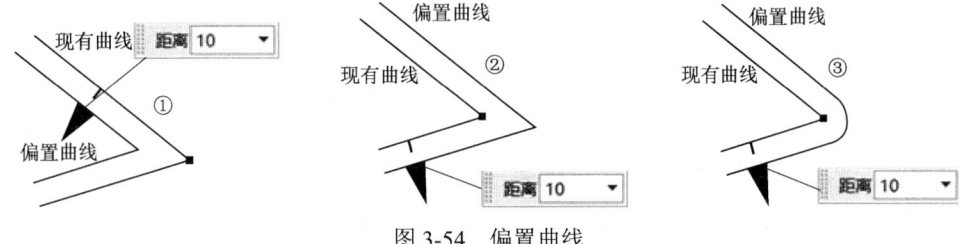

图 3-54 偏置曲线

3.3.18 草图编辑命令——投影曲线

"投影曲线"命令用于沿草图平面的法向将草图外部的曲线、实体边缘、顶点等投影到草图上。单击"曲线"工具条中的"投影曲线"按钮，弹出"投影曲线"对话框，如图 3-55 所示。现将图 3-56（a）所示的实体左端面轮廓投影到草图平面上，选择实体左端面或其边缘，单击"确定"按钮或"应用"按钮，投影结果如图 3-56（b）所示。

图 3-55 "投影曲线"对话框

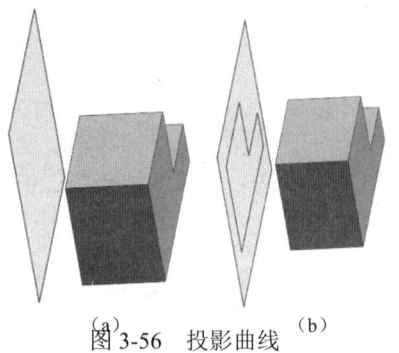

图 3-56 投影曲线

3.3.19 草图编辑命令——镜像曲线

"镜像曲线"命令可通过现有草图曲线创建几何图形的镜像副本。单击"曲线"工具条中的"镜像曲线"按钮 ，弹出"镜像曲线"对话框，如图 3-57 所示。

现以图 3-58 中②所示直线为对称轴，镜像图 3-58 中①所示几何图形。单击激活"镜像曲线"对话框中"要镜像的曲线"区域的"选择曲线"选项，在图形区用鼠标选择要镜像的曲线，如图 3-58 中③所示，再单击激活"中心线"区域的"选择中心线"选项，在图形区用鼠标选择对称轴，如图 3-58 中②所示；单击"确定"按钮或"应用"按钮，镜像结果如图 3-58 中④所示。

如果对话框中"设置"区域的"中心线转换为参考"复选框被勾选，则镜像后对称线将自动转换成参考线，如图 3-58 中⑤所示。

图 3-57 "镜像曲线"对话框

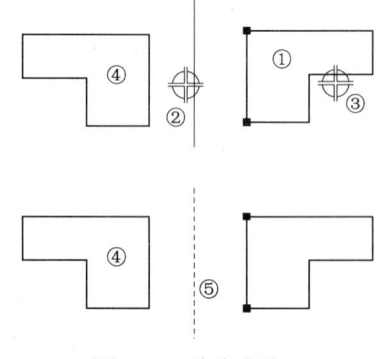

图 3-58 镜像曲线

3.3.20 草图编辑命令——阵列曲线

"阵列曲线"命令用于将草图中的曲线按照一定的规律进行复制并排列，形成新的多条曲线。单击"曲线"工具条中的"阵列曲线"按钮 ，弹出"阵列曲线"对话框，如图 3-59 左图所示。在阵列定义区域，"布局"下拉列表框中有"线性""圆形"和"常规"三种阵列形式。

数量和间隔：按距离或角度阵列指定数量的图形。

数量和跨距：在指定范围内按阵列数量均布图形。

节距和跨距：在指定范围内按距离或角度求出图形数量，若需要再次修改阵列数据可双击阵列后的图形或阵列约束。

阵列方式包括线性阵列、圆形阵列、常规阵列。

1. 线性阵列

线性阵列是指在二维草图平面内，沿指定的直线方向复制草图几何，生成多个均匀分布的副本。

现以图 3-59 绘图区所示的三角形为阵列源，阵列 20 个相同的三角形。选择绘图区中的三角形，"布局"选择"线性"，单击激活"方向 1"中的"选择线性对象（1）"，在绘图区选择 X 轴，选择"间距"类型为"数量和间隔"，在"数量"文本框中输入 5，在"节距"文本框中输入 15。勾选"使用方向 2"复选框，"选择线性对象"被激活，在绘图区选择 Y 轴作为方向 2，选择"间距"类型为"数量和间隔"，在"数量"文本框中输入 4，在"节距"文本框中输入 15。单击"确定"按钮或"应用"按钮，阵列结果如图 3-59 所示。

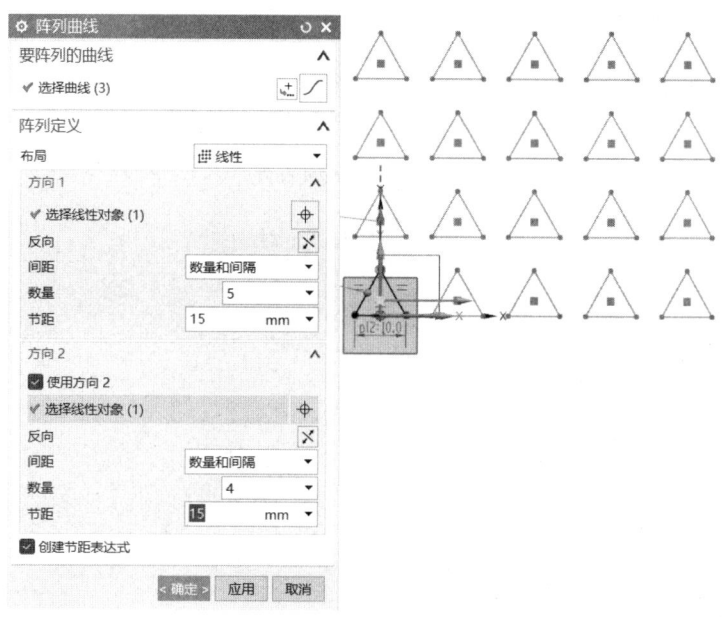

图 3-59 阵列曲线

2. 圆形阵列

圆形阵列是指选定一个阵列源，以参考点为旋转中心，按指定的数量和旋转角度复制若干个成员。

现以图 3-60 绘图区所示的三角形为阵列源，阵列 8 个相同的三角形。选择绘图区中的三角形，选择"布局"类型为"圆形"，指定阵列的参考点，在"斜角方向"区域的"间距"下拉列表框中选择"数量和跨距"选项，在"数量"文本框中输入 8，在"跨角"文本框中输入总的角度 360。单击"确定"按钮或"应用"按钮，阵列结果如图 3-60 所示。

3. 常规阵列

常规阵列是指将阵列源按一个或多个目标点或者坐标系定义的位置复制若干个。

在创建常规阵列之前需要先创建阵列源的代表点及阵列源代表点的相对位置点，如图 3-61（a）所示。

单击工具条中的"阵列曲线"按钮，弹出"阵列曲线"对话框，选择绘图区中要阵列的图形，如图 3-61（b）中的三角形。单击激活"位置"区域的"指定点"选项，选择图 3-61（a）

所示的"阵列源的代表点",在"至"中"指定点"被激活时,选择绘图区中的相对位置点,单击"确定"按钮或"应用"按钮,阵列结果如图3-61(b)所示。

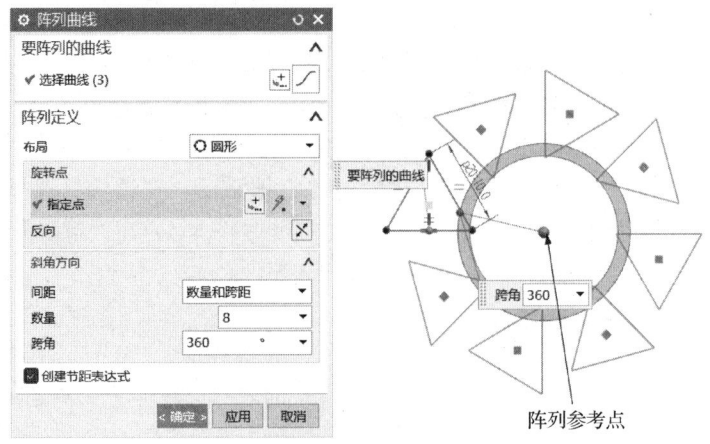

图3-60　圆形阵列曲线

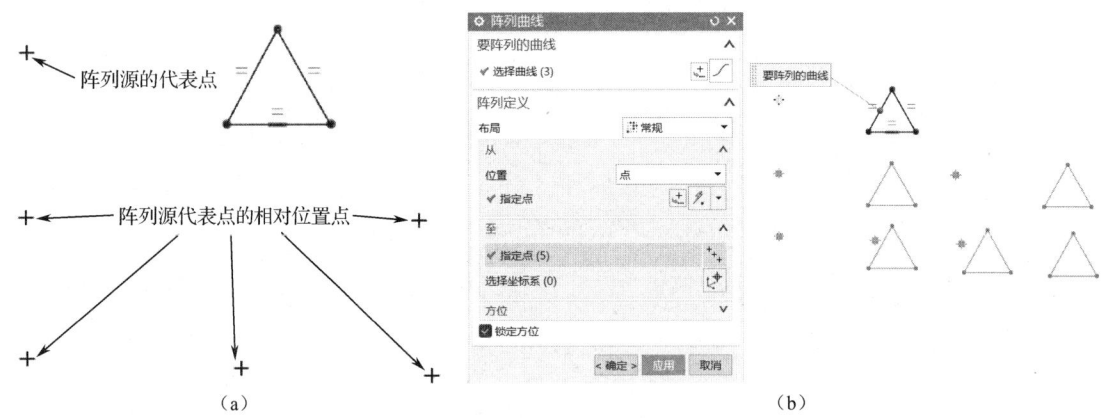

图3-61　常规阵列曲线

3.3.21　参考曲线转换

绘制草图过程中,经常需要画出参考或定位用的辅助线,如圆或圆弧的中心线、对称线等,而这些曲线在由草图生成三维实体时往往是不需要的,甚至会影响正常造型;有时在为草图对象添加几何约束和尺寸约束的过程中,有些草图对象和尺寸可能引起约束冲突。因此,需要将部分草图曲线或尺寸转换为参考对象。也可以将参考对象转换为正常的曲线或尺寸。

单击"约束"工具条中的"转换至/自参考对象"按钮,弹出"转换至/自参考对象"对话框,如图3-62所示。选择对话框中"转换为"区域中的"参考曲线或尺寸"或"活动曲线或驱动尺寸"单选框,然后在绘图区选择要转换的曲线,单击"确定"按钮或"应用"按钮,完成曲线转换。

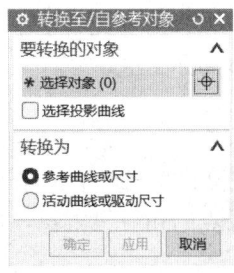

图3-62　"转换至/自参考对象"对话框

3.3.22 约束

NX UG 约束用于控制草图对象的几何形状、位置、尺寸或两个对象间的相对位置关系，图 3-63 为"约束"工具条默认显示的相关命令，使用者可根据需要进行定制，显示相关的约束命令。绘制草图时，可以先绘制出近似的图形，然后通过施加约束，使图形达到设计要求。

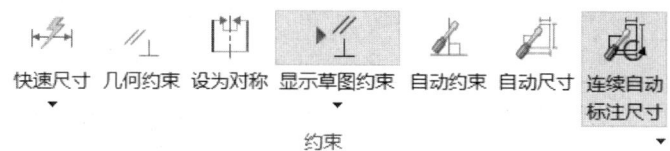

图 3-63 "约束"工具条

与控制草图的几何形状、定位草图对象和确定草图对象之间的相互位置关系相关的约束命令有几何约束（手动添加的约束）、自动约束（绘制曲线过程中系统自动添加的约束）和设为对称等。

与控制草图对象的尺寸或两个对象间的相对位置关系相关的约束命令有快速尺寸（手动标注）、自动尺寸（取消连续自动标注尺寸时，对选择的对象施加尺寸）和连续自动标注尺寸（绘图过程中自动标注）等。

与草图约束显示相关的命令有显示草图约束（用于显示活动草图的几何约束）和显示草图自动尺寸（用于显示活动草图的所有自动尺寸）。

草图的约束状态随草图约束的添加而变化，可分为欠约束状态、完全约束状态和过约束状态。系统会以不同颜色呈现不同的约束状态。

（1）欠约束状态　草图曲线的大小、形状或位置未能完全限定。在约束命令执行的状态下，状态行显示缺少的约束数量。此时，可根据需要继续添加约束。

（2）完全约束状态　草图曲线的大小、形状及位置完全限定。在约束命令执行的状态下，状态行显示"草图已完全约束"。此时，已不能再添加约束。

（3）过约束状态　草图中部分曲线添加的约束使得其大小、形状或位置相互产生冲突，其中的部分约束未能形成。在约束命令执行的状态下，状态行显示"草图包含过约束的几何体"。由草图生成三维实体时，过约束的草图可能会影响造型的准确性，甚至无法生成三维实体。此时，应分析哪些约束之间相互冲突，删除其中多余的或与其他约束冲突的约束即可。

1. 几何约束

如要将图 3-64 所示的直线和圆约束为相切，单击"约束"工具条中的"几何约束"按钮，弹出"几何约束"对话框，单击"相切"约束按钮，激活"要约束的几何体"区域的"选择要约束的对象"选项，在绘图区选取圆，单击鼠标中键或激活"选择要约束到的对象"，然后在绘图区选取直线，完成源于直线的相切约束。常用的几何约束按钮功能如表 3-1 所示。

表 3-1　UG NX 12.0 几何约束按钮功能

图标	名称	功能
	重合	使两个或多个选定的顶点或点重合
	点在曲线上	使点位于选定的曲线上
	相切	使两条选定的曲线相切

续表

图标	名称	功能
//	平行	使两条或两条以上直线相互平行
⊥	垂直	使两条直线相互垂直
—	水平	使直线处于水平位置
ǀ	竖直	使直线处于竖直位置
•-•	水平对齐	使两个或多个选定的顶点或点水平对齐
⋮	竖直对齐	使两个或多个选定的顶点或点竖直对齐
┼	中点	约束一个选定的顶点或点，使之与一条线或圆弧的中点对齐
∥∥	共线	使两条或多条直线共线
◎	同心	使两条或多条圆或圆弧同心
=	等长	使两条或两条以上直线长度相等
≈	等半径	使两条或多条圆或圆弧等半径
⊥	固定	将选择的曲线或曲线的端点位置固定
	完全固定	将选择曲线的形状、位置和大小均固定
∠	定角度	使两条直线之间的角度恒定
↔	定长度	使直线长度恒定

⚠ 与曲线端点相关的约束需捕捉曲线的端点，将光标选择球套住曲线端点；与曲线整体相关的约束不能捕捉曲线的端点，操作时要特别留意。

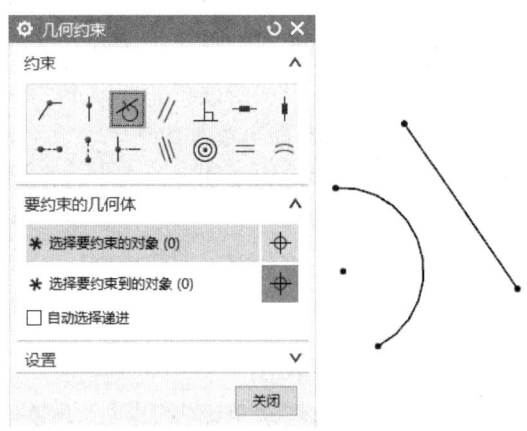

图3-64 "几何约束"

2. 显示草图约束

显示草图约束用于显示已经施加于草图的所有约束。单击"约束"工具条中的"显示草图约束"按钮▸⌐，草图上施加约束的部位会以规定的符号显示出全部约束。若不显示约束，则不激活该图标，隐藏草图上的全部约束。

3. 自动约束

自动约束用于在草图绘制过程中自动推断并建立约束。单击"约束"工具条中的"自动判断约束和尺寸"按钮，弹出"自动约束"对话框，从中勾选相应的复选框，在草图绘制过程中可自动推断并建立该约束。

4．快速尺寸

使用"约束"工具条中的快速尺寸命令可对各种草图曲线施加尺寸约束。快速尺寸标注几乎包含了所有的尺寸标注类型。在"约束"工具条中单击"快速尺寸"按钮，弹出"快速尺寸"对话框，如图 3-65 所示。

图 3-65 "快速尺寸"对话框

（1）自动判断

自动判断标注方法可根据选定的对象或光标所在的位置自动判断尺寸类型来创建尺寸约束。这种标注方法的好处是标注灵活，可由一个对象标注出多个尺寸约束。选用同一个对象进行尺寸标注，可以得到 3 种标注结果，如图 3-66 所示。

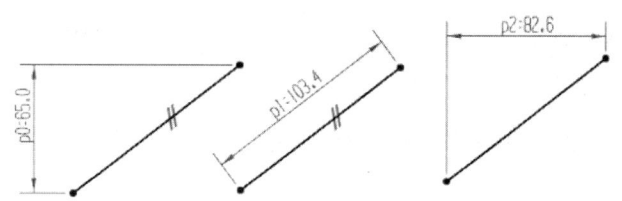

图 3-66 自动判断并标注的 3 种尺寸

（2）水平

水平标注方法是指标注的尺寸总是与工作坐标系的 XC 轴平行。在选择此标注方法时，软件会对所选对象进行水平方向的尺寸约束。在标注该类尺寸时，在图形区中选取同一对象或不同对象的两个控制点，程序会在两点之间产生水平尺寸。在进行水平标注时，尺寸约束限制的距离位于两端点之间，如图 3-67 所示。

（3）竖直

竖直标注方法是指标注的尺寸总是与工作坐标系的 YC 轴平行。在选择此标注方法时，软件会对所选对象进行竖直方向的尺寸约束，如图 3-67 所示。

（4）点到点

点到点标注方法是指在两点之间标注最短距离的约束。在选择此标注方法时，软件会对所选对象进行点到点的尺寸约束，如图 3-68 所示。

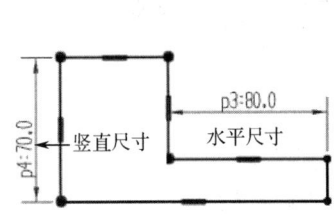
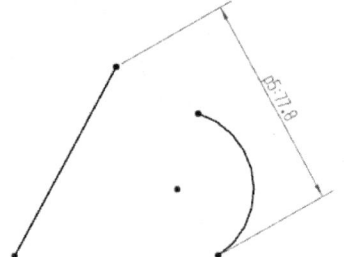

图 3-67　标注的水平和竖直尺寸　　　　　图 3-68　标注的点到点尺寸

（5）垂直

垂直标注方法用于标注两个对象之间的垂直距离，并且尺寸总是与第 1 个对象垂直，如图 3-69 所示。

（6）圆柱式

圆柱式标注方法是指采用标注直径的方法标注圆柱体（或轴零件）的剖面图形，如图 3-70 所示。

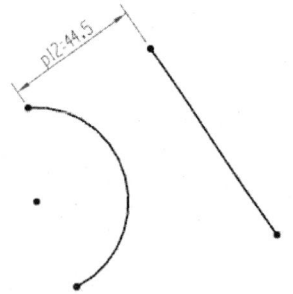
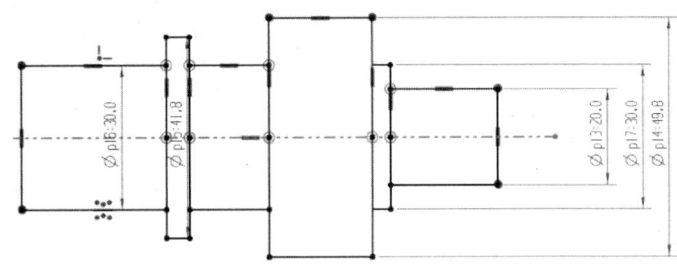

图 3-69　标注的垂直尺寸　　　　　图 3-70　标注的圆柱式尺寸

（7）斜角

斜角标注方法用于标注两条直线或直线延伸部分相交的夹角尺寸，如图 3-71 所示。

（8）径向

径向标注方法用于标注圆或圆弧的径向尺寸，如图 3-72 所示。

（9）直径

直径标注方法用于标注圆或圆弧的直径尺寸，如图 3-73 所示。

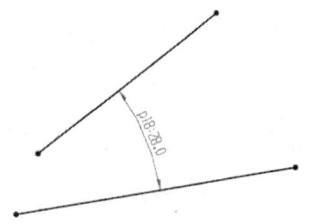
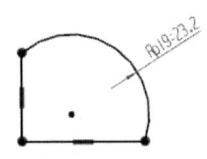
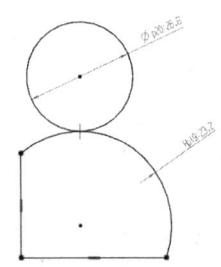

图 3-71　标注的斜角尺寸　　　图 3-72　标注的径向尺寸　　　图 3-73　标注的直径尺寸

（10）其他标注类型

快速尺寸命令还包括线性尺寸、径向尺寸、角度尺寸、周长尺寸，其中线性尺寸、径向尺寸、角度尺寸 3 种类型的标注方法被部分包含在了"快速尺寸"对话框的标注方法列表中。

线性尺寸标注方法包括自动判断、水平、竖直、点到点、垂直、圆柱式标注方法，如图 3-74 所示。

径向尺寸标注方法包括自动判断、径向和直径标注方法，如图 3-75 所示。

角度尺寸标注方法与前面的斜角标注方法相同。

周长尺寸标注方法用于标注直线和圆弧的集体尺寸，如图 3-76 所示。

图 3-74 "线性尺寸"对话框

图 3-75 "径向尺寸"对话框

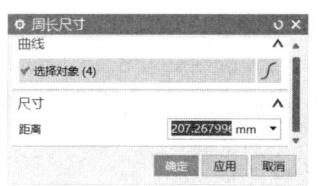 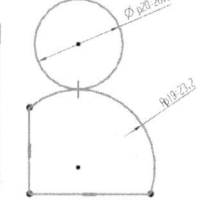

图 3-76 "周长尺寸"对话框

3.4 项目实施

3.4.1 扳手草图绘制

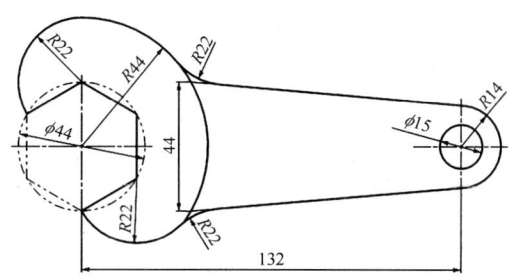

图 3-77 扳手草图

项目 3-1 扳手

1. 启动 UG NX 12.0 并创建新文件

（1）选择【菜单】|【首选项】|【草图】，弹出"草图首选项"对话框，在"草图设置"选项卡中设置尺寸标签类型和文本高度；取消勾选"连续自动标注尺寸"复选框（因系统自动标注的尺寸约束有的与实际需要并不相符，这对准确约束草图会产生一定的干扰，在草图绘制、编辑、约束尚不熟练的情况下建议暂不使用自动标注尺寸），其他选项采用默认设置，如图 3-78 所示。

（2）选择【菜单】|【插入】|【在任务环境中绘制草图】，弹出"创建草图"对话框，选择一个放置草图的平面，单击"确定"按钮，进入草图绘制界面。

2. 绘制中心线

（1）单击"直线"按钮，绘制一条水平中心线和一条竖直中心线，竖直中心线距离坐标原点为 132mm，水平中心线通过坐标原点。

（2）单击中心线，在弹出的对象选择快捷工具条中单击"转换为参考"按钮，将两条直线转换为参考线（即中心线），如图 3-79 所示。

3. 绘制草图

（1）绘制正六边形。单击工具条中的"多边形"按钮，弹出"多边形"对话框，在"边数"文本框中输入 6，在"大小"下拉列表框中选择"外接圆半径"，在相应文本框中输入 22，指定坐标原点为中心点，旋转角度为 90°，如图 3-80 所示。

（2）绘制左边 $R44$ 圆弧。单击工具条中的"圆弧"按钮，弹出"圆弧"对话框，如图 3-81 所示，单击"中心和端点定圆弧"按钮，以坐标原点为圆心，绘制扫掠角度比较大的 $R44$ 圆弧，如图 3-82 所示。

（3）绘制左边 $R22$ 圆弧。单击工具条中的"圆弧"按钮，弹出"圆弧"对话框，单击"中心和端点定圆弧"按钮，以六边形的上顶点为圆心、左上角端点为起始点，绘制一个与 $R44$ 圆弧相切的圆弧。再以六边形右下角的顶点为圆心，六边形下顶点为起始点，绘制一个与 $R44$ 圆弧相切的圆弧，如图 3-83 所示。

图 3-78 首选项设置

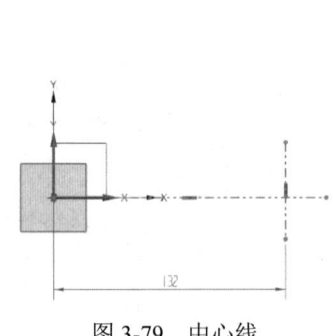

图 3-79 中心线

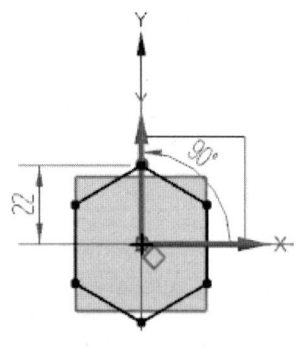

图 3-80 正六边形

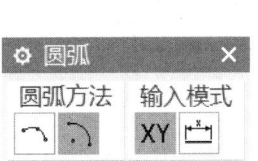 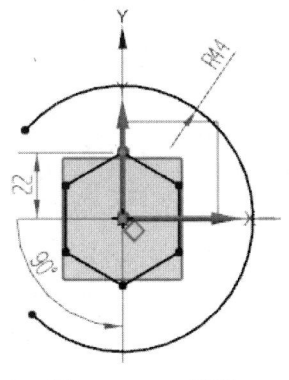 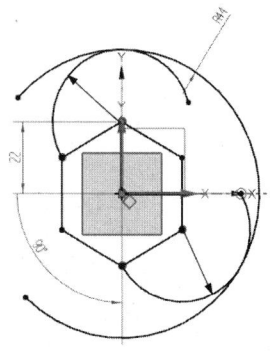

图 3-81 "圆弧"对话框　　图 3-82　R44 圆弧　　图 3-83　R22 圆弧

（4）绘制右边的圆。单击工具条中的"圆"按钮○，以右侧中心线交点为圆心，绘制一个直径为 15mm 的圆。

（5）绘制右边 R14 圆弧。单击工具条中的"圆弧"按钮⌒，弹出"圆弧"对话框，单击"中心和端点定圆弧"按钮⌒，以右侧中心线交点为圆心，绘制扫掠角度比较大的 R14 圆弧，如图 3-84 所示。

（6）绘制切线。单击工具条中的"直线"按钮╱，从右边 R14 圆弧上一点为起点，绘制一条与 R14 圆弧相切、与左边的 R44 圆弧相交的直线，如图 3-85 所示。

（7）镜像直线。单击工具条中的"镜像曲线"按钮，弹出"镜像曲线"对话框，选择要镜像的直线，单击激活"选择中心线"选项，选择水平中心线，单击"确定"按钮，效果如图 3-86 所示。

（8）标注两条直线左侧两端点间的竖直距离为 44mm。

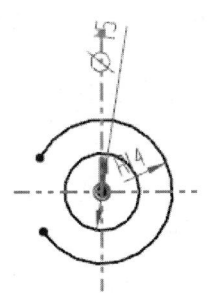 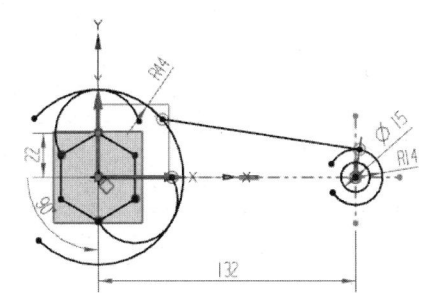 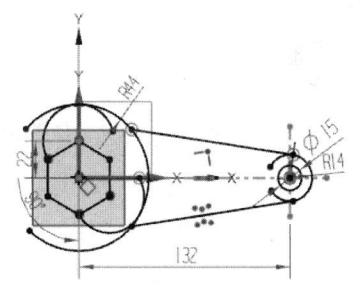

图 3-84　R14 圆弧　　图 3-85　与 R14 圆弧相切、与 R44 圆弧相交的直线　　图 3-86　镜像直线

4．编辑草图

（1）修剪草图。单击工具条中的"快速修剪"按钮，修剪多余的曲线。

（2）绘制圆角。单击工具条中的"角焊"按钮⌒，弹出"圆角"对话框，单击"取消修剪"按钮⌒，如图 3-87 所示，输入半径值 22，在 R44 圆弧与两条直线的相交处绘制圆角。

（3）将实线转换为参考线。单击六边形左下角的两条边，在弹出的对象选择快捷工具条中单击"转换为参考"按钮，将两条直线转换为参考线（即中心线），如图 3-88 所示。

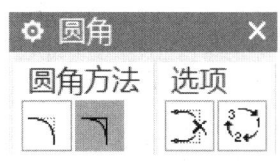

图 3-87 "圆角"对话框

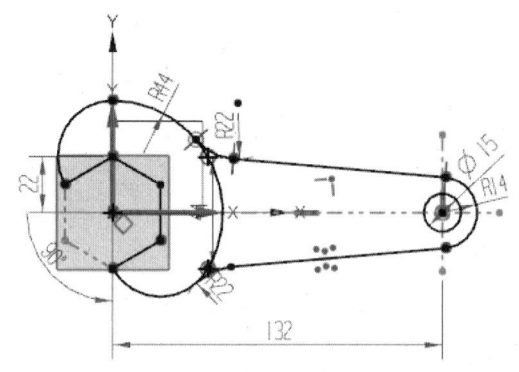

图 3-88 转换为参考线

3.4.2 钩子草图绘制

钩子草图如图 3-89 所示。

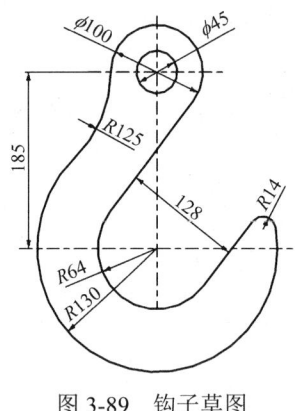

图 3-89 钩子草图

项目 3-2 钩子

1. 启动 UG NX 12.0 并创建新文件

启动 UG NX 软件,新建一个部件文件,进入建模环境。选择【菜单】|【插入】|【在任务环境中绘制草图】,弹出"创建草图"对话框,选择基准坐标系中 XY 平面作为放置草图的平面,单击"确定"按钮,进入草图绘制环境。

2. 绘制中心线

(1) 单击"直线"按钮,绘制一条水平中心线和一条竖直中心线,水平中心线距离坐标原点为 185mm,竖直中心线通过 Y 轴。

(2) 单击中心线,在弹出的对象选择快捷工具条中单击"转换为参考"按钮,将两条直线转换为参考线(即中心线)。

3. 绘制草图

(1) 绘制上边的圆。单击工具条中的"圆"按钮,以坐标原点为圆心,分别绘制直径为 45mm 和 100mm 的圆。

(2) 绘制下边的 R64 和 R130 圆弧。单击工具条中的"圆弧"按钮,弹出"圆弧"对话框,单击"中心和端点定圆弧"按钮,以中心线交点为圆心,分别绘制 R64 和 R130 两个扫掠角度比较大的圆弧,如图 3-90 所示。

(3) 绘制相切线。单击工具条中的"直线"按钮,绘制直径为 100mm 的圆与 R64 圆弧的相切线,如图 3-91 所示。

(4) 绘制平行线。单击工具条中的"直线"按钮,以 R64 圆弧为起点,绘制一条与上述直线相平行的直线,如图 3-92 所示。

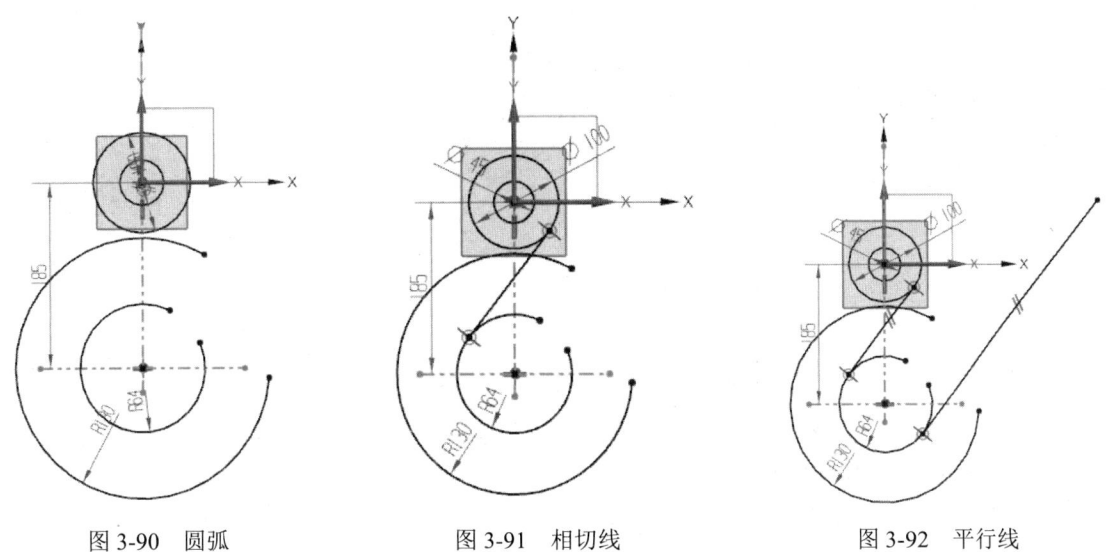

图 3-90　圆弧　　　　　图 3-91　相切线　　　　　图 3-92　平行线

(5) 延伸曲线。单击"快速延伸"按钮,选择 R130 圆弧,将圆弧与直线相接。

(6) 绘制 R14 圆角。单击工具条中的"角焊"按钮,弹出"圆角"对话框,单击"修剪"按钮,如图 3-93 所示,输入半径值 14,在 R130 圆弧与直线的相交处绘制圆角。

(7) 绘制 R125 圆弧。单击工具条中的"圆弧"按钮,弹出"圆弧"对话框,单击"三点定圆弧"按钮,绘制 ϕ100 与 R130 两段圆弧的相切圆弧,如图 3-94 所示。

4. 编辑草图

(1) 修剪草图。单击工具条中的"快速修剪"按钮,修剪多余的曲线。

(2) 约束草图。单击工具条中的"几何约束"按钮,利用"点在曲线上"命令使下面 R64 圆弧的圆心分别与两条中心线重合,如图 3-95 所示。

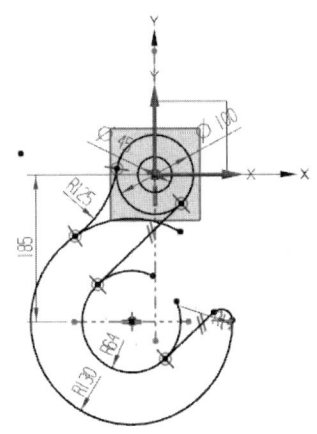

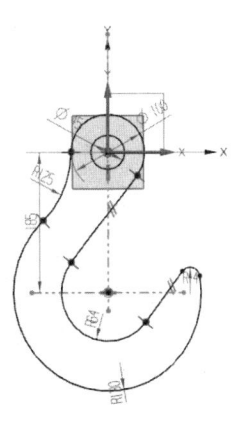

图 3-93　"圆角"对话框　　　　图 3-94　R125 圆弧　　　　图 3-95　几何约束

3.4.3 垫片草图绘制

垫片草图如图 3-96 所示。

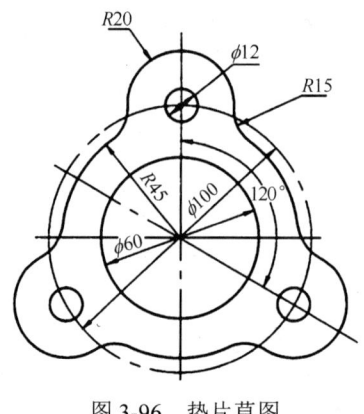

图 3-96 垫片草图

项目 3-3 垫片

1. 启动 UG NX 12.0 并创建新文件

启动 UG NX 软件，新建一个部件文件，进入建模环境。选择【菜单】|【插入】|【在任务环境中绘制草图】，弹出"创建草图"对话框，选择基准坐标系中 XY 平面作为放置草图的平面，单击"确定"按钮，进入草图绘制环境。

2. 绘制草图

（1）绘制中心圆。单击工具条中的"圆"按钮○，以坐标原点为圆心，分别绘制直径为 60mm 和 100mm 的圆。选择直径为 100mm 的圆，在弹出的对象选择快捷工具条中单击"转换为参考"按钮，将直径为 100mm 的圆转换为参考线。

（2）绘制直径为 12mm 的圆。单击工具条中的"圆"按钮○，以直径为 100mm 的圆的上象限点为圆心，绘制直径为 12mm 的圆。

（3）绘制直径为 90mm 的圆。单击工具条中的"圆"按钮○，以坐标原点为圆心，绘制直径为 90mm 的圆，如图 3-97 所示。

（4）绘制 R20 圆弧。单击工具条中的"圆弧"按钮，弹出"圆弧"对话框，单击"中心和端点定圆弧"按钮，以直径为 100mm 的圆的上象限点为圆心，绘制 R20 圆弧，该圆弧起点和终点都应在直径为 100mm 的圆内。

（5）倒圆角。单击工具条中的"角焊"按钮，弹出"圆角"对话框，单击"取消修剪"按钮，输入半径值 15，在 R20 圆弧与 φ100 圆的相交处绘制圆角，如图 3-98 所示。

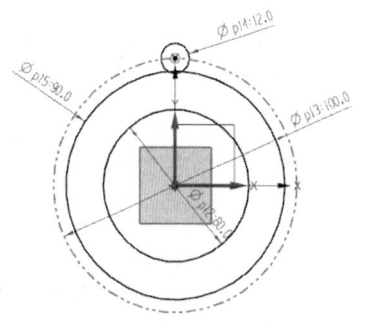
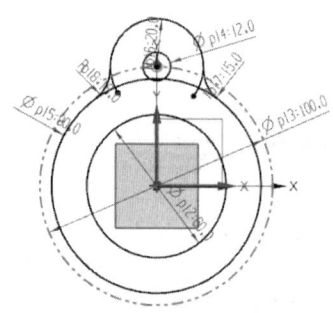

图 3-97 绘制圆　　　　　　　　　　图 3-98 绘制圆角

（6）阵列曲线。单击工具条中的"阵列曲线"按钮，弹出"阵列曲线"对话框，选择 R20 圆弧、φ12 圆和 2 个 R15 圆角，"布局"选择"圆形"，单击激活"指定点"选项，在绘图区选择坐标系原点为圆形阵列的中心。设置"间距"为"数量和间隔"、"数量"为"3"、"节距角"为"120°"，单击"确定"按钮或"应用"按钮，如图 3-99 所示。

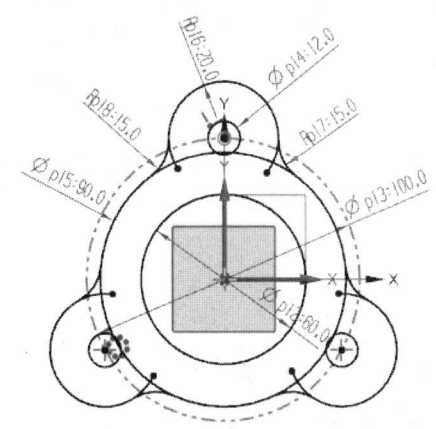

图 3-99 阵列曲线

3．编辑草图

单击工具条中的"快速修剪"按钮，修剪多余的曲线，如图 3-100 所示。

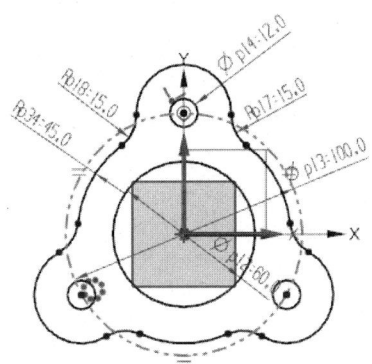

图 3-100 编辑草图

思考题与项目训练

3-1 思考题

3-1.1 基于路径创建草图时，水平参考的作用是什么？

3-1.2 草图绘制和在三维建模界面曲线绘制的区别有哪些？

3-1.3 直接草图与在任务环境中绘制草图有何区别？

3-1.4 同一图形，可否用圆形阵列得到沿圆周分布但间距角不同的结构？

3-2 项目训练

3-2.1 绘制图 3-2.1 所示的草图。

3-2.2 绘制图 3-2.2 所示的草图。

3-2.3 绘制图 3-2.3 所示的草图。

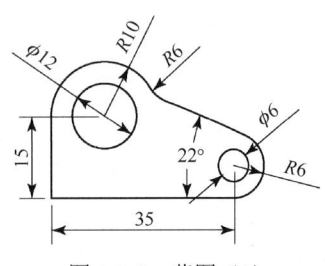
图 3-2.1 草图（1）

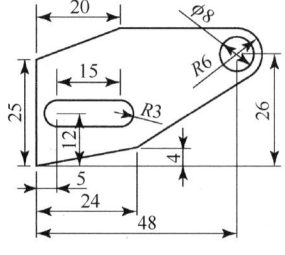
图 3-2.2 草图（2）

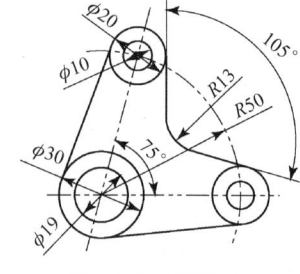
图 3-2.3 草图（3）

3-2.4 绘制图 3-2.4 所示的草图。

3-2.5 绘制图 3-2.5 所示的草图。

3-2.6 绘制图 3-2.6 所示的草图。

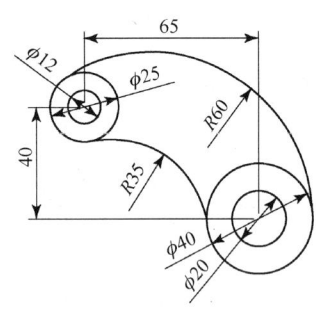
图 3-2.4 草图（4）

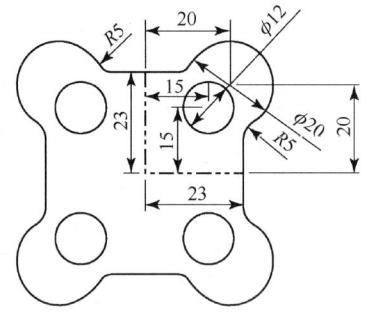
图 3-2.5 草图（5）

图 3-2.6 草图（6）

3-2.7 绘制图 3-2.7 所示的草图。

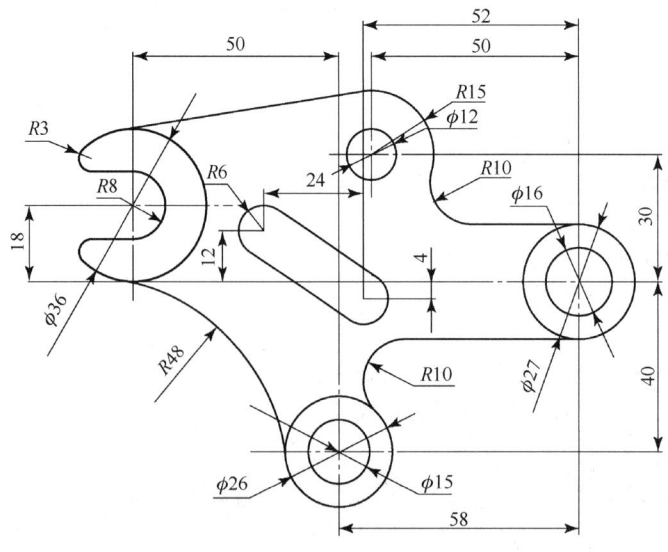
图 3-2.7 草图（7）

项目 4

实体建模

UG NX 的实体建模功能是一种基于特征和约束的建模技术。实体建模的主要方法包括基本成形特征、布尔运算、参考特征、扫描特征、编辑成形特征、特征操作和同步建模。通过这些方法可以完成大部分实体的建模,对实体进行精确的定义,并且由于进行的是特征建模,可以在部件导航器中显示所有的特征并进行编辑,其中部分特征支持参数化设计。

4.1 项目任务

完成图 4-1 所示实体的创建。

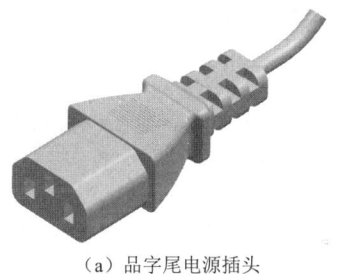
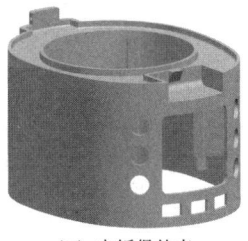

(a)品字尾电源插头　　　　　　(b)电饭煲外壳

图 4-1　项目实体

4.2 项目分析

图 4-1(a)所示品字尾电源插头是将电器产品连接至电源的装置,被广泛应用于电饭煲、打印机、计算机、投影仪等数码产品或家电中。品字尾电源插头主要由拉伸体、管道、槽等特征组成,实体中存在多处圆角、斜角及相同的局部特征,涉及的命令主要有拉伸、拔模、镜像特征、阵列特征、扫掠、倒圆角、倒斜角等。图 4-1(b)所示电饭煲外壳主要由拉伸体、孔、槽等特征组成,涉及的主要命令包括拉伸、扫掠、孔、镜像特征、阵列特征、倒圆角等。

4.3 项目相关知识

实体的相关命令集中在"特征"和"同步建模"工具条中，如图 4-2 所示。"特征"工具条包括长方体、圆柱、圆锥及体素特征命令，合并、减去及相交布尔运算命令，基准轴、基准平面及基准坐标系、基准特征命令，拉伸、旋转、扫掠等扫描特征命令，孔、凸台、腔、垫块等编辑成形特征命令，以及拔模、边倒圆、倒斜角、抽壳、螺纹刀、缝合、阵列特征、镜像特征等特征操作命令；"同步建模"工具条包括移动面、拉出面、替换面、复制面、剪切面等命令。部分命令如"扫掠""管""凸台""腔"等在默认特征工具条中不显示，可以右击空白工具条，单击"定制"搜索上述命令，将其添加至特征工具条中。

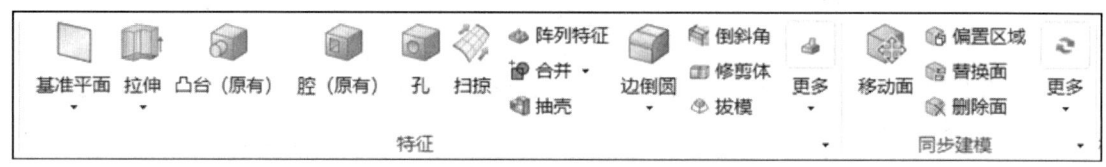

图 4-2 实体相关工具条

4.3.1 体素特征——长方体

单击"特征"工具条中的"长方体"按钮，或选择【菜单】|【插入】|【设计特征】|【长方体】，弹出如图 4-3 所示的"长方体"对话框，可以创建棱边与坐标轴平行的长方体。在对话框的"类型"区域中有三种创建长方体的方式可供选择。

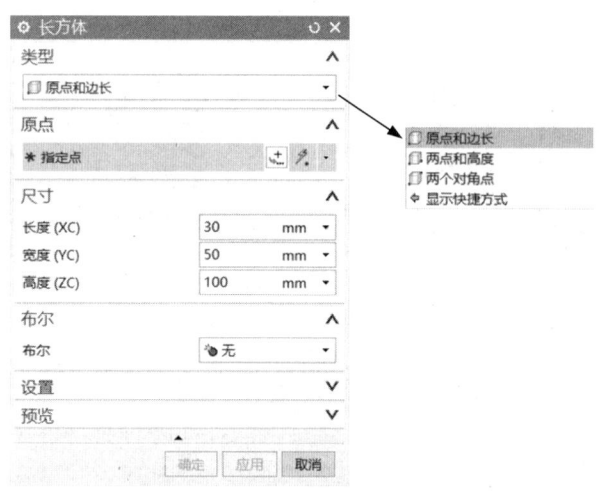

图 4-3 "长方体"对话框

1. 原点和边长

该选项为默认选项，在图 4-3 所示的"原点"区域单击激活"指定点"选项后可通过"点"对话框或点捕捉工具指定原点（长方体上 X、Y、Z 三个方向坐标值均最小的一个顶点），并在"尺寸"区域输入长方体的长度、宽度、高度值，单击"确定"按钮或"应用"按钮创建长方体。

2. 两点和高度

选择该选项后，对话框显示为图4-4所示的形式，在"原点"区域单击激活"指定点"选项后可通过"点"对话框或点捕捉工具指定长方体底面对角线的一个端点，在"从原点出发的点 XC，YC"区域单击激活"指定点"选项后指定底面上的另一对角点，并在"尺寸"区域中输入高度值，单击"确定"按钮或"应用"按钮创建长方体。

3. 两个对角点

选择该选项后，"长方体"对话框显示为图 4-5 所示的形式，在"原点"和"从原点出发的点 XC，YC，ZC"两个区域分别单击激活"指定点"选项后指定两个点作为长方体体对角线的两个端点，单击"确定"按钮或"应用"按钮创建长方体。

图 4-4　两点和高度类型

图 4-5　两个对角点类型

 在对话框的"布尔"下拉列表框中可选择布尔运算方式，分别为"无""合并""减去"和"相交"。当选择"无"时，长方体将创建为独立的单个实体；当选择其余选项时，需要选择目标体与创建的长方体进行相应的布尔运算。

4.3.2　体素特征——圆柱

单击"特征"工具条中的"圆柱"按钮，或选择【菜单】|【插入】|【设计特征】|【圆柱】，弹出如图 4-6 所示的"圆柱"对话框，在"类型"区域单击下拉列表框，有两种创建圆柱的方式可供选择。

1. 轴、直径和高度

在图 4-6 所示对话框的"轴"区域单击激活"指定矢量"选项后用鼠标在绘图窗口捕捉，或通过矢量对话框指定矢量为圆柱中心轴方向，指定点为圆柱底面的中心点，并在"尺寸"区域输入直径及高度，单击"确定"按钮或"应用"按钮创建圆柱体。

2. 圆弧和高度

选择该选项后，"圆柱"对话框显示为图 4-7 所示的形式。在"圆弧"区域单击激活"选择圆弧"选项后指定圆或圆弧作为圆柱的底面，并在"尺寸"区域中输入圆柱高度值，单击"确定"按钮或"应用"按钮创建圆柱体。

图 4-6　"圆柱"对话框

图 4-7　圆弧和高度类型

4.3.3　体素特征——圆锥

在"特征"工具条中单击"圆锥"按钮，或选择【菜单】|【插入】|【设计特征】|【圆锥】，弹出如图 4-8 所示的"圆锥"对话框，在"类型"区域有 5 种创建圆锥或圆台的方法可供选择。

图 4-8　"圆锥"对话框

1．直径和高度

通过指定一个轴向矢量作为圆锥中心轴方向，指定点作为圆锥底面的中心点，并在"尺寸"区域输入底部直径、顶部直径和高度数值来创建圆锥或圆台。

2．直径和半角

通过指定轴向矢量作为圆锥中心轴方向，指定点作为圆锥底面的中心点，并在"尺寸"区域输入底部直径、顶部直径和半角数值来创建圆锥或圆台。

3. 底部直径、高度和半角

通过指定轴向矢量作为圆锥中心轴方向，指定点作为圆锥底面的中心点，并在"尺寸"区域输入底部直径、高度和半角数值来创建圆锥或圆台。

4. 顶部直径、高度和半角

通过指定轴向矢量作为圆锥中心轴方向，指定点作为圆锥底面的中心点，并输入顶部直径、高度和半角数值来创建圆锥或圆台。

5. 两个共轴的圆弧

在"基圆弧""顶圆弧"区域，分别指定已存在的两个不共面但共轴的圆弧或圆（可以是曲线，也可以是实体边缘）作为圆锥的底面和顶面的边缘创建圆锥或圆台。

> 底面直径不能为 0，顶面直径可以为 0，当顶面直径为 0 时创建的为圆锥，否则为圆台。锥顶半角可以为负，此时，顶面直径大于底面直径。

4.3.4 体素特征——球

在"特征"工具条中单击"球"按钮，或选择【菜单】|【插入】|【设计特征】|【球】，弹出如图 4-9 所示的"球"对话框，在"类型"下拉列表框中，有两种创建球的方法可供选择。

1. 中心点和直径

在对话框的"类型"区域中选择"中心点和直径"选项，在"中心点"区域单击激活"指定点"选项后用鼠标在绘图窗口捕捉，也可以通过"点"对话框或点捕捉工具指定球体的球心位置，并在"尺寸"区域输入直径，单击"确定"按钮或"应用"按钮创建球体。

2. 圆弧

在图 4-9 所示对话框的"类型"区域中选择"圆弧"选项，对话框变化为图 4-10 所示的形式。在"圆弧"区域单击激活"选择圆弧"选项后用鼠标在绘图窗口捕捉圆弧或圆，也可以是实体边缘，确定圆心位置及半径后创建球体。

图 4-9　"球"对话框

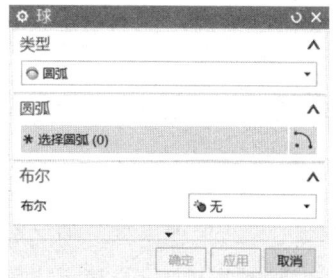

图 4-10　以圆弧方式创建球

4.3.5 布尔运算命令——合并

在 UG NX 12.0 中各实体需要进行组合才能成为一个整体。零件往往是多个实体的组合，组合的途径就是使用布尔运算。布尔运算操作有合并、减去、相交三种类型，操作时要选择目标体与工具体，目标体只能有一个，它是生成组合体的基体，工具体可以有一个或多个。

布尔合并运算用于将两个或两个以上的实体结合成一个实体，相当于加法。

单击"特征"工具条中的"合并"按钮，或选择【菜单】|【插入】|【组合】|【合并】，弹出"合并"对话框，如图4-11所示。选择一个目标体和一个或多个工具体，单击"确定"按钮或"应用"按钮完成操作。

【实例4-1】 将图4-12①中的三个实体组合为一个实体。

操作步骤如下：

（1）单击"标准"工具条中的"打开"按钮，选择下载文件夹中的 XM4\CZSL\LT4-1.prt 文件，将文件打开，如图4-12①所示。

（2）单击"特征"工具条中的"合并"按钮，弹出"合并"对话框。

（3）在绘图工作区依次选择两个长方体和圆柱体。

（4）单击"确定"按钮，结果如图4-12②所示，三个实体结合为一个实体。

默认情况下源实体不再保留，若要保留则在对话框的"设置"区域进行选择。

图4-11 "合并"对话框

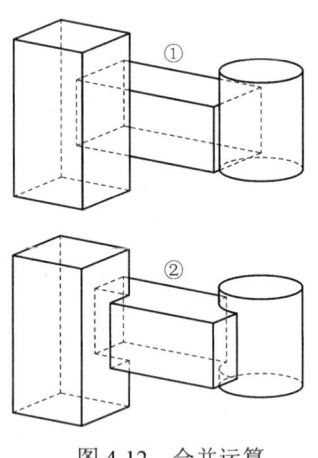

图4-12 合并运算

4.3.6 布尔运算命令——减去

布尔减去运算用于从一个实体上挖切出一个或多个实体，使之成为一个新实体，相当于减法运算。

单击"特征"工具条中的"减去"按钮，或选择【菜单】|【插入】|【组合】|【减去】，弹出"减去"对话框，对话框中的内容与"合并"对话框相同。按照目标体、工具体的顺序选择实体，以目标体为被减实体，以工具体为要减去的立体，单击"确定"按钮或"应用"按钮完成操作。

【实例4-2】从图4-12①所示中间长方体中将左侧长方体和右侧圆柱挖切出来，使之成为一个实体。

（1）单击"标准"工具条中的"打开"按钮，选择下载文件夹中的 XM4\CZSL\LT4-1.prt 文件，将文件打开，如图4-12①所示。

（2）单击"特征"工具条中的"减去"按钮，弹出"减去"对话框。

（3）在绘图工作区依次选择中间长方体、左侧长方体、右侧圆柱体。

（4）单击"确定"按钮，结果如图4-13所示。

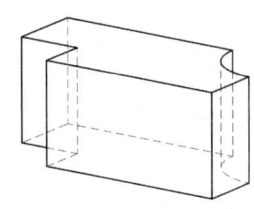

图4-13 减去运算

4.3.7 布尔运算命令——相交

布尔相交运算用于求实体间的交集,将实体重叠的部分作为新实体。

单击"特征"工具条中的"相交"按钮 ,或选择【菜单】|【插入】|【组合】|【相交】,弹出"相交"对话框,对话框中的内容与"合并"对话框相同。按照目标体、工具体的顺序选择实体,单击"确定"按钮或"应用"按钮完成操作。

【实例4-3】 求图4-12①所示的三个相互交叠的实体的交集。

(1)单击"标准"工具条中的"打开"按钮 ,选择下载文件夹中的XM4\CZSL\LT4-1.prt文件,将文件打开,如图4-12①所示。

(2)单击"特征"工具条中的"相交"按钮 ,弹出"相交"对话框。

(3)在绘图工作区依次选择中间长方体、左侧长方体、右侧圆柱体。

(4)单击"确定"按钮,结果如图4-14①所示。

若在第(3)步中选择实体的顺序改为左侧长方体、中间长方体、右侧圆柱体,则结果如图4-14②所示,目标体为左侧长方体,中间长方体和右侧圆柱体为工具体,而右侧圆柱体与目标体不相交,则它不参与交集运算。

 布尔运算中,合并运算时运算结果与选择实体的次序无关;减去运算及相交运算的结果与选择实体的次序有关。

 布尔运算中,若所有的工具体与目标体均不相交,则会弹出出错消息提示框,如图4-15所示。合并时要求全部实体之间不能只通过一个点或一条线连接在一起;减去、相交时要求目标体至少与一个工具体重叠。

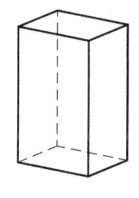 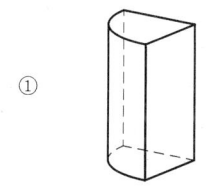 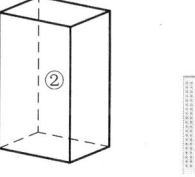 

图4-14 相交运算结果　　　　　　图4-15 出错消息提示框

4.3.8 基准特征——基准轴

基准轴是一个方向矢量,在图形区域显示为一个带方向的箭头,可以作为旋转体的轴线、圆形阵列的轴线、拉伸方向等。

单击"特征"工具条中的"基准轴"按钮 ,或选择【菜单】|【插入】|【基准/点】|【基准轴】,弹出"基准轴"对话框,如图4-16所示。在"类型"区域提供了9种创建基准轴的方法。

1. 自动判断

根据所选对象的属性自动判断,并用以下所述方法中的某一种方法创建基准轴。

2. 交点

以两个面的交线作为基准轴,这两个面可以是实体表面的平面,也可以是已有的基准面,操作步骤如下。

（1）在"基准轴"对话框中选择"交点"类型，弹出如图 4-17 所示的"基准轴"对话框。

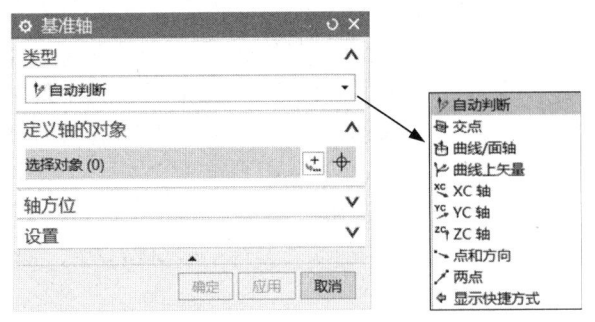

图 4-16 "基准轴"对话框 1

图 4-17 "基准轴"对话框 2

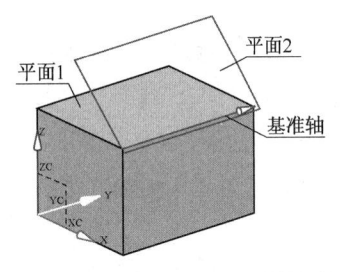

（2）在图形区域中选择平面 1，如图 4-18 所示。
（3）在图形区域中选择平面 2。
（4）在对话框中的"轴方位"区域单击激活"反向"选项调整轴的方向。
（5）单击"确定"按钮或"应用"按钮完成操作。

3．曲线/面轴

以线性边、曲线和曲面生成基准轴，操作步骤如下。
（1）在"基准轴"对话框中选择"曲线/面轴"类型。

图 4-18 交点创建基准轴

（2）在图形区域中选择线性边、曲线或曲面。
（3）在对话框中的"轴方位"区域单击激活"反向"选项调整轴的方向。
（4）单击"确定"按钮或"应用"按钮完成操作，如图 4-19 所示。

4．曲线上矢量

在已有曲线上选定一个点，以这一点为方向矢量起点，以指定方向为矢量方向创建基准轴。方位有相切、法向、副法向、垂直于对象、平行于对象五种方式，操作步骤如下。
（1）在"基准轴"对话框中选择"曲线上矢量"类型，如图 4-20 所示。

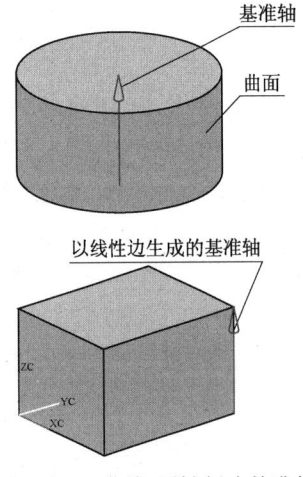

图 4-19 曲线/面轴创建基准轴

图 4-20 选择"曲线上矢量"类型

（2）在图形区域中选择一条曲线。
（3）在对话框中"曲线上的位置"区域指定曲线上的一个位置点作为基准轴的起点。
（4）在"曲线上的方位"区域设置轴的方位。
（5）在"轴方位"区域单击激活"反向"选项调整轴的方向。
（6）单击"确定"按钮或"应用"按钮完成操作，如图 4-21 所示。

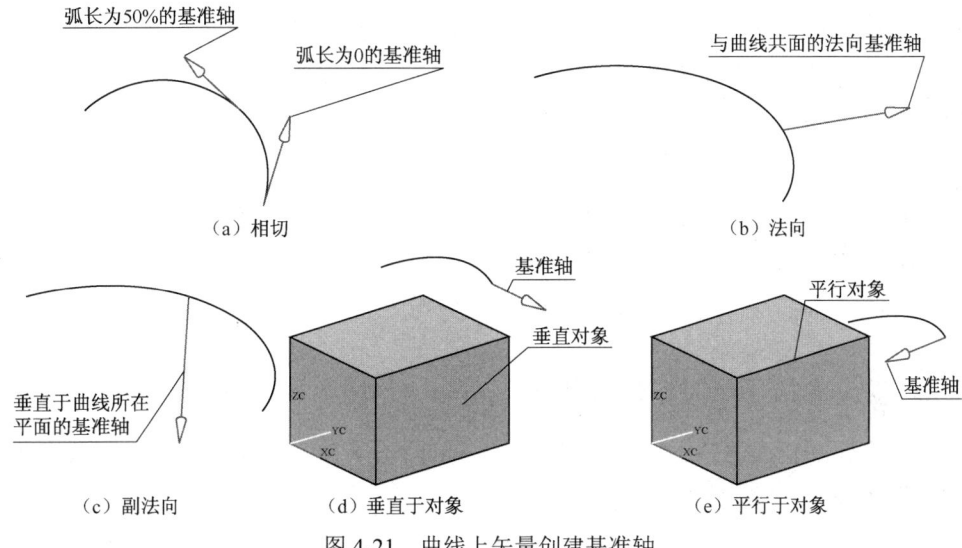

图 4-21　曲线上矢量创建基准轴

5．XC 轴

沿工作坐标系中的 *XC* 轴创建基准轴。操作方法是：在"基准轴"对话框中选中"XC 轴"类型；在"轴方位"区域单击激活"反向"选项调整轴的方向；单击"确定"按钮或"应用"按钮完成操作。

6．YC 轴

沿工作坐标系中的 *YC* 轴创建基准轴，操作同"XC 轴"方式。

7．ZC 轴

沿工作坐标系中的 *ZC* 轴创建基准轴，操作同"XC 轴"方式。

8．点和方向

用指定点和指定方向创建基准轴，轴方向的指定有两种方式：平行于矢量和垂直于矢量。操作方法如下。
（1）在"基准轴"对话框中选择"点和方向"类型。
（2）直接在图形区域指定点或用"点"对话框指定点作为轴的起点。
（3）在对话框的"方向"/"方位"区域的下拉列表框中选择轴方向类型。
（4）指定矢量。
（5）在"轴方位"区域单击激活"反向"选项调整轴的方向。
（6）单击"确定"按钮或"应用"按钮完成操作，如图 4-22 所示。

9. 两点

通过指定两个点创建基准轴，操作方法如下。
（1）在"基准轴"对话框中选择"两点"类型。
（2）直接在图形区域指定点或用"点"对话框指定点作为基准轴的出发点。
（3）指定基准轴的目标点。
（4）在"轴方位"区域单击激活"反向"选项调整轴的方向。
（5）单击"确定"按钮或"应用"按钮完成操作，如图4-23所示。

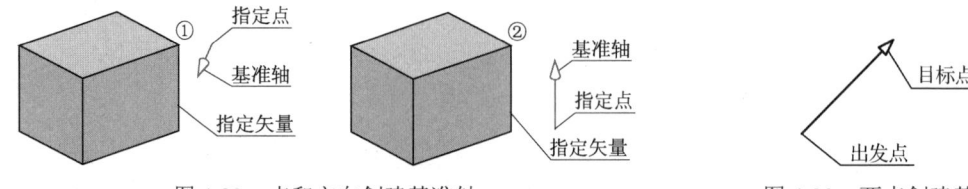

图 4-22　点和方向创建基准轴　　　　图 4-23　两点创建基准轴

4.3.9　基准特征——基准平面

基准平面是建立特征的辅助平面，可以作为草图平面，在曲面上生成只能放置在平面上的特征的辅助平面等。

单击"特征"工具条中的"基准平面"按钮 ，或选择【菜单】|【插入】|【基准/点】|【基准平面】，弹出"基准平面"对话框，如图4-24所示。在"类型"区域提供了15种创建基准平面的方法，现分别介绍如下。

图 4-24　"基准平面"对话框

1. 自动判断

根据所选对象的属性自动判断，并用以下所述方法中的某一种方法创建基准平面。

2. 按某一距离

创建与指定平面平行且有一定距离的基准平面，操作步骤如下。
（1）在"基准平面"对话框中选择"按某一距离"类型。
（2）在图形区域中选择一平面。

（3）在对话框中的"偏置"区域的文本框中输入距离，距离可正可负。
（4）在对话框中的"平面方位"区域单击激活"反向"选项调整基准平面的法向。
（5）单击"确定"按钮或"应用"按钮完成操作，如图 4-25 所示。

3．成一角度

指定一平面及平行于该面的一条边线，创建过边线与指定平面成一角度的基准平面，操作步骤如下。
（1）在"基准平面"对话框中选择"成一角度"类型。
（2）在图形区域中选择一平面。
（3）在图形区域中选择位于已选平面内的一条边线。
（4）在对话框中的"角度"区域输入角度。
（5）在对话框中的"平面方位"区域单击激活"反向"选项调整基准平面的法向。
（6）单击"确定"按钮或"应用"按钮完成操作，如图 4-26 所示。

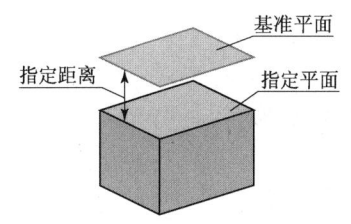
图 4-25　按某一距离创建基准平面

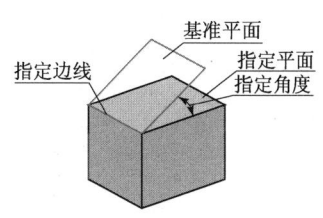
图 4-26　成一角度创建基准平面

4．二等分

指定两个平面创建基准平面，若两个平面平行，则创建与两个指定平面平行且等距的基准平面，如图 4-27①所示；若两个平面相交，则创建两个指定平面的角平分面，如图 4-27②所示。

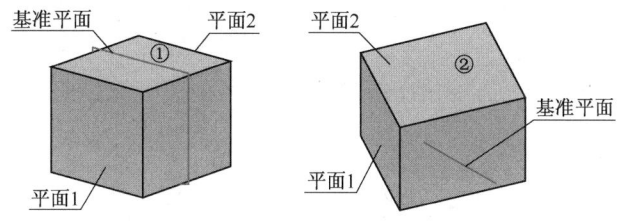
图 4-27　二等分创建基准平面

5．曲线和点

指定曲线或点创建基准平面，创建时有曲线和点、一点、两点、三点、点和曲线/轴、点和平面/面 6 种子类型。
（1）曲线和点　根据所选对象的属性自动判断，由以下点、曲线方式中某种方式创建基准平面。
（2）一点　过指定点创建平行于坐标平面的基准平面，如果指定点为曲线或实体边缘上的点，如端点、中点等，则创建过该点且垂直于曲线或边缘的切线方向的基准平面，如图 4-28①所示。
（3）两点　指定两个点，则以两个点确定的方向为基准平面的法向矢量创建基准平面，如

图 4-28②所示。

（4）三点　以指定三点确定的平面创建基准平面，如图 4-28③所示。

（5）点和曲线/轴　若指定的是点和平面曲线，则创建过点垂直于曲线所在平面的基准平面；若指定的是点和直线，则以由点和直线确定的平面为基准平面，如图 4-28④所示。

（6）点和平面/面　过指定点创建与指定平面平行的基准平面，如图 4-28⑤所示。

依据给定条件可能出现多解时，在"平面方位"区域会出现"备选解"按钮，单击则在可能的解之间循环切换，从中可选择某个解。

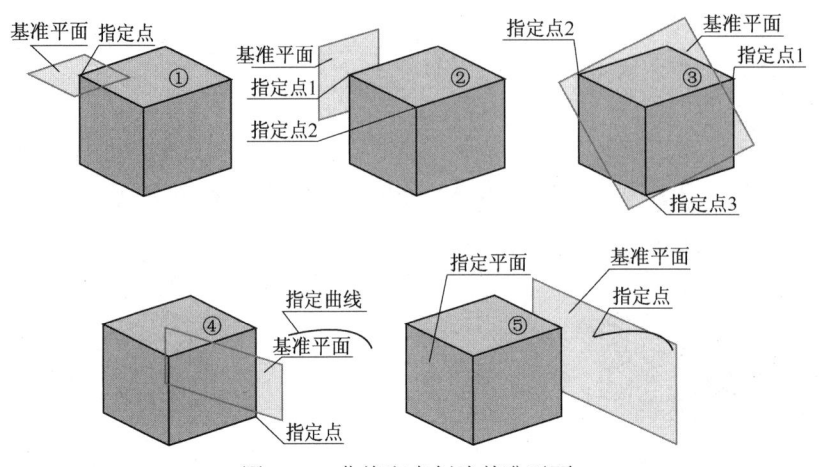

图 4-28　曲线和点创建基准平面

6．两直线

指定两直线创建基准平面。若指定两直线为同一平面上的直线，则创建与两直线共面的基准平面；若指定两直线异面，则创建过一直线与另一直线平行的基准平面。

7．相切

指定一圆柱面或圆锥面生成与之相切的基准平面。创建时有相切、一个面、通过点、通过线条、两个面、与平面成一角度 6 种子类型。

8．通过对象

指定一对象创建基准平面。若对象为一平面曲线，则以曲线所在平面为基准平面；若对象为一平面，则将该平面作为基准平面；若对象为一旋转面，则过其轴线生成基准平面。

9．点和方向

以指定点作为基准平面的通过点、指定方向作为法向创建基准平面。

10．曲线上

指定曲线生成与曲线相关的基准平面。

11．YC-ZC 平面

生成与 YC-ZC 坐标面重合或平行的基准平面。

12．XC-ZC 平面

生成与 XC-ZC 坐标面重合或平行的基准平面。

13．XC-YC 平面

生成与 XC-YC 坐标面重合或平行的基准平面。

14．视图平面

创建当前视图平面为基准平面。

15．按系数

通过指定平面方程 $aX + bY + cZ = d$ 中的 a、b、c、d 四个系数创建基准平面。

4.3.10 扫描特征——拉伸

"拉伸"命令将曲线在指定的方向上拉伸，形成实体或片体。

单击"特征"工具条中的"拉伸"按钮 ，或选择【菜单】|【插入】|【设计特征】|【拉伸】，弹出"拉伸"对话框，如图 4-29 所示。建立拉伸体的步骤如下。

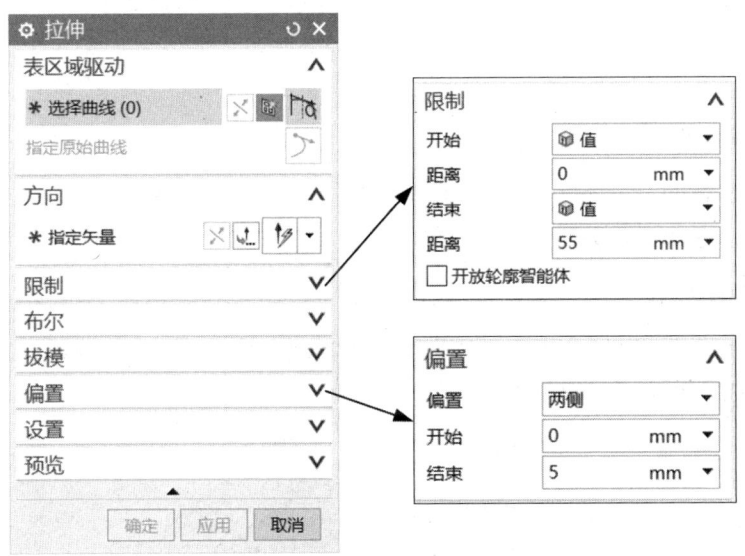

图 4-29 "拉伸"对话框

1．选择截面曲线

选择已有的曲线（包括面的边线或实体边缘），也可以选择一平面进入草图界面绘制草图，作为拉伸对象。若选择的拉伸对象为封闭的曲线，则生成实体或片体，可以由用户进行选择；若拉伸对象为不封闭的曲线，则只能生成片体。

2．选择拉伸方向

默认的拉伸方向为截面曲线所处平面的法向，也可以选择已有的矢量，或使用矢量对话框创建矢量作为拉伸方向。

3. 设置拉伸的起止位置

可以在对话框中的"限制"区域设置数值或在绘图窗口中拖动手柄（圆球为起始位置，箭头为终止位置）至所需位置，如图 4-30 所示。

4. 选择布尔操作方式

只有在已经存在实体的情况下，才能选择布尔操作，如果有多个实体存在，则要用户选择目标体。

5. 指定拔模方式

需要时可选择拔模方向并输入角度，在对话框的"拔模"区域输入角度值或用手柄进行控制，如图 4-31 所示。

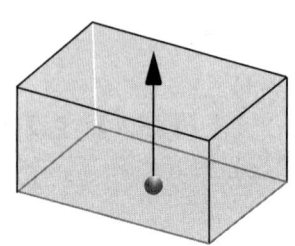
图 4-30　拉伸手柄

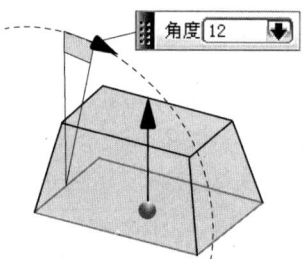
图 4-31　拔模手柄

6. 选择偏置类型

若要进行偏置拉伸，可选择偏置类型：单侧、两侧、对称，并在"偏置"区域中输入偏置量，或在绘图窗口拖动偏置手柄设置偏置量。

7. 选择拉伸体类型

在对话框的"设置"区域选择要拉伸生成的体类型，有片体和实体供选择，图4-32①所示为片体类型，图 4-32②所示为实体类型。

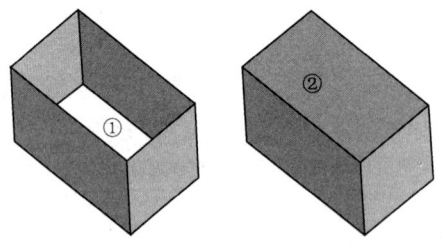
图 4-32　拉伸体类型

【实例 4-4】　将草图拉伸成实体，操作步骤如下。

（1）单击"标准"工具条中的"打开"按钮，选择下载文件夹中的 XM4\CZSL\LT4-4.prt 文件，将文件打开，如图 4-33 所示。

（2）单击"特征"工具条中的"拉伸"按钮，弹出"拉伸"对话框。

（3）单击草图曲线作为截面曲线，拉伸方向为默认方向。

（4）在对话框"限制"区域设定拉伸"开始"距离为 0，"结束"距离为 10。

（5）在对话框"拔模"区域设置拔模方式为"从起始限制"，拔模角度为 2°。

（6）在"设置"区域选择体类型为"实体"。
（7）单击"确定"按钮或"应用"按钮，完成拉伸体的创建，效果如图4-34所示。

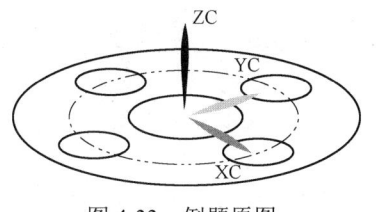

图4-33 例题原图

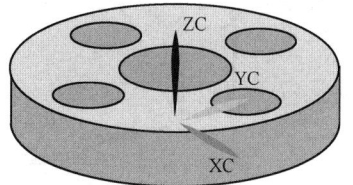

图4-34 创建效果

4.3.11 扫描特征——旋转

"旋转"命令将截面曲线绕指定轴线旋转一定角度，形成旋转体。

单击"特征"工具条中的"旋转"按钮，或选择菜单【插入】|【设计特征】|【旋转】，弹出"旋转"对话框，如图4-35所示。建立旋转体的操作步骤如下。

（1）选择已有的曲线（包括草图、曲线、面的边线或实体边缘），也可以选择一平面进入草图界面绘制草图，作为旋转对象。若选择的旋转对象为封闭曲线，则生成实体或封闭的片体，可以由用户进行选择；若旋转对象为不封闭的曲线，且旋转角为360°，则生成的对象可能是实体，也可能是片体；若旋转对象为不封闭的曲线，且旋转角小于360°，则生成的对象只能是片体。

（2）指定旋转轴的方向。

（3）指定旋转轴通过的一个点，如图4-36所示。

图4-35 "旋转"对话框

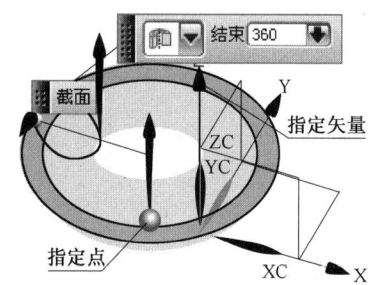

图4-36 旋转轴及通过点

（4）设置旋转的起止角度，可以在对话框中的"限制"区域进行输入，或在绘图窗口中拖动手柄至所需位置，如图4-37所示。

（5）选择布尔操作方式及操作目标体。系统默认新生成的旋转体为工具体，要选择目标体。

（6）若要进行偏置，可在"偏置"区域选择偏置类型并输入偏置量，或在绘图窗口拖动偏置手柄设置偏置量，如图4-38所示。

（7）设置旋转要生成的体类型：片体或实体。

（8）单击"确定"按钮或"应用"按钮，完成旋转操作。

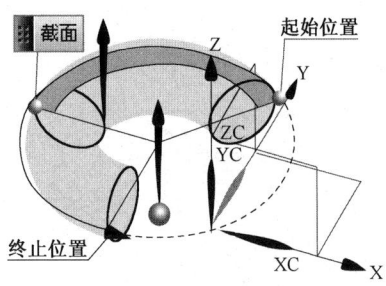
图 4-37 旋转角度限制手柄

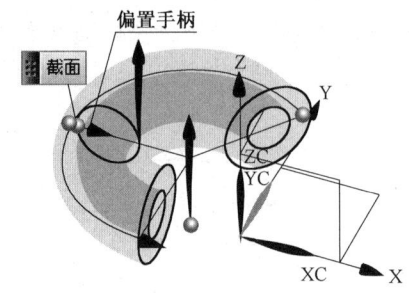
图 4-38 旋转偏置手柄

4.3.12 扫描特征——沿引导线扫掠

"沿引导线扫掠"命令可将截面曲线按指定的引导线扫描形成体,扫描过程中保持截面与扫描引导线切向夹角不变。

单击"特征"工具条中的"沿引导线扫掠"按钮 ，或选择【菜单】|【插入】|【扫掠】|【沿引导线扫掠】,弹出"沿引导线扫掠"对话框,如图 4-39 所示。用沿引导线扫掠方式创建体的步骤如下。

（1）选择已有的截面曲线,如图 4-40①所示。截面曲线可以是草图曲线、空间曲线、片体边线或实体边缘。

（2）选择已有的引导线,如图 4-40②所示。引导线可以是草图曲线、空间曲线、片体边线或实体边缘。

（3）若要进行偏置,可输入偏置量,或在绘图窗口拖动偏置手柄设置偏置量。

（4）设置扫掠要生成的体类型：片体或实体。

（5）单击"确定"按钮或"应用"按钮完成操作,如图 4-40③所示。

图 4-39 "沿引导线扫掠"对话框

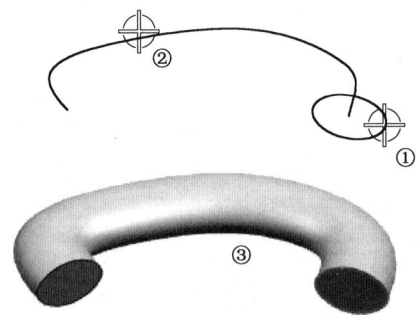
图 4-40 沿引导线扫掠

4.3.13 扫描特征——管

管是指用指定直径的圆作为截面按指定的引导线扫描成体,扫描过程与"沿引导线扫掠"方式类似。

单击"特征"工具条中的"管"按钮 ，或选择菜单【插入】|【扫掠】|【管】,弹出"管"对话框,如图 4-41 所示。用管创建圆截面扫描体的步骤如下。

（1）在"路径"区域选择曲线作为管道生成的路径，如图 4-42①所示。路径曲线可以是已有的草图曲线、空间曲线、片体边线或实体边缘。

（2）在"横截面"区域输入管的外径与内径值。当内径为零时，生成实心棒体。

（3）在"设置"区域设置输出类型：单段或多段。

（4）单击"确定"按钮或"应用"按钮完成操作，如图 4-42②所示。

图 4-41 "管"对话框

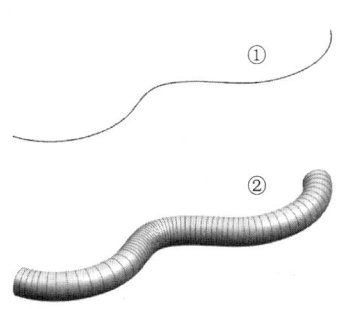

图 4-42 管操作

【实例 4-5】 用已有曲线作为路径曲线，创建扭转弹簧。

（1）单击"标准"工具条中的"打开"按钮，选择下载文件夹中的 XM4\CZSL\LT4-5.prt 文件，将文件打开，如图 4-43 所示。

（2）单击"特征"工具条中的"管"按钮，弹出"管"对话框。

（3）在对话框中的"横截面"区域设置外径为 3mm，内径为 0mm。

（4）在"设置"区域设置输出类型为"单段"。

（5）单击曲线作为路径曲线。

（6）单击"确定"按钮完成操作，如图 4-44 所示。

 创建管时路径曲线必须是光滑连续的曲线。

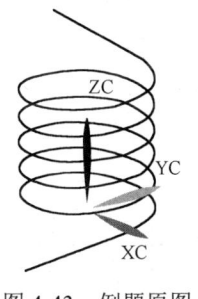

图 4-43 例题原图

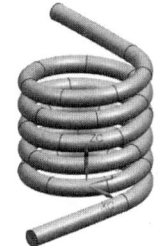

图 4-44 操作结果

4.3.14 编辑成形特征——孔

"孔"命令用于在已存在的实体上创建孔特征。

单击"特征"工具条中的"孔"按钮，或选择【菜单】|【插入】|【设计特征】|【孔】，弹出"孔"对话框，如图 4-45 所示。创建孔特征的一般步骤如下。

图 4-45 "孔"对话框

（1）在"类型"区域选择孔类型。孔类型有常规孔、钻形孔、螺钉间隙孔、螺纹孔、孔系列。

① 常规孔　常规孔的形式有简单孔、沉头孔、埋头孔、锥孔四种。
- 简单孔　其尺寸参数及含义如图 4-46 所示，其中"深度限制"下拉列表框中可选择的方式有：值、直至选定（需选择面作为孔的结束位置）、直至下一个（孔到下一个相交的面为结束位置）、贯通体（孔贯通整个实体）。选择后三种时，无"深度"及"顶锥角"两个尺寸参数。
- 沉头孔　其尺寸参数及含义如图 4-47 所示，其中"深度限制"下拉列表框与简单孔相同。
- 埋头孔　其尺寸参数及含义如图 4-48 所示，其中"深度限制"下拉列表框与简单孔相同。
- 锥孔　其尺寸参数及含义如图 4-49 所示。

② 钻形孔　钻形孔的尺寸参数及含义如图 4-50 所示，可在"大小"下拉列表框中选择孔的直径；在"等尺寸配对"下拉列表框中选择是否由用户自定义孔的某些尺寸，若选择"Exact"，则孔的直径、倒角等参数由系统直接给定，若选择"Custom"，则用户可自定义以上参数；其中"深度限制"下拉列表框与常规孔中的简单孔相同。

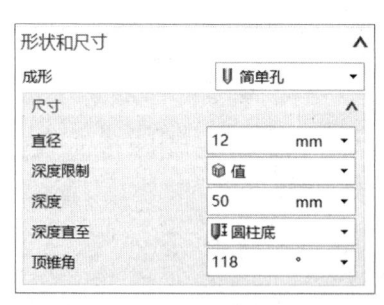 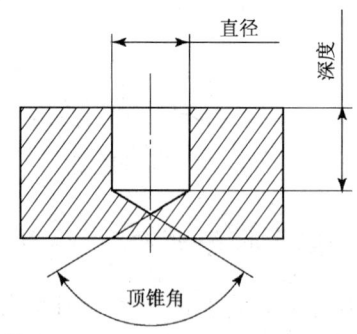

图 4-46　简单孔

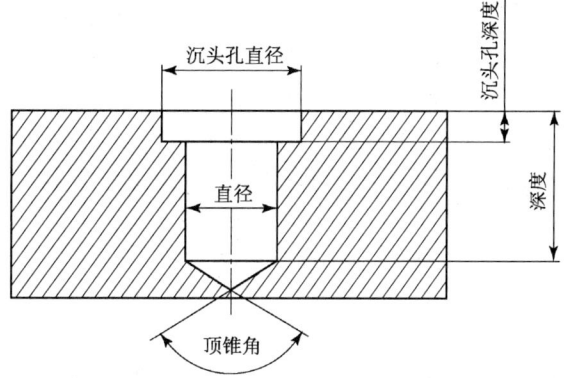

图 4-47 沉头孔

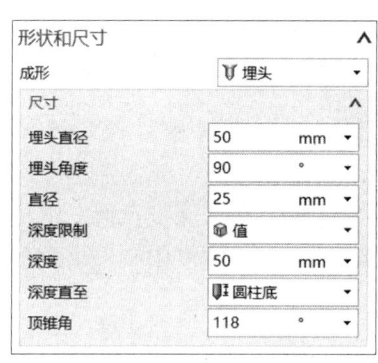 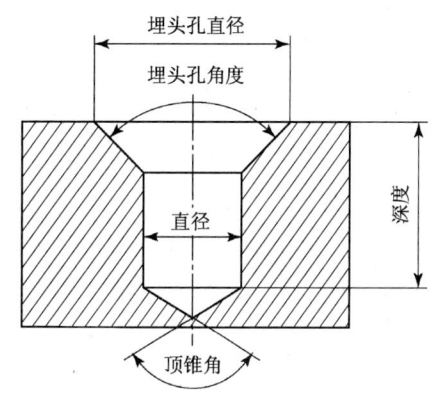

图 4-48 埋头孔

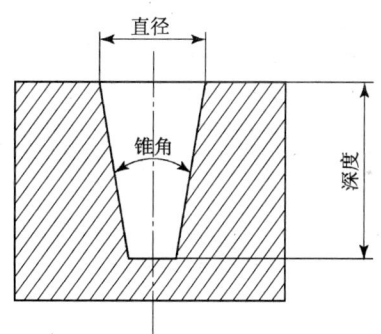

图 4-49 锥形孔

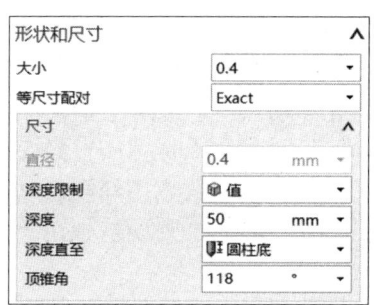 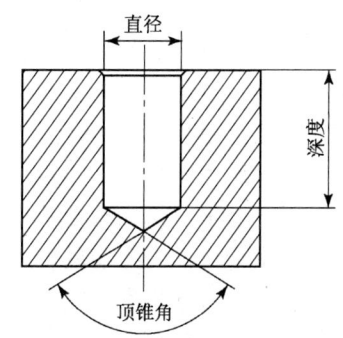

图 4-50 钻形孔

③ 螺钉间隙孔 螺钉间隙孔命令用于创建与螺纹连接件相配合使用的光孔，其成形方式有简单孔、沉头孔和埋头孔三种。螺钉间隙孔的尺寸参数及含义如图 4-51 所示，其中，在"螺钉类型"下拉列表框中可选择螺纹的种类；在"螺丝规格"下拉列表框中可选择螺纹的规格；在"等尺寸配对"下拉列表框中可选择配合的类型，由配合的类型直接获得光孔的直径和倒角尺寸，若选择"Custom"，则用户可自定义以上参数；"深度限制"下拉列表框与常规孔中的简单孔相同。

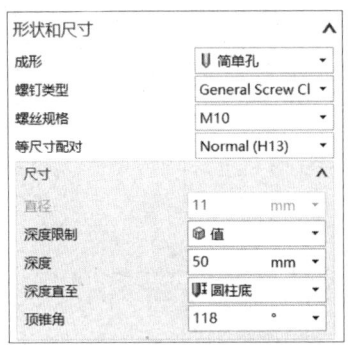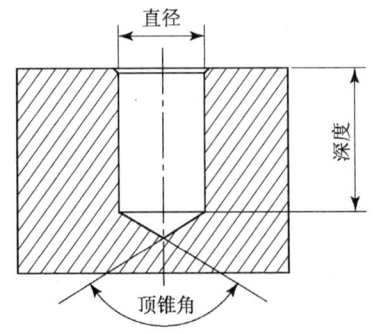

图 4-51 螺钉间隙孔

④ 螺纹孔 螺纹孔尺寸参数及含义如图 4-52 所示，其中，"大小"下拉列表框中可选择螺纹的规格；"径向进刀"的值决定了丝锥直径与螺纹大径的差值；在"深度类型"下拉列表框中可选择螺纹深度的类型；在"旋向"区域可选择螺纹的旋转方向；"深度限制"下拉列表框与常规孔中的简单孔相同。

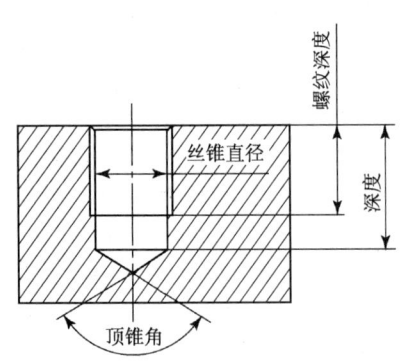

图 4-52 螺纹孔

⑤ 孔系列 孔系列命令可创建两个或三个被连接实体上用于同一组螺纹连接的孔，各孔的参数可在各选项卡上设置，如图 4-53 所示，指定的位置点所在的实体为第一个实体。当被连接件为三个实体时，在第一个实体上生成起始孔，在第二个实体上生成中间孔，在第三个实体上生成端点孔；当被连接件为两个实体时，生成起始孔和端点孔，中间孔参数无效。

（2）在"位置"区域单击激活"指定点"选项后，选择一个或多个已经存在的点作为孔口的中心位置，或指定一个平面作为放置孔的平面，此时，将进入草图绘制状态，并弹出"点"对话框，可以创建一系列点作为孔口的中心位置，单击"确定"按钮后退出"点"对话框，单击"完成草图"按钮，退出草图绘制；

（3）在"方向"区域选择孔方向类型。

① 垂直于面 孔的轴线垂直于放置面。

② 沿矢量　选择一个矢量作为孔的轴线方向。

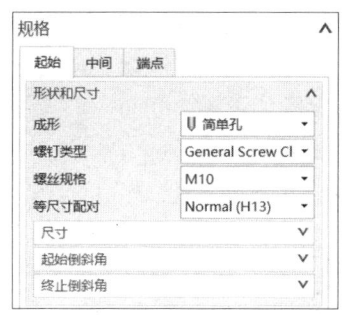 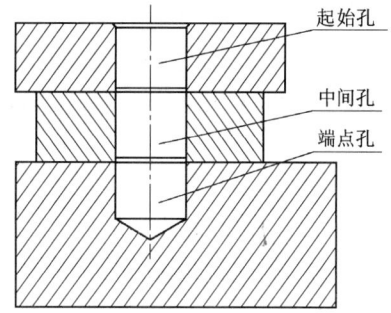

图 4-53　孔系列

（4）在"形状和尺寸"区域设置孔的成形方式、尺寸等。
（5）在"布尔"区域设置布尔运算方式，默认的方式为"减去"。
（6）单击"确定"按钮或"应用"按钮完成操作。

【实例 4-6】　在已有的实体上创建 M12 沉头孔。

（1）单击"标准"工具条中的"打开"按钮，选择下载文件夹中的 XM4\CZSL\LT4-6.prt 文件，将文件打开，如图 4-54 所示。
（2）单击"特征"工具条中的"孔"按钮，弹出"孔"对话框。
（3）在对话框中的"类型"区域选择"常规孔"。
（4）选择孔的放置平面如图 4-55 所示，进入草图绘制环境。

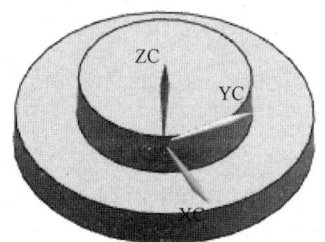 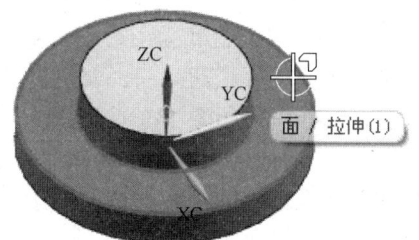

图 4-54　例题原图　　　　　　　　图 4-55　选择孔的放置平面

（5）在弹出的"点"对话框中输入以下坐标：(48, 0, 0)，单击"应用"按钮，创建一个点。
（6）重复以上操作再创建坐标分别为 (-48, 0, 0)、(0, 48, 0)、(0, -48, 0) 的三个点。
（7）单击"确定"按钮退出"点"对话框；单击"完成草图"按钮，退出草图环境。
（8）在"孔"对话框中的"形状和尺寸"区域设置参数，如图 4-56 所示。
（9）在"布尔"区域选择布尔运算方式为"减去"。
（10）单击"确定"按钮完成操作，结果如图 4-57 所示。

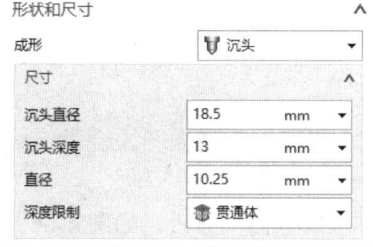 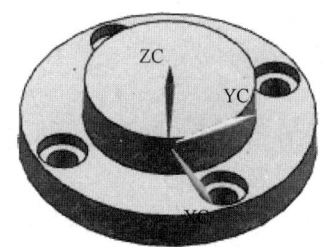

图 4-56　孔参数设置　　　　　　　　图 4-57　操作结果

4.3.15 编辑成形特征——凸台

"凸台"命令用于在某个面上创建圆形凸台。单击"特征"工具条上的"凸台"按钮，弹出"凸台"对话框，如图4-58所示。创建凸台的一般步骤如下。

（1）选择放置平面。
（2）在对话框中设置凸台参数：直径、高度、锥角。
（3）单击"确定"按钮，弹出"定位"对话框，如图4-59所示。

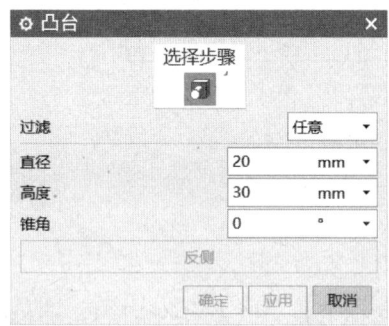

图4-58 "凸台"对话框

图4-59 "定位"对话框

（4）在"定位"对话框中选择定位方式，默认为"垂直"方式，此时选中一条直线，则可以添加凸台底面中心到该直线的垂直距离尺寸；"平行"方式可以添加某个点到凸台底面中心点的距离尺寸；"点落在点上"方式可以将凸台底面中心点放置于某个指定的点上；"点落在线上"方式可将凸台底面中心点放置于某条指定的线上。

（5）单击"应用"按钮可再添加其他定位方式，若已完全定位，则单击"确定"按钮即可退出对话框完成操作，如图4-60所示。

【实例4-7】 在已有的实体上创建圆形凸台。

（1）单击"标准"工具条上的"打开"按钮，选择下载文件夹中的XM4\CZSL\LT4-7.prt文件，将文件打开，如图4-61所示。

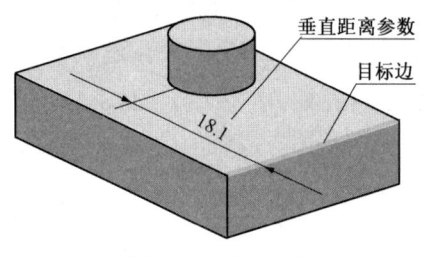

图4-60 凸台效果

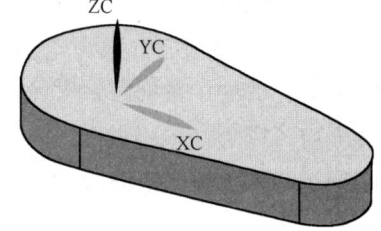

图4-61 例题原图

（2）单击"特征"工具条上的"凸台"按钮，弹出"凸台"对话框。
（3）在"凸台"对话框中设置参数，如图4-62所示；并选择实体上表面为放置面，单击"确定"按钮。
（4）在弹出的"定位"对话框中选择"点落在点上"方式；选择如图4-63所示的一条圆弧边作为目标对象。
（5）在弹出的"设置圆弧的位置"对话框中单击"圆弧中心"按钮，如图4-64所示，操作结果如图4-65所示。

项目 4 实体建模

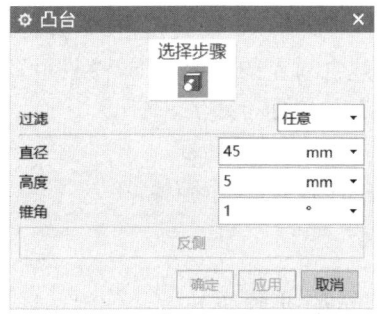

图 4-62 "凸台"参数设置

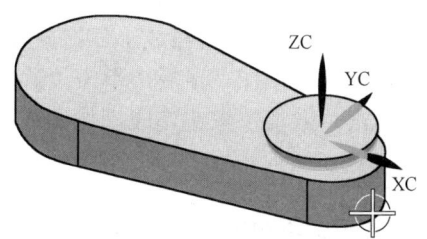

图 4-63 选择目标对象

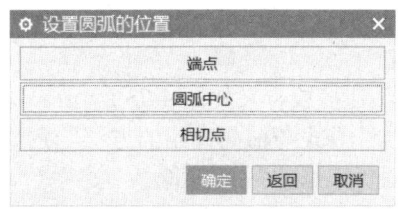

图 4-64 "设置圆弧的位置"对话框

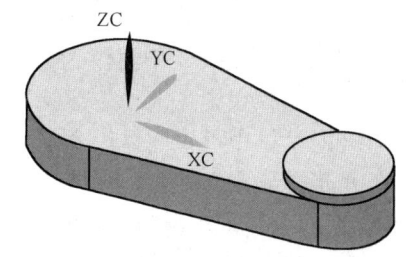

图 4-65 创建凸台

4.3.16 编辑成形特征——腔

"腔"命令用于在某实体上创建空腔。单击"特征"工具条上的"腔"按钮，弹出"腔"对话框，如图 4-66 所示。腔体的创建有以下三种方式。

1. 圆柱腔

"圆柱腔"命令用于在平面表面上创建圆柱形腔体，创建步骤如下。

（1）在"腔"对话框中单击"圆柱形"按钮，弹出"圆柱腔"对话框，如图 4-67 所示。

（2）选择放置腔体的实体表面或基准平面，弹出如图 4-68 所示对话框。

（3）在对话框中设置腔体尺寸，尺寸参数的含义如图 4-69 所示。

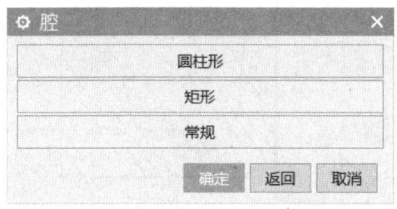

图 4-66 "腔"对话框

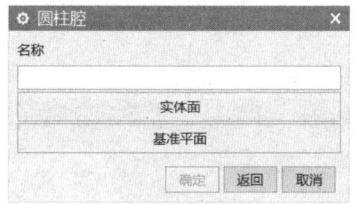

图 4-67 "圆柱腔"对话框

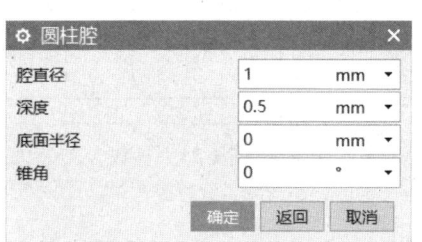

图 4-68 "圆柱腔"参数设置

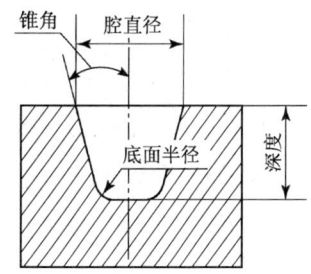

图 4-69 尺寸参数的含义

（4）单击"确定"按钮，弹出"定位"对话框，如图4-70所示。各定位方式与前面介绍的方法一致，多出的"按一定距离平行"方式⊥用于指定两线性对象的平行距离，"斜角"方式△用于指定角度尺寸，"线落在线上"方式⊥将两线性对象在放置面上对齐。

（5）定位尺寸添加完毕后，单击"确定"按钮回到"圆柱腔"对话框。

（6）单击"取消"按钮完成操作，或单击"返回"按钮创建另一个腔体。

2．矩形腔

"矩形腔"命令用于在平面表面上创建长方体形腔体，创建步骤如下。

（1）在"腔"对话框中单击"矩形"按钮，弹出"矩形腔"对话框。

（2）选择平的腔体放置面，弹出"水平参考"对话框，如图4-71所示。

（3）选择一直线或一平面作为矩形腔体的水平参考方向，或单击"竖直参考"按钮选择竖直参考方向，选择完毕弹出"矩形腔"参数设置。

（4）在对话框中设置腔体尺寸参数，如图4-72所示，各参数含义如图4-73所示。

（5）单击"确定"按钮，弹出"定位"对话框。各定位方式与前面介绍的方法一致。

（6）定位尺寸添加完毕后，单击"确定"按钮，回到"矩形腔"对话框。

（7）单击"取消"按钮完成操作，或单击"返回"按钮创建另一个腔体。

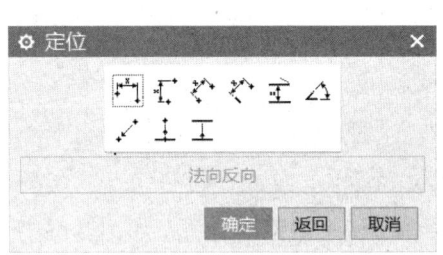

图4-70 "定位"对话框

图4-71 "水平参考"对话框

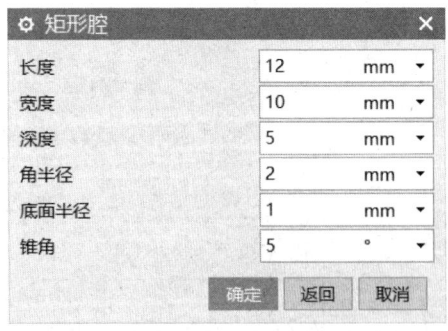

图4-72 "矩形腔"参数设置

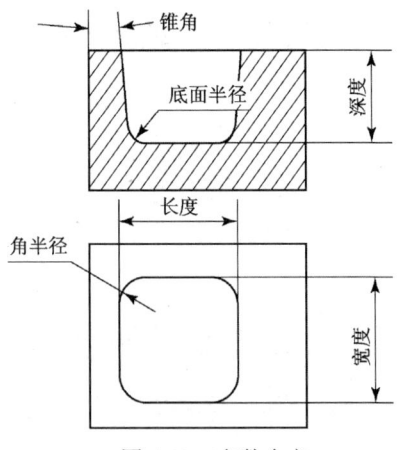

图4-73 参数含义

3．常规腔

"常规腔"命令用于按指定轮廓形状，在平面或曲面表面上创建腔体。创建步骤如下。

(1)在"腔"对话框中单击"常规"按钮,弹出"常规腔"对话框,如图 4-74 所示。在对话框中设置腔体的圆角半径:放置面半径、底面半径、角半径。

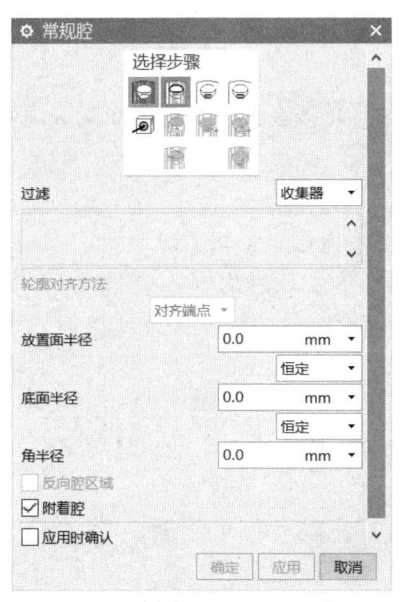
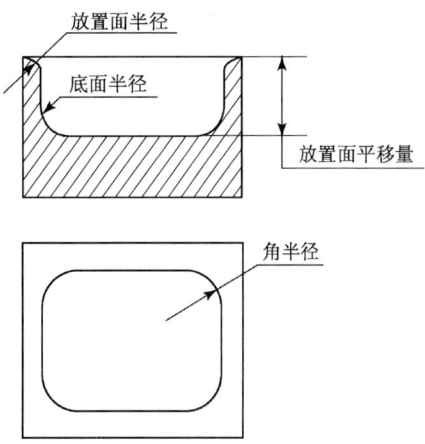

图 4-74 "常规腔"对话框及参数含义

(2)单击"放置面"按钮,选择腔体放置面,可以是平面或曲面,单击中键确定或单击"放置面轮廓"按钮进入下一步。

(3)选择一封闭曲线作为腔体的截面轮廓,该曲线可以在放置面上,也可以不在放置面上,但可以向放置面投影的轮廓,单击中键确定或单击"底面"按钮进入下一步。

(4)在对话框中部出现如图 4-75 所示区域,可以设置底面位置:从放置面偏移或重新选择底面位置。设置完毕后,单击中键确定或单击"底面轮廓曲线"按钮进入下一步。

(5)在对话框中部出现如图 4-76 所示区域,设置腔体的锥角,单击中键确定或单击"目标体"按钮进入下一步。

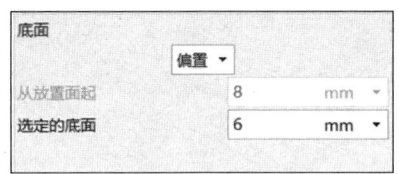

图 4-75 底面区域　　　　　　　　　图 4-76 锥角区域

(6)选择腔体要附着的实体,单击中键确定或单击"放置面轮廓线投影矢量"按钮进入下一步。

(7)选择一矢量为轮廓投影方向,单击中键确定或单击"底面平移矢量"按钮进入下一步。

(8)选择一矢量为由指定面生成底面时的平移方向,单击两次"确定"按钮完成腔体的创建。

 常规腔体在创建时,若需指定放置面轮廓及底面轮廓,且轮廓的方向一致,则在"常规腔"对话框中的"轮廓对齐方法"下拉列表中可以选择轮廓对齐方式。若两轮廓形状相似，如两轮廓均为多边形且边数一致，则用默认选项"端点对齐"方式即可完成操作；若对齐方式中的"指定点"方式在对话框上部的"放置面上的对齐点"按钮及"底面对齐点"按钮可用，则分别单击按钮指定对齐点也可完成操作；此外，轮廓若不相似，则需要使用另外两种方式：参数法、弧长。

 "常规腔"对话框中，"附着腔"选项决定腔体是否在创建时做布尔减去运算。

4.3.17 编辑成形特征——垫块

"垫块"命令用于在一个已存在的实体表面上建立矩形或指定形状的垫块。

单击"特征"工具条上的"垫块"按钮，弹出"垫块"对话框，如图4-77所示。有两种创建垫块的方式：矩形和常规。垫块的创建步骤和各项含义与腔体方式类似，不再详细说明。

【实例4-8】 在已有的实体上创建常规垫块。

（1）单击"标准"工具条上的"打开"按钮，选择下载文件夹中的 XM4\CZSL\LT4-8.prt 文件，将文件打开，如图4-78所示。

（2）单击"特征"工具条中的"垫块"按钮，弹出"垫块"对话框。

图4-77 "垫块"对话框

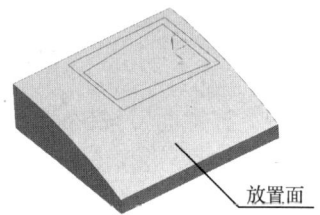

图4-78 例题原图

（3）单击"常规"按钮，选择实体上表面为垫块的放置面，如图4-79所示，单击鼠标中键确认。

（4）选择如图4-80所示的曲线为放置面轮廓线，单击鼠标中键确认。

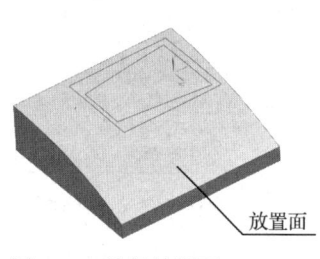

图4-79 选择放置面

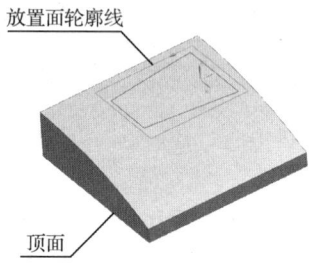

图4-80 放置面轮廓线和顶面

（5）选择实体的底平面作为顶面，如图4-80所示，单击鼠标中键确认。

（6）在对话框中设置垫块参数，如图4-81所示，单击鼠标中键确认。

（7）选择顶部轮廓曲线，如图4-82①所示，单击鼠标中键确认，完成操作，结果如图4-82②所示。

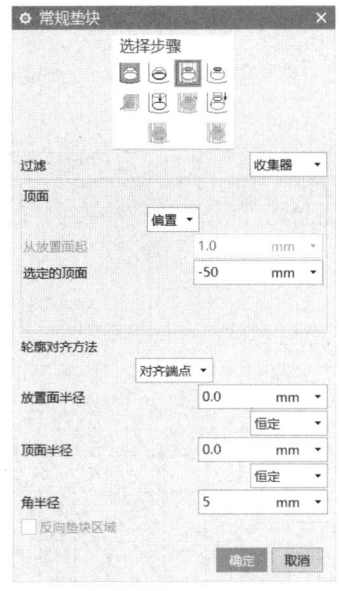

图 4-81　垫块参数设置

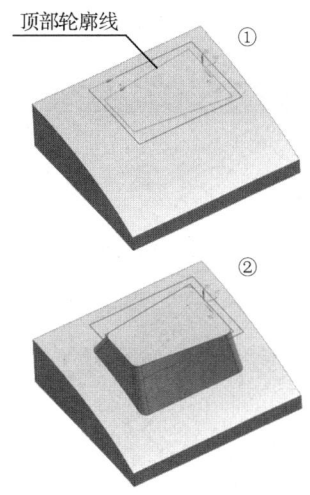

图 4-82　垫块操作

4.3.18　编辑成形特征——键槽

"键槽"命令用于在实体上建立各种键槽。

单击"特征"工具条中的"键槽"按钮，弹出"槽"对话框，如图 4-83 所示。可以创建五种类型的键槽，分别是矩形槽、球形端槽、U 形槽、T 形槽和燕尾槽。

现以创建矩形槽为例，介绍键槽创建的一般步骤。

（1）在"槽"对话框中指定键槽类型为"矩形槽"，弹出"矩形槽"对话框，如图 4-84 所示。

（2）指定实体面或基准平面作为矩形槽的放置面，弹出"水平参考"对话框。

（3）指定一方向为键槽水平参考方向，弹出"矩形槽"参数对话框，如图 4-85 所示。

（4）设置键槽的参数，各参数含义如图 4-86 所示，单击"确定"按钮，弹出"定位"对话框，使用合适的定位方式对键槽进行定位。

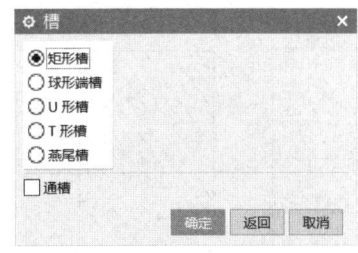

图 4-83　"槽"对话框

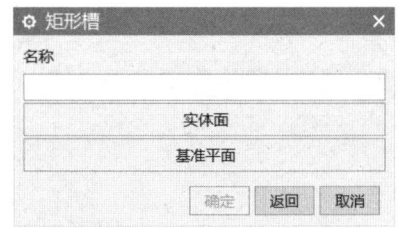

图 4-84　"矩形槽"对话框

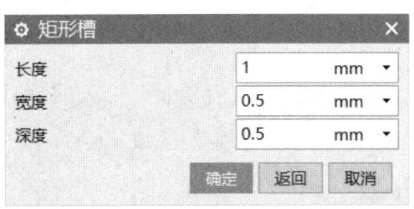

图 4-85　"矩形槽"参数对话框

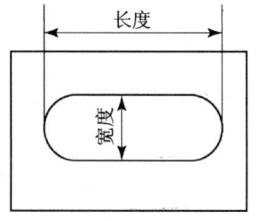 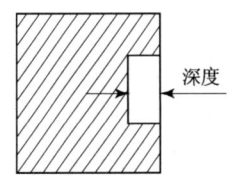

图 4-86　键槽的参数含义

(5) 单击"确定"按钮，完成操作。

球形端槽、U 形槽、T 形槽和燕尾槽操作与矩形槽类似，参数对话框及各参数含义分别如图 4-87～图 4-90 所示。

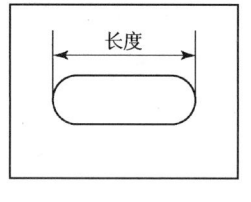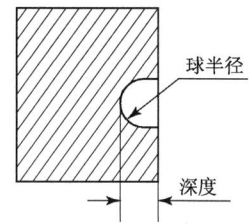

图 4-87 "球形端槽"参数对话框及其参数含义

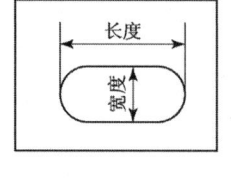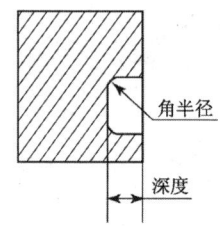

图 4-88 "U 形槽"参数对话框及其参数含义

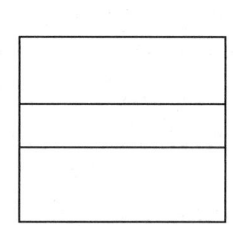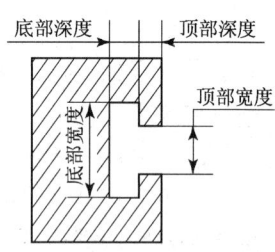

图 4-89 "T 形槽"参数对话框及其参数含义

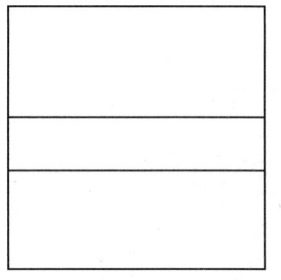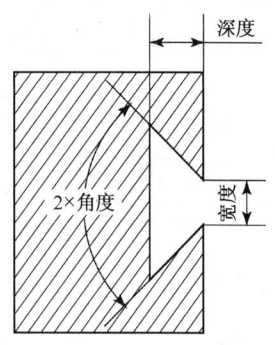

图 4-90 "燕尾槽"参数对话框及其参数含义

若要创建通槽，操作步骤与以上操作相似，只是在"槽"对话框中需选择"通槽"选项，再指定键槽类型，并且指定起始通过面和终止通过面，参数中将无"长度"参数。

【实例 4-9】 在已有的实体上创建普通 A 型平键键槽。

(1) 单击"标准"工具条中的"打开"按钮，选择下载文件夹中的 XM4\CZSL\LT4-9.prt，将文件打开，实体形状如图 4-91 所示。

（2）单击"特征"工具条上的"基准平面"按钮。

（3）在"基准平面"对话框的"类型"区域选择"YC-ZC 平面"，设置偏移距离为 10，如图 4-92 所示，单击"确定"按钮，创建基准平面 1。

（4）单击"特征"工具条中的"键槽"按钮，弹出"槽"对话框。

（5）在对话框中选择"矩形槽"，取消勾选"通槽"复选框，单击"确定"按钮，弹出"矩形槽"对话框。

（6）选择基准平面 1 作为键槽放置面，在弹出的对话框中单击"翻转默认侧"按钮，单击"确定"按钮，弹出"水平参考"对话框。

（7）选择 Y 轴为水平参考，弹出"矩形槽"参数对话框，输入参数，如图 4-93 所示，单击"确定"按钮。

（8）在弹出的"定位"对话框中选择"水平"按钮。

（9）选择轴的边线的圆弧中心为目标对象，选择键槽的边线为刀具边，以相切点为对象，如图 4-94 所示。

（10）在弹出的"创建表达式"对话框中输入距离 15，单击"确定"按钮。

（11）回到"定位"对话框，单击"确定"按钮完成操作，结果如图 4-95 所示。

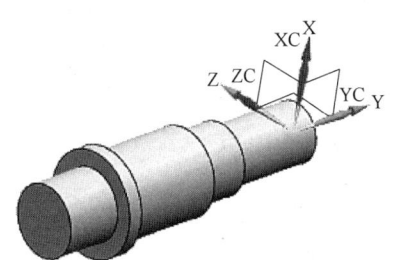
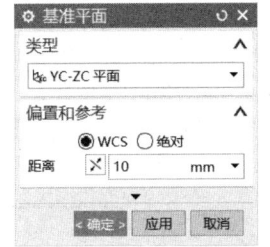
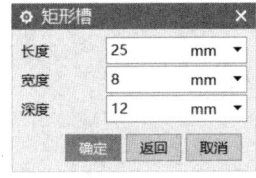

图 4-91　例题实体形状　　　图 4-92　"基准平面"对话框　　　图 4-93　"矩形槽"参数对话框

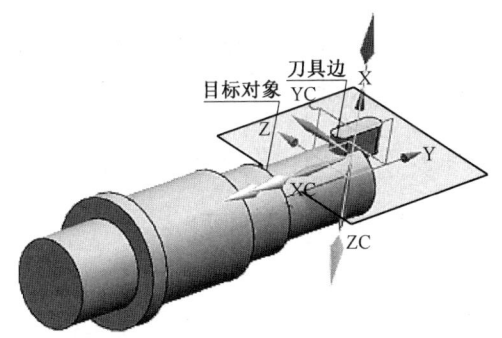
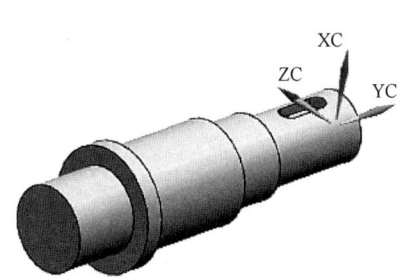

图 4-94　定位边选择　　　　　　　　　　图 4-95　操作结果

4.3.19　编辑成形特征——槽

"槽"命令用于在实体的回转面上创建环形槽。

单击"特征"工具条上的"槽"按钮，弹出"槽"对话框，如图 4-96 所示。可以创建矩形（槽）、球形端槽和 U 形槽。下面以矩形槽的创建为例，介绍槽的一般操作步骤。

（1）在"槽"对话框中，单击"矩形"按钮，弹出如图 4-97 所示的"矩形槽"对话框。

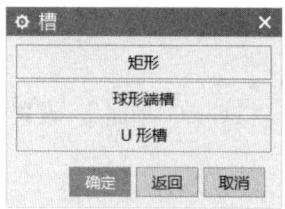
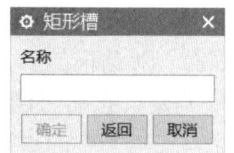

图 4-96 "槽"对话框　　　　　　图 4-97 "矩形槽"对话框

（2）单击放置槽的回转面，弹出"矩形槽"参数对话框；设置槽的参数，其含义如图 4-98 所示，单击"确定"按钮后弹出"定位槽"对话框，如图 4-99 所示。

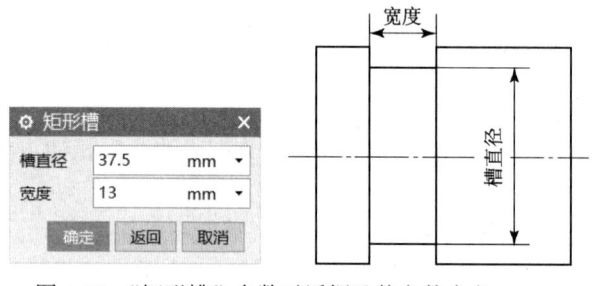
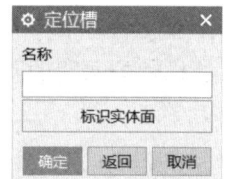

图 4-98 "矩形槽"参数对话框及其参数含义　　　　图 4-99 "定位槽"对话框

（3）分别单击目标边与工具边作为定位尺寸的起止位置，弹出"创建表达式"对话框。
（4）设置尺寸值，单击"确定"按钮完成操作。
球形端槽、U 形槽的创建步骤同上，参数含义如图 4-100、图 4-101 所示。

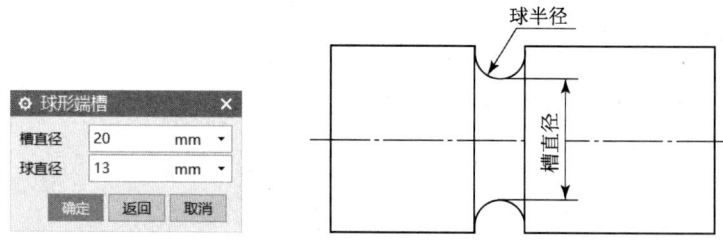

图 4-100 "球形端槽"参数对话框及其参数含义

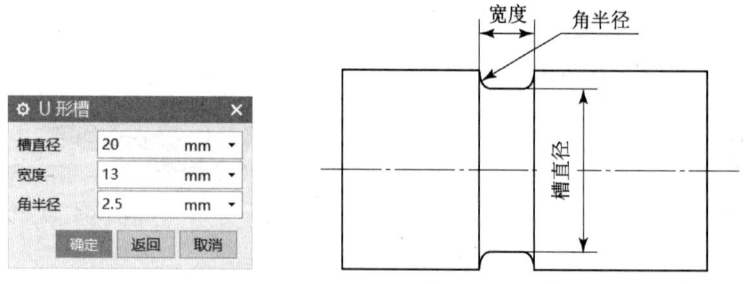

图 4-101 "U 形槽"参数对话框及其参数含义

4.3.20　特征操作——拔模

"拔模"命令用于根据指定方向对实体表面或边进行拔模。

单击"特征"工具条上的"拔模"按钮，弹出"拔模"对话框，或选择【菜单】|【插入】|【细节特征】|【拔模】，如图 4-102 所示。该命令可以创建的拔模类型有面、边、与面相切、分型边。

图 4-102 "拔模"对话框

1．面

面拔模是系统默认的类型，操作步骤如下。

（1）在"拔模"对话框中的"类型"区域选择"面"选项。

（2）选择脱模方向。

（3）选择固定面。

（4）选择要拔模的面。

（5）在对话框中输入拔模角度。

（6）单击"确定"按钮或"应用"按钮完成操作，效果如图 4-103 所示。

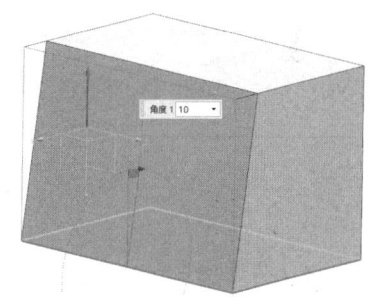

图 4-103　面拔模效果

2．边

边拔模操作步骤如下。

（1）在"拔模"对话框中的"类型"区域选择"边"选项，对话框如图 4-104 所示。

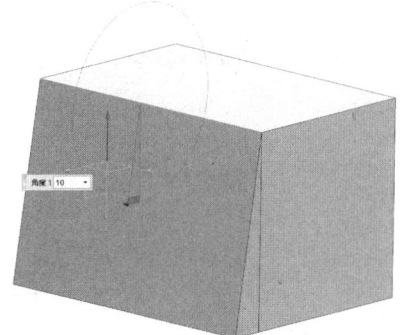

图 4-104　边拔模

（2）选择脱模方向。

（3）选择固定边。

（4）输入拔模角度。

(5)单击"确定"按钮或"应用"按钮,完成操作。

3. 与面相切

与面相切方式拔模可以对在拔模方向上相切的面进行拔模而保持相切关系,操作步骤如下。
(1)在"拔模"对话框中的"类型"区域选择"与面相切"选项,对话框如图4-105所示。
(2)选择脱模方向。
(3)选择相切面。
(4)输入拔模角度。
(5)单击"确定"按钮或"应用"按钮,完成操作。

 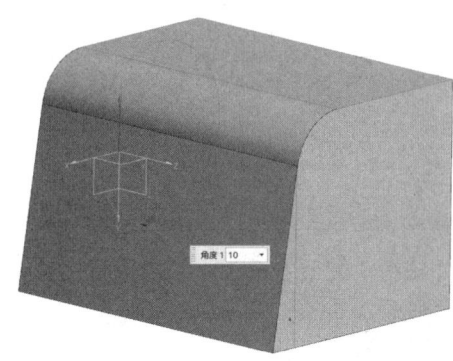

图4-105　与面相切拔模

4. 分型边

分型边拔模是以已存在的分型线为界将面的一部分进行拔模,操作步骤如下。
(1)在"拔模"对话框中的"类型"区域选择"分型边"选项,对话框如图4-106所示。
(2)选择脱模方向。
(3)选择固定面。
(4)选择分型边。
(5)输入拔模角度。
(6)单击"确定"按钮或"应用"按钮,完成操作。

 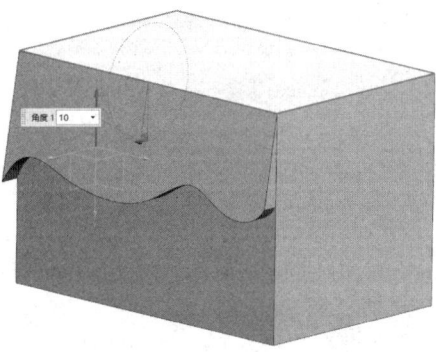

图4-106　分型边拔模

4.3.21 特征操作——边倒圆

"边倒圆"命令用于在边线上创建圆角。

单击"特征"工具条上的"边倒圆"按钮，或选择【菜单】|【插入】|【细节特征】|【边倒圆】，弹出"边倒圆"对话框，如图 4-107 所示。"边倒圆"命令可以创建指定半径的圆角或变半径的圆角。

1．固定半径圆角

系统默认的边倒圆方式为固定半径的圆角，操作时只需选择实体边线，设置半径即可。

2．变半径圆角

操作步骤如下。

（1）在"边"区域指定需要倒圆角的边，单击激活对话框中"变半径"区域的"指定半径点"选项，并单击已指定的边线上的某点，则对话框中出现可变半径圆角的参数区域，如图 4-108 所示。

（2）在参数区域输入相应参数，含义如图 4-109 所示。

重复（1）、（2）两步操作，指定另一个点和半径参数，若仍需要增加变半径点，则再次重复操作，可变半径点至少要有两个。

（3）单击"确定"按钮或"应用"按钮，完成操作。

图 4-107 "边倒圆"对话框

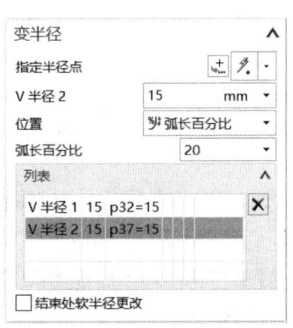
图 4-108 变半径圆角参数

3．拐角倒角

该方式将在有三边交汇的位置上创建回切面，操作步骤如下。

（1）选择交会的三条实体边，并输入半径值。

（2）单击激活"拐角倒角"区域的"选择端点"选项，如图 4-110 所示，单击角点。

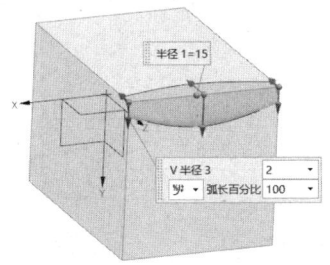
图 4-109 变半径圆角参数含义

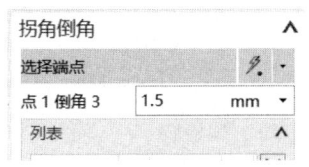
图 4-110 "拐角倒角"区域

(3)单击"确定"按钮或"应用"按钮完成操作,效果如图4-111①所示。

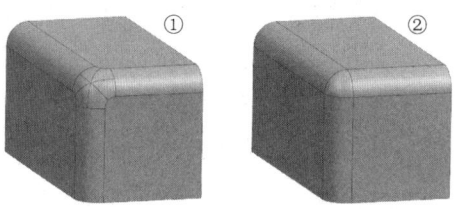

图4-111 拐角倒角与未拐角倒角效果比较

4. 拐角突然停止

该方式用于对边线的局部创建圆角,操作步骤如下。
(1)选择边线。
(2)单击激活"拐角突然停止"区域的"选择端点"选项,选择已指定边线的终点。
(3)在出现的参数区域设置停止位置参数,其含义如图4-112所示。
(4)单击"确定"按钮或"应用"按钮,完成操作。

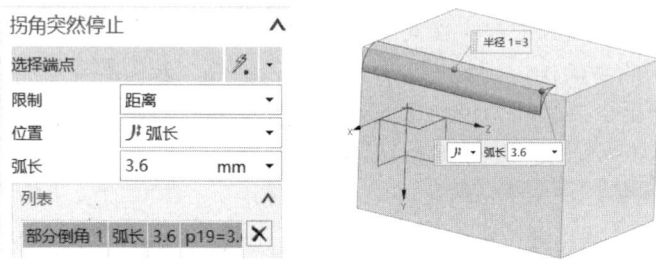

图4-112 拐角突然停止操作

4.3.22 特征操作——倒斜角

"倒斜角"命令可在实体边缘上创建倒角。

单击"特征"工具条中的"倒斜角"按钮,或选择【菜单】|【插入】|【细节特征】|【倒斜角】,弹出"倒斜角"对话框,如图4-113所示。操作步骤如下。
(1)单击实体边缘。
(2)设置偏置参数。"偏置"区域的"横截面"下拉列表框中有三个选项,分别是"对称""非对称"和"偏置和角度",各选项含义如图4-114所示。
(3)单击"确定"按钮或"应用"按钮,完成操作。

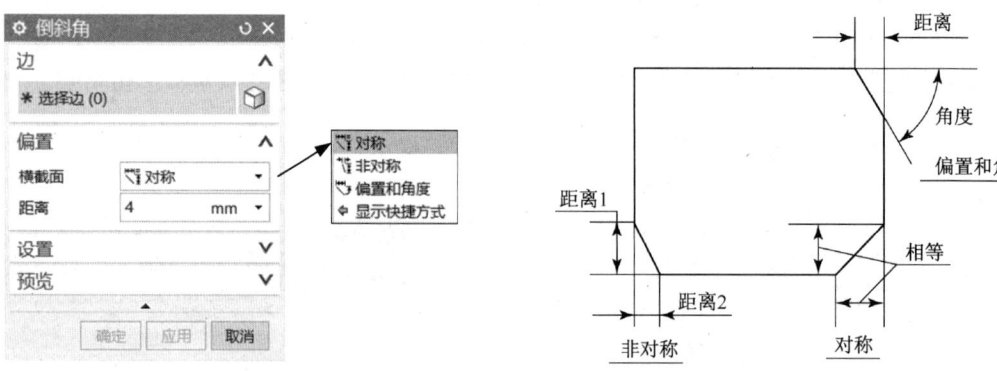

图4-113 "倒斜角"对话框   图4-114 倒斜角参数含义

4.3.23 特征操作——抽壳

"抽壳"命令用于按指定厚度将实体内部挖空,使之成为一个空心的薄壁实体。

单击"特征"工具条上的"抽壳"按钮,或选择【菜单】|【插入】|【偏置/缩放】|【抽壳】,弹出"抽壳"对话框,如图4-115所示。抽壳类型分为"移除面,然后抽壳"和"对所有面抽壳"两种。

1. 移除面,然后抽壳

(1) 在"类型"区域选择"移除面,然后抽壳"选项。
(2) 选择要移除的面。
(3) 在"厚度"区域设置壁的厚度;若需要在某个或某些面设置不同的厚度,则在"备选厚度"区域设置新的厚度,并选择相应面。
(4) 单击"确定"按钮或"应用"按钮,操作结果如图4-116所示。

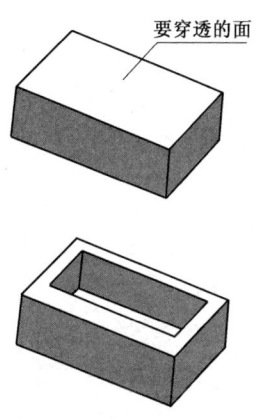

图4-115 "抽壳"对话框　　　　图4-116 抽壳效果

2. 对所有面抽壳

操作步骤与上一种抽壳方式相似,仅在(2)中选择要抽壳的体,其余各项相同。

 若抽壳厚度大于立体上两面距离的1/2,则将不会在两面间生成空腔,而是保持原状。

4.3.24 特征操作——螺纹刀

"螺纹刀"命令用于在实体的回转面上创建螺纹。

单击"特征"工具条中的"螺纹刀"按钮,或选择【菜单】|【插入】|【设计特征】|【螺纹】,弹出"螺纹切削"对话框,可以创建符号螺纹和详细螺纹。

1. 符号螺纹

符号螺纹方法仅创建一个螺纹符号,以虚线表示,在"制图"模块中,生成螺纹时,螺纹投影按相应的制图标准绘制。创建的一般步骤如下。

(1) 选择"螺纹类型"为"符号",对话框如图4-117所示。

（2）选择创建螺纹的圆柱面，在所选圆柱面的一端显示螺纹起始面位置和螺纹切削方向的箭头。如与实际需要的螺纹起始面位置和螺纹切削方向不符，可单击对话框上"选择起始"按钮，弹出"螺纹切削"对话框，如图4-118①所示。

（3）选择螺纹起始面，弹出螺纹轴设置对话框，如图4-118②所示。

（4）在对话框中设置螺纹的方向，单击"确定"按钮，返回"螺纹切削"对话框对参数进行设置。

（5）单击"确定"按钮或"应用"按钮，完成操作。

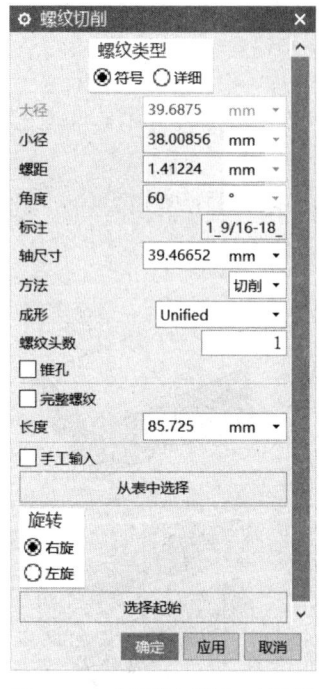

图4-117 "螺纹切削"对话框

图4-118 螺纹设置

2．详细螺纹

详细螺纹方法以螺纹的真实形状创建螺纹，在"制图"模块中，螺纹投影也将按真实轮廓的投影绘出，参数设置及操作结果如图4-119所示。详细螺纹的创建方法与符号螺纹基本相同，此处不再赘述。

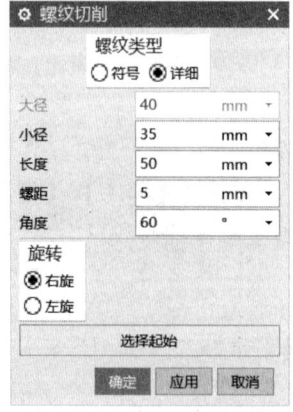 

图4-119 参数设置及操作结果

4.3.25 特征操作——缝合

"缝合"命令用于将多个体缝合成一个体。缝合的对象可以是实体,也可以是片体。

单击"特征"工具条上的"缝合"按钮 ,或选择【菜单】|【插入】|【组合】|【缝合】,弹出如图 4-120 所示的"缝合"对话框,可以对有公共边的片体或有公共面的实体进行缝合。操作步骤如下。

(1) 选择目标面(缝合实体时选择实体上的面,缝合片体时选择片体),单击鼠标中键确认。
(2) 选择工具面(实体表面或片体),单击鼠标中键确认。
(3) 单击"确定"按钮或"应用"按钮,操作效果如图 4-121 所示。

 缝合片体时,若缝合后片体完全闭合,则可将片体缝合为实体,如图 4-122 所示的上部半球片体与底部圆形片体完全封闭,则对两个面进行缝合将得到半球体。

 缝合时若片体间无公共边界或实体间无公共面,则会弹出如图 4-123 所示的错误消息框。

图 4-120 "缝合"对话框

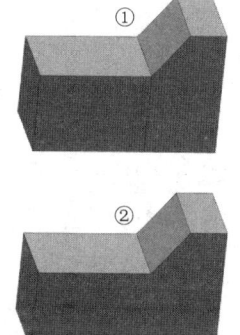

图 4-121 实体缝合操作效果

图 4-122 封闭片体缝合得到实体

图 4-123 错误消息框

4.3.26 特征操作——修剪体和拆分体

"修剪体"命令可以通过实体表面、基准平面或片体对目标实体进行修剪;"拆分体"命令用于将实体沿指定的面拆分为两个体。

1. 修剪体

单击"特征"工具条上的"修剪体"按钮 ,或选择【菜单】|【插入】|【修剪】|【修剪

体】，弹出如图 4-124 所示的"修剪体"对话框，操作的一般步骤如下。

（1）选择要修剪的目标体，单击鼠标中键确定。

（2）选择工具面即修剪面，若工具面需新建，则在"工具"区域的"工具选项"下拉列表框中选择"面或平面"选项，可以新建一个平面作为工具面。

（3）单击"确定"按钮或"应用"按钮，操作效果如图 4-125 所示。

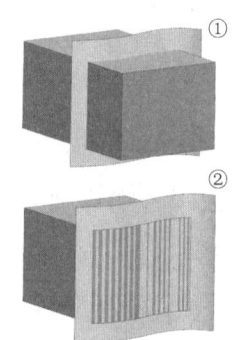

图 4-124　"修剪体"对话框　　　　　　图 4-125　修剪体操作效果

2．拆分体

单击"特征"工具条上修剪下拉列表中的"拆分体"按钮，或选择【菜单】|【插入】|【修剪】|【拆分体】，弹出如图 4-126 所示的"拆分体"对话框，操作的一般步骤如下。

（1）选择要拆分的目标体，单击鼠标中键确定。

（2）选择工具面即修剪面，若工具面需新建，则在"工具"区域的"工具选项"下拉列表框中选择"新建平面"选项，可以新建一个平面作为工具面。

（3）单击"确定"按钮或"应用"按钮，操作完毕后可使用"移除参数"命令对拆分体进行操作，使两个拆分体成为两个独立实体，效果如图 4-127 所示。

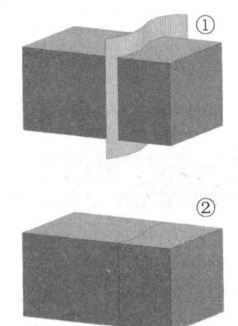

图 4-126　"拆分体"对话框　　　　　　图 4-127　拆分体操作效果

4.3.27　特征操作——镜像特征和镜像几何体

"镜像特征"命令可对实体上的某个或几个特征以指定面为对称面创建仍在该实体上的对称的新特征；"镜像几何体"命令则用于对实体本身以指定面为对称面创建对称的新实体。

1. 镜像特征

单击"特征"工具条中"关联复制"下拉列表中的"镜像特征"按钮，或选择【菜单】|【插入】|【关联复制】|【镜像特征】，弹出如图 4-128 所示的"镜像特征"对话框。操作的一般步骤如下。

（1）选择要镜像的特征，可以是一个或多个，单击鼠标中键确定。

（2）选择镜像平面。镜像平面可以是现有实体表面或基准平面，直接选取即可；若无镜像平面，则选择"镜像平面"区域"平面"下拉列表框中的"新平面"选项，创建新平面作为镜像平面。

（3）单击"确定"按钮或"应用"按钮，操作效果如图 4-129 所示。

图 4-128 "镜像特征"对话框

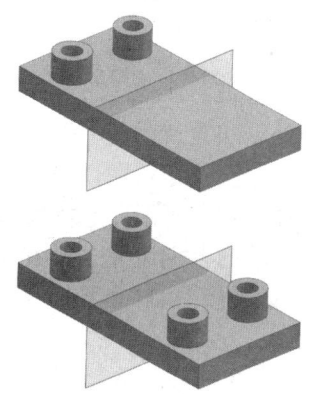
图 4-129 镜像特征操作效果

2. 镜像几何体

单击"特征"工具条中的"镜像几何体"按钮，或选择【菜单】|【插入】|【关联复制】|【镜像体几何】，弹出如图 4-130 所示的"镜像几何体"对话框。操作步骤与镜像特征步骤相同。

 "镜像几何体"对话框中不能创建新平面，因而需要用实体表面、现有平面或基准平面作为镜像平面。

【实例 4-10】 在已有的实体上生成对称凸台、孔及肋。

（1）单击"标准"工具条中的"打开"按钮，选择下载文件夹中的 XM4\CZSL\LT4-10.prt 文件，将文件打开，如图 4-131 所示。

图 4-130 "镜像几何体"对话框

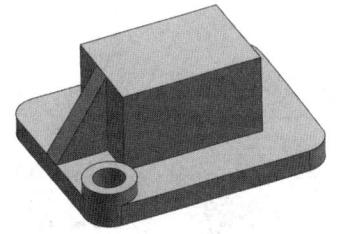
图 4-131 例题原图

（2）单击"特征"工具条中的"镜像特征"按钮，弹出"镜像特征"对话框。

（3）选择凸台和孔作为镜像特征的对象，如图4-132所示，单击鼠标中键确认。

（4）在弹出的"镜像特征"对话框中的"镜像平面"区域"平面"下拉列表框中选择"新平面"选项，在"指定平面"下拉列表框中选择"自动判断"选项。

（5）单击底板边缘上的中点创建如图4-133所示的基准平面作为镜像平面，单击"应用"按钮，结果如图4-134所示。

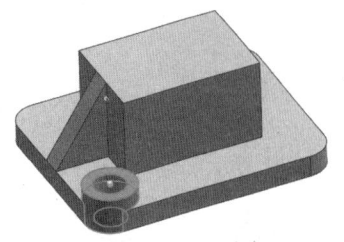
图4-132　选择凸台和孔作为镜像特征对象

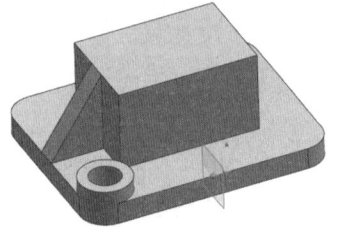
图4-133　创建平面作为镜像平面

（6）单击凸台和孔及以上步骤中得到的镜像特征作为镜像的对象，单击鼠标中键确认。

（7）在弹出的"镜像特征"对话框中的"镜像平面"区域"平面"下拉列表框中选择"新平面"选项，在"指定平面"下拉列表框中选择"自动判断"选项。

（8）单击底板另一侧边缘上的中点，创建如图4-134所示的基准平面作为镜像平面，单击"确定"按钮，结果如图4-135所示。

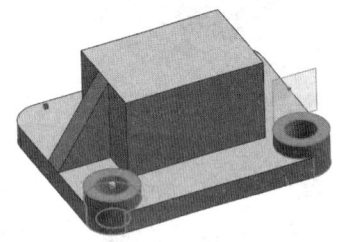
图4-134　创建基准平面作为镜像平面

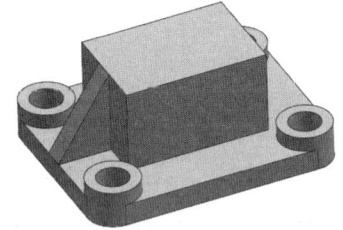
图4-135　两次镜像特征结果

（9）单击"特征"工具条上的"基准平面"按钮□，弹出"基准平面"对话框。

（10）选择"类型"区域的"自动判断"选项，单击边线上的三个中点，创建基准平面，如图4-136所示。

（11）单击"特征"工具条中的"镜像几何体"按钮，弹出"镜像几何体"对话框；单击肋板作为镜像几何体的对象，单击鼠标中键确认。

（12）选择新建的基准平面作为镜像平面，单击"确定"按钮完成镜像几何体操作。

（13）用鼠标右键单击基准平面，在弹出的菜单中选择"隐藏"选项，完成操作，结果如图4-137所示。

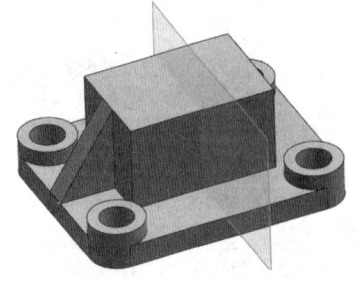
图4-136　创建基准平面

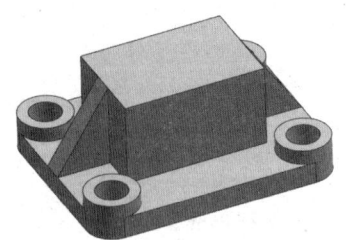
图4-137　操作结果

4.3.28 特征操作——阵列特征

"阵列特征"命令以一定的规律复制已经存在的特征，该命令对于创建具有规律分布的相同特征而言，可以大大提高设计效率。"阵列特征"包括线性、圆形、多边形、螺旋、沿、常规、参考等布局方式。

单击"特征"工具条中"阵列特征"按钮，或选择【菜单】|【插入】|【关联复制】|【阵列特征】，弹出如图 4-138 所示的"阵列特征"对话框。

1. 线性阵列

线性阵列可以将特征复制成按行、列规则排列的相同特征。操作步骤如下。

（1）在"阵列特征"对话框中选择"线性"布局方式。

（2）在图形窗口直接单击要复制的特征。

（3）在"阵列定义"区域指定阵列方向矢量，输入阵列参数，各参数含义如图 4-139 所示，单击"预览"显示阵列预览效果。

（4）若阵列预览效果达到要求，则单击"确定"按钮，完成操作。

图 4-138 "阵列特征"对话框　　　　图 4-139 线性阵列参数含义

2. 圆形阵列

圆形阵列可以将特征绕指定轴旋转复制得到一组相同的特征。操作步骤如下。

（1）在"阵列特征"对话框中选择"圆形"布局方式。

（2）在图形窗口直接单击要复制的特征。

（3）在对话框中指定旋转轴，并设置参数，各参数含义如图 4-140 所示，单击"预览"显示阵列预览效果。

（4）若阵列效果达到要求，则单击"确定"按钮，完成操作。

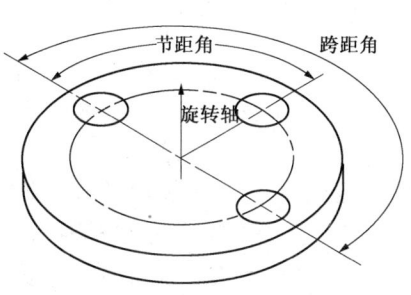

图 4-140 圆形阵列参数含义

3. 螺旋阵列

螺旋阵列可以将特征沿指定参数的螺旋线、按指定参数进行复制，操作与圆形阵列相似，参数如图 4-141 所示。

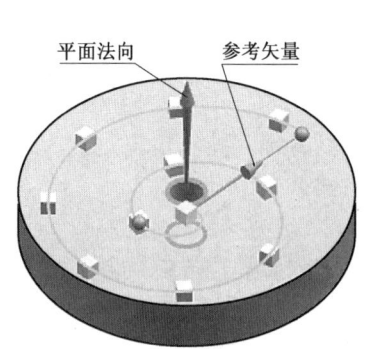 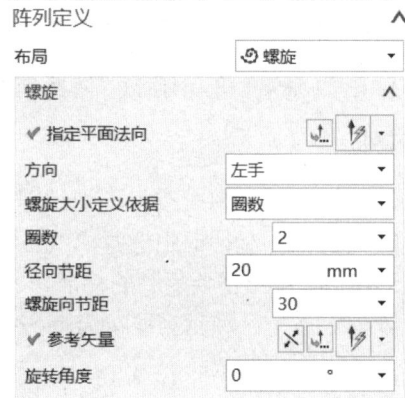

图 4-141　螺旋阵列

4. 多边形阵列

多边形阵列可以将特征沿指定参数的多边形、按指定参数进行复制，操作与圆形阵列相似，效果如图 4-142 所示。

5. 沿阵列

沿阵列可以将特征沿指定的路径、按指定参数进行复制，操作与圆形阵列相似，效果如图 4-143 所示。

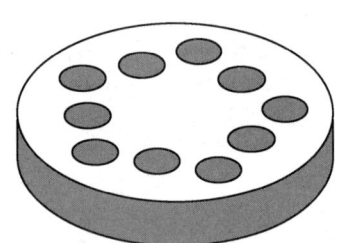 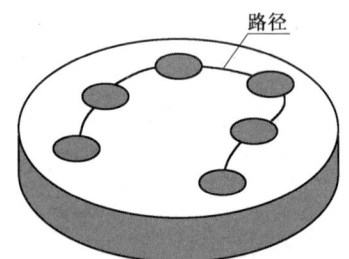

图 4-142　多边形阵列效果　　　　　　　　图 4-143　沿阵列效果

4.3.29　特征操作——阵列面

阵列面可以对实体的表面进行线性、圆形、多边形、螺旋、沿、常规、参考等阵列操作，操作方式与阵列特征过程类似，本节不再赘述。现以线性阵列面为例，介绍其一般操作步骤。

（1）单击"特征"工具条中"关联复制"下拉列表中的"阵列面"按钮，或选择【菜单】|【插入】|【关联复制】|【阵列面】，弹出"阵列面"对话框，如图 4-144 所示。

（2）选择要阵列的实体表面，单击鼠标中键确定。

（3）在对话框的"布局"下拉列表框中选择"线性"选项。

（4）在"阵列定义"区域指定阵列方向矢量，输入阵列参数，阵列方向矢量如图 4-145①所示。

（5）单击"确定"按钮或"应用"按钮，完成操作，效果如图 4-145②所示。

 阵列面时，阵列对象为面，要求面在复制时能使实体得到一个完整的形状，如完整的孔、槽、坑等，否则操作将无法完成。

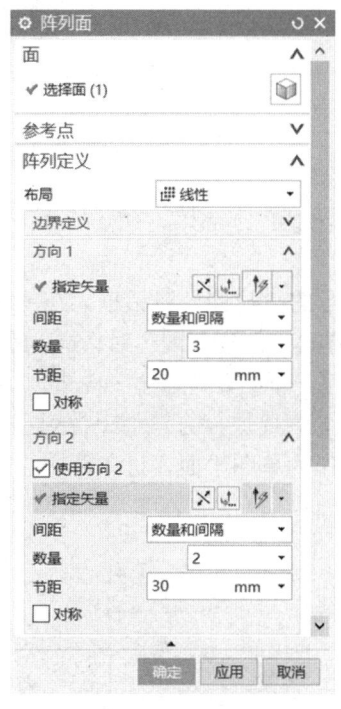

图 4-144 "阵列面"对话框

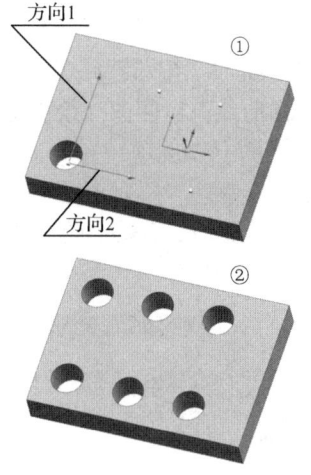

图 4-145 "阵列面"操作效果

4.3.30 同步建模简介

同步建模技术可以修改模型，而不用考虑其来源、相关性和特征历史。模型可以是从其他软件系统导入的、非关联的和无特征的。通常用于以下两种情况。

（1）编辑从其他 CAD 系统导入的、没有特征历史或参数的模型。

（2）编辑时不愿因编辑某个特征而产生与其有关联性的其他特征的更改。

同步建模工具条如图 4-146 所示，可进行移动面、拉出面、替换面等编辑面的操作，也可以进行复制面、剪切面、粘贴面等重用面的操作，还可以对圆角、倒角进行修改。

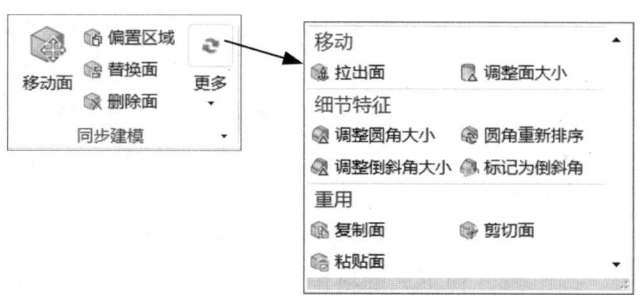

图 4-146 同步建模工具条

4.4 项目实施

4.4.1 品字尾电源插头建模

项目4-1 品字尾电源插头建模

1. 启动 UG NX 12.0

启动软件。

2. 创建插头的输入端

（1）新建部件文件。单击"新建"按钮 ，选择模板为"模型"，"单位"选择"毫米"，将文件命名为"SL4-1.prt"，单击"确定"按钮。

（2）单击"拉伸"按钮 ，弹出如图 4-147①所示的"拉伸"对话框，在"表区域驱动"区域单击"选择曲线"右侧的"绘制截面"按钮 ，弹出"创建草图"对话框，在"草图类型"区域选择"在平面上"选项，在"草图坐标系"区域"平面方法"下拉列表框中选择"自动判断"选项，在"参考"下拉列表框中选择"水平"选项，在"原点方法"下拉列表框中选择"使用工作部件原点"选项，用平面工具选择 XC-YC 平面作为草图平面，进入草图绘制状态，绘制如图 4-147②所示的草图。

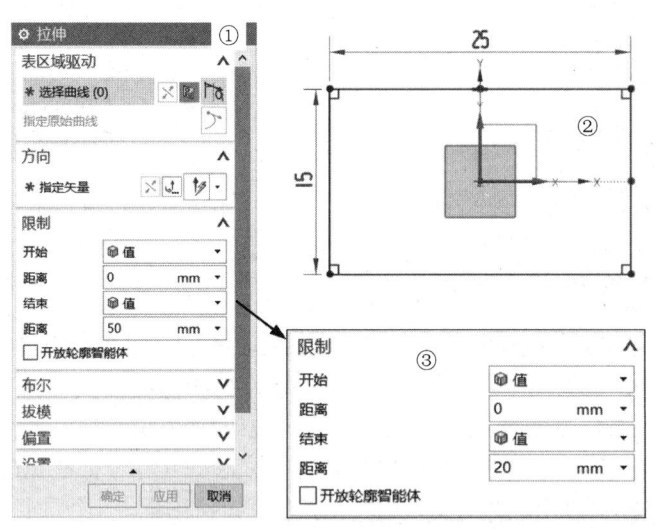

图 4-147 "拉伸"对话框及草图

（3）单击完成草图，回到"拉伸"对话框，在"限制"区域设置开始值为 0mm，结束值为 20mm，其余选项默认，如图 4-147③所示，单击"确定"按钮，创建长方体，如图 4-148 所示。

（4）再次使用拉伸命令，选择之前的 XC-YC 平面作为草图平面，进入草图绘制状态，绘制如图 4-148 所示的草图。

（5）单击完成草图，回到"拉伸"对话框，在"限制"区域设置开始值为 0mm，结束值为 8mm，布尔运算选择"减去"，单击"确定"按钮，创建品字孔拉伸体，如图 4-149 所示。

（6）单击"倒斜角"按钮 ，弹出"倒斜角"对话框，在"边"区域选择品字孔拉伸体上表面两侧边，在"横截面"下拉列表框中选择"对称"选项，在"距离"文本框中输入数值 5，单击"确定"按钮，完成倒斜角创建，如图 4-150 所示。

（7）单击"边倒圆"按钮，弹出"边倒圆"对话框，单击激活"边"区域中的"选择边"选项，依次选择如图 4-151 中的 6 个边，按图 4-152 设置边倒圆参数，单击"确定"按钮，创建圆角特征，如图 4-153 所示。

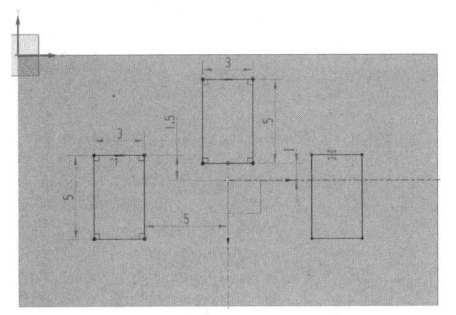

图 4-148　品字孔草图绘制

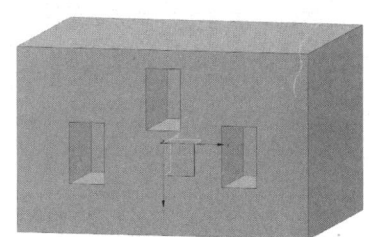

图 4-149　品字孔拉伸体

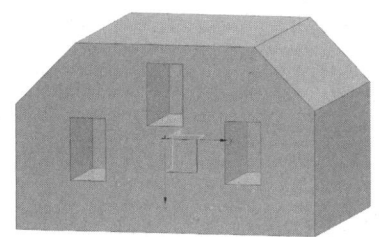

图 4-150　品字孔拉伸体倒斜角

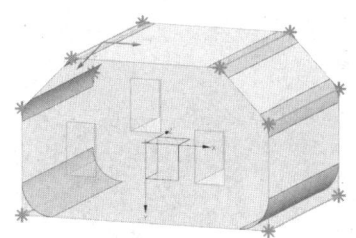

图 4-151　品字孔拉伸体倒圆角

图 4-152　边倒圆参数

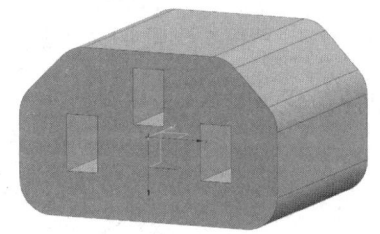

图 4-153　插头的输入端实体特征

3．创建插头的连接座

（1）单击"拉伸"按钮，选择如图 4-154①所示的草图平面，进入草图绘制状态，绘制如图 4-154②所示草图；单击完成草图，回到"拉伸"对话框，在"限制"区域设置开始值为 0mm，结束值为 20mm，布尔运算选择"合并"，单击"确定"按钮，创建连接座主体。

（2）单击"拔模"按钮，弹出"拔模"对话框，在"类型"区域选择"面"选项，"脱模方向"选择"ZC 轴"（图 4-154 中草图平面的法线方向），"拔模参考"选择如图 4-155①所示固定面，"要拔模的面"选择连接座主体的四个侧面，在"角度 1"文本框中输入数值 8，单击"确定"按钮，完成连接座主体的拔模，如图 4-155②所示。

（3）单击"拉伸"按钮，选择 XC-ZC 平面作为草图平面，进入草图绘制状态，绘制如图 4-156①所示草图；单击完成草图，回到"拉伸"对话框，在"限制"区域"结束"下拉列表框中选择"对称值"选项，在"距离"文本框中输入数值 12，布尔运算选择"减去"，单击"确定"按钮,完成连接座主体一侧多余材料的切削,如图4-156②所示。

(4)单击"镜像特征"按钮,弹出"镜像特征"对话框,"要镜像的特征"选择如图4-156②所示拉伸切削部分,选择 YC-ZC 平面作为镜像平面,单击"确定"按钮,完成连接座主体另一侧多余材料的切削。

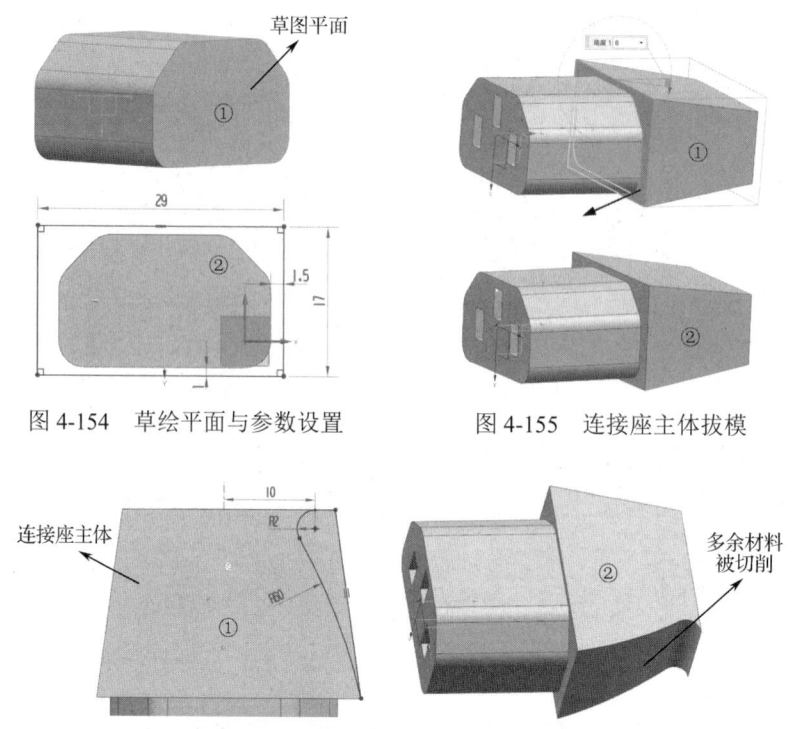

图4-154 草绘平面与参数设置　　图4-155 连接座主体拔模

图4-156 连接座主体拉伸切削

(5)单击"拉伸"按钮,选择如图4-157①所示的草图平面,进入草图绘制状态,绘制如图4-157②所示草图;单击完成草图,回到"拉伸"对话框,在"限制"区域设置开始值为0mm,结束值为3mm,布尔运算选择"合并",单击"确定"按钮,创建连接座底座,如图4-157③所示。

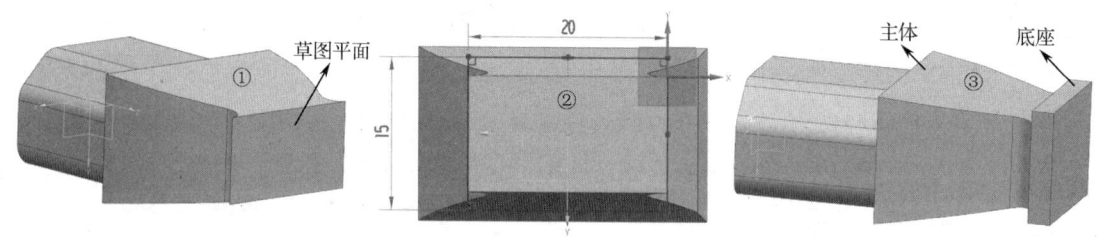

图4-157 创建连接座底座

(6)单击"拉伸"按钮,选择连接座上表面作为草图平面,进入草图绘制状态,绘制如图4-158①所示草图;单击完成草图,回到"拉伸"对话框,在"限制"区域设置开始值为0mm,结束值为0.1mm,布尔运算选择"合并",单击"确定"按钮,创建连接座表面拉伸体,如图4-158②所示。

(7)单击"阵列特征"按钮,"要形成阵列特征"选择如图4-158②所示拉伸体,在"阵列定义"区域"布局"下拉列表框中选择"线性"选项,在"方向1"下拉列表中选择"两点",依次单击图4-158③所示点1和点2,在"间距"下拉列表框中选择"数量和间隔"选项,在"数量"文本框中输入数值10,在"节距"文本框中输入数值1,单击"确定"按钮,创建拉伸体的线性阵列,如图4-158④所示。

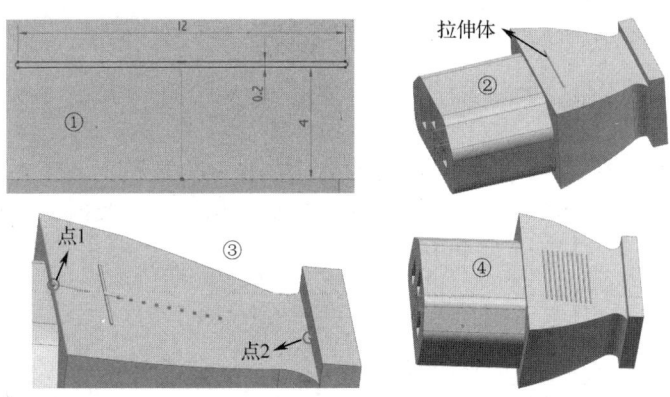

图 4-158 创建拉伸体线性阵列

(8)单击"镜像特征"按钮，弹出"镜像特征"对话框,"要镜像的特征"选择图4-158④所示拉伸体与阵列特征,选择 XC-ZC 平面作为镜像平面,单击"确定"按钮,创建连接座主体下表面特征。

(9)单击"边倒圆"按钮，弹出"边倒圆"对话框,单击激活"边"区域的"选择边"选项,依次单击如图4-159①所示的2个边,设置图4-159②中边倒圆参数,单击"确定"按钮,创建圆角特征1。

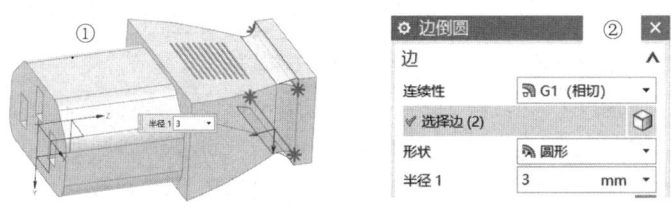

图 4-159 创建圆角特征1

(10)单击"边倒圆"按钮，弹出"边倒圆"对话框,单击激活"边"区域的"选择边"选项,依次单击如图4-160①所示的16个边,设置图4-160②中边倒圆参数,单击"确定"按钮,创建圆角特征2。

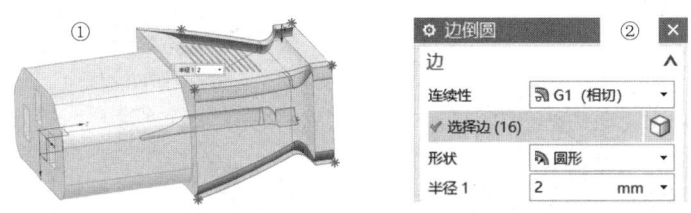

图 4-160 创建圆角特征2

(11)单击"边倒圆"按钮，弹出"边倒圆"对话框,单击激活"边"区域的"选择边"选项,依次单击如图4-161①所示的24个边,设置图4-161②中边倒圆参数,单击"确定"按钮,创建圆角特征3。

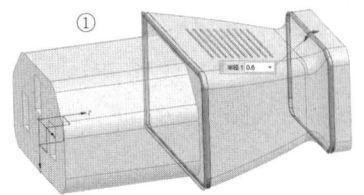 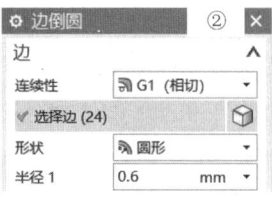

图 4-161　创建圆角特征 3

4．创建插头的二次包胶

（1）单击"拉伸"按钮，选择如图 4-157③所示的底座后表面作为草图平面，进入草图绘制状态，绘制如图 4-162①所示草图；单击完成草图，回到"拉伸"对话框，在"限制"区域设置开始值为 0mm，结束值为 4mm，布尔运算选择"无"，单击"确定"按钮，创建长方体特征 1，如图 4-162②所示。

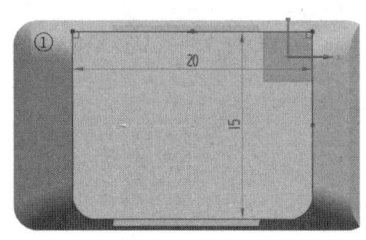 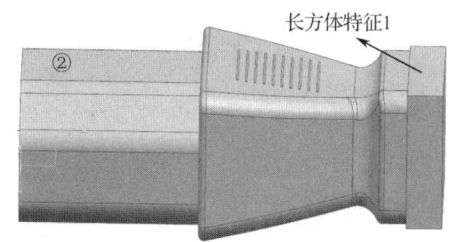

图 4-162　创建长方体特征 1

（2）单击"拔模"按钮，弹出"拔模"对话框，在"类型"区域选择"面"选项，"脱模方向"选择"ZC 轴"，"拔模参考"选择如图 4-162②所示长方体特征 1 的草图平面，"要拔模的面"选择如图 4-163①所示长方体特征 1 的四个侧面，在"角度 1"文本框中输入数值 36，单击"确定"按钮，完成长方体特征 1 的拔模，如图 4-163②所示。

（3）单击"拉伸"按钮，选择如图 4-162②所示的长方体特征 1 后表面作为草图平面，进入草图绘制状态，绘制如图 4-164①所示草图；单击完成草图，回到"拉伸"对话框，在"限制"区域设置开始值为 0mm，结束值为 20mm，布尔运算选择"无"，单击"确定"按钮，创建长方体特征 2，如图 4-164②所示。

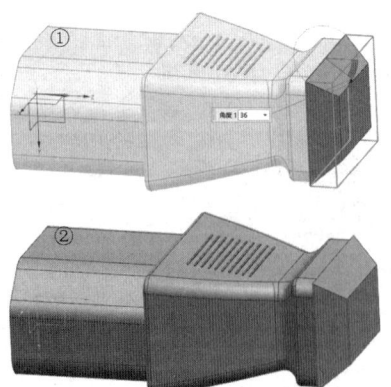 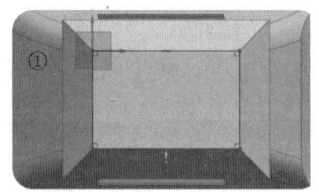

 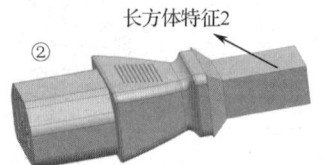

图 4-163　长方体特征 1 拔模　　　　图 4-164　创建长方体特征 2

（4）单击"基准平面"按钮，弹出"基准平面"对话框，在"类型"区域选择"按某一距离"选项，"平面参考"选择如图 4-164 所示长方体特征 2 的草绘平面，在"偏置"区域"距离"文本框中输入数值 2,在"平面数量"文本框中输入数值 1,单击"确定"按钮,创建基准平面,如图 4-165 所示。

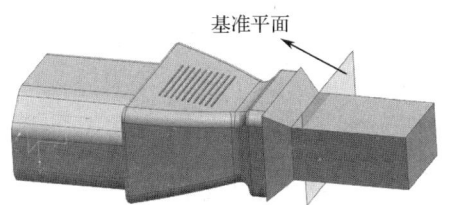

图 4-165 创建基准平面

(5) 单击"拉伸"按钮,选择如图 4-165 所示基准平面作为草图平面,进入草图绘制状态,绘制如图 4-166①所示草图;单击完成草图,回到"拉伸"对话框,在"限制"区域设置开始值为 0mm,结束值为 3mm,布尔运算选择"减去","选择体"选择长方体特征 2,单击"确定"按钮,创建切削实体特征,如图 4-166②所示。

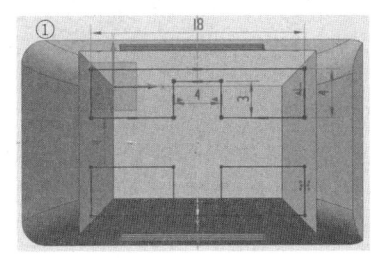
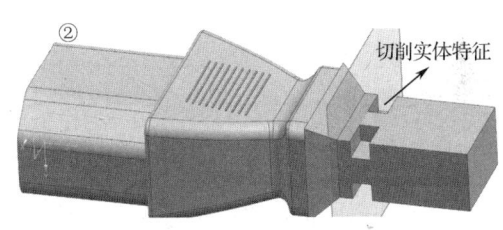

图 4-166 创建切削实体特征

(6) 单击"阵列特征"按钮,"要形成阵列特征"选择如图 4-166②所示切削实体特征,在"阵列定义"区域"布局"下拉列表框中选择"线性"选项,"方向 1"选择"ZC 轴",在"间距"下拉列表框中选择"数量和间隔"选项,在"数量"文本框中输入数值 3,在"节距"文本框中输入数值 6,单击"确定"按钮,创建切削实体特征的线性阵列,如图 4-167 所示。

(7) 单击"合并"按钮,弹出"合并"对话框,在绘图工作区依次选择连接座、长方体特征 1、长方体特征 2,将三个实体结合为一个实体。

(8) 单击"边倒圆"按钮,弹出"边倒圆"对话框,单击激活"边"区域的"选择边"选项,依次单击如图 4-168①所示的 8 个边,设置图 4-168②中边倒圆参数,单击"确定"按钮,创建圆角特征 4。

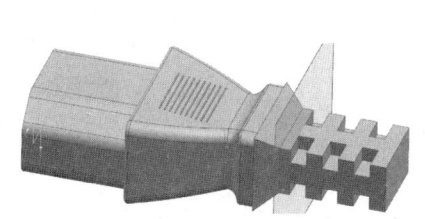
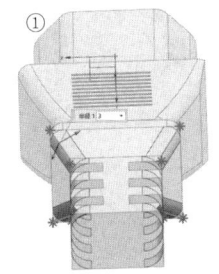
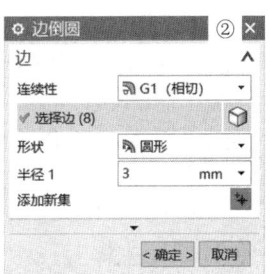

图 4-167 创建切削实体特征的线性阵列 　　　　图 4-168 创建圆角特征 4

(9) 单击"边倒圆"按钮,弹出"边倒圆"对话框,单击激活"边"区域的"选择边"选项,依次单击如图 4-169①所示的 32 个边,设置图 4-169②中边倒圆参数,单击"确定"按钮,创建圆角特征 5。

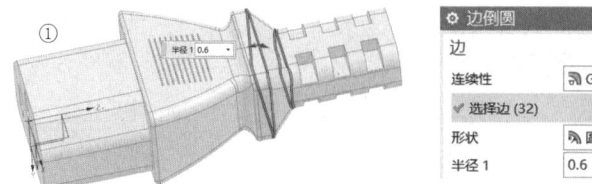

图 4-169　创建圆角特征 5

5．创建电源线

（1）单击"草图"按钮，弹出"创建草图"对话框，用平面工具选择 *YC-ZC* 平面作为草图平面，进入草图绘制状态，绘制如图 4-170 所示的草图特征 1。

（2）与以上操作相似，单击"草图"按钮，弹出"创建草图"对话框，用平面工具选择如图 4-164②所示的长方体特征 2 后表面作为草图平面，进入草图绘制状态，绘制如图 4-171 所示的草图特征 2。

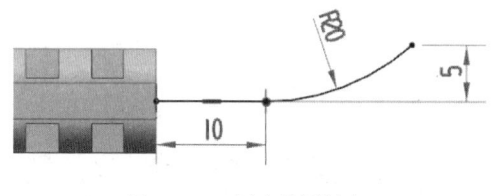

图 4-170　创建草图特征 1

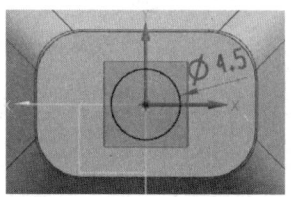

图 4-171　创建草图特征 2

（3）单击"沿引导线扫掠"按钮，弹出"沿引导线扫掠"对话框，"截面"选择如图 4-171 所示草图特征 2，"引导"选择如图 4-170 所示草图特征 1，布尔运算选择"合并"，单击"确定"按钮，结果如图 4-172 所示。

图 4-172　最终结果

4.4.2　电饭煲外壳建模

1．启动 UG NX 12.0

启动软件。

项目 4-2　电饭煲外壳建模

2．创建外壳主体

（1）新建部件文件。单击"新建"按钮，选择模板为"模型"，"单位"选择"毫米",将文件命名为"SL4-2.prt",单击"确定"按钮。

（2）单击"拉伸"按钮，弹出"拉伸"对话框，在"表区域驱动"区域单击"选择曲线"右侧的"绘制截面"按钮，弹出"创建草图"对话框，在"草图类型"区域选择"在平面上"

选项,在"草图坐标系"区域"平面方法"下拉列表框中选择"自动判断"选项,在"参考"下拉列表框中选择"水平"选项,在"原点方法"下拉列表框中选择"使用工作部件原点"选项,用平面工具选择 XC-YC 平面作为草图平面,进入草图绘制状态,绘制如图 4-173①所示的草图。

(3)单击完成草图,回到"拉伸"对话框,在"限制"区域设置开始值为 0mm,结束值为 220mm,其余选项默认,单击"确定"按钮,创建拉伸体 1,如图 4-173②所示。

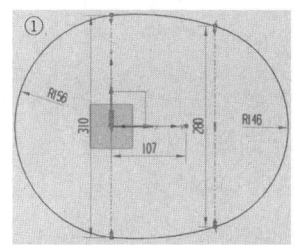 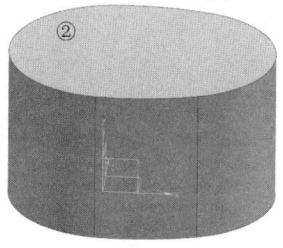

图 4-173 创建拉伸体 1

(4)单击"拉伸"按钮,选择如图 4-173②所示拉伸体 1 的上表面作为草图平面,进入草图绘制状态,绘制如图 4-174①所示草图;单击完成草图,回到"拉伸"对话框,在"限制"区域设置开始值为 0mm,结束值为-30mm,布尔运算选择"减去",单击"确定"按钮,创建卡口槽,如图 4-174②所示。

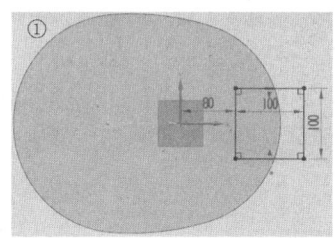 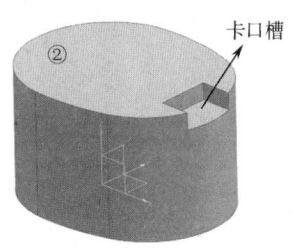

图 4-174 创建卡口槽

(5)单击"边倒圆"按钮,弹出"边倒圆"对话框,单击激活"边"区域的"选择边"选项,选择如图 4-175①所示边,设置图 4-175②中边倒圆参数,单击"确定"按钮,创建卡口槽圆角特征。

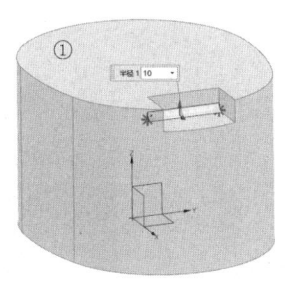 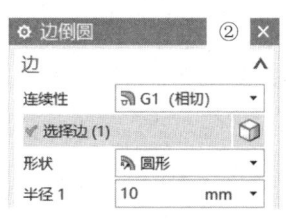

图 4-175 创建卡口槽圆角特征

(6)单击"拉伸"按钮,选择 XC-ZC 平面作为草图平面,进入草图绘制状态,绘制如图 4-176①所示草图;单击完成草图,回到"拉伸"对话框,在"限制"区域的"结束"下拉列表框中选择"对称值"选项,在"距离"文本框中输入数值 10,布尔运算选择"合并",单击"确定"按钮,创建卡扣特征,如图 4-176②所示。

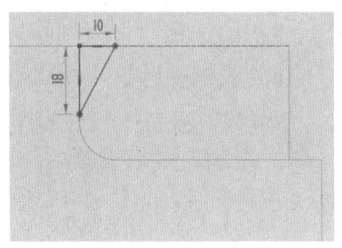 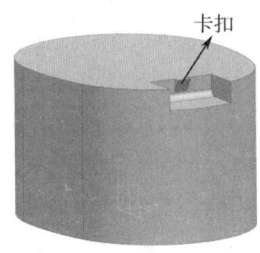

图 4-176 创建卡扣特征

（7）单击"拉伸"按钮，选择如图 4-173②所示拉伸体 1 的上表面作为草图平面，进入草图绘制状态，将外壳边缘曲线向内偏移 5mm，中间绘制直径为 240mm 的圆，草图如图 4-177①所示；单击完成草图，回到"拉伸"对话框，在"限制"区域设置开始值为 0mm，结束值为 −10mm，布尔运算选择"减去"，单击"确定"按钮，创建凹槽特征，如图 4-177②所示。

（8）单击"抽壳"按钮，弹出"抽壳"对话框，在"类型"区域选择"移除面，然后抽壳"选项，"要穿透的面"选择如图 4-173②所示拉伸体 1 底面，在"厚度"文本框中输入数值 6，单击"确定"按钮，创建抽壳特征，如图 4-178 所示。

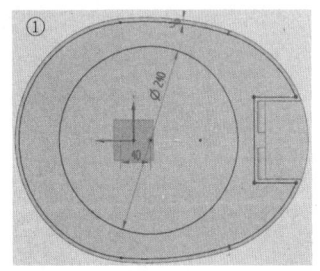 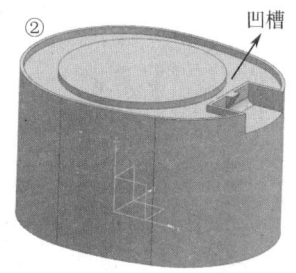 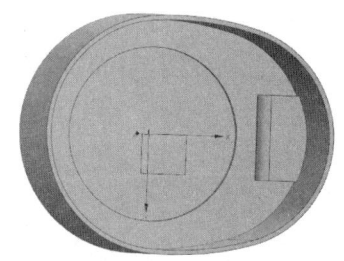

图 4-177　创建凹槽特征　　　　　　　　图 4-178　创建抽壳特征

（9）单击"拉伸"按钮，选择如图 4-173②所示拉伸体 1 的上表面作为草图平面，进入草图绘制状态，绘制如图 4-179①所示草图；单击完成草图，回到"拉伸"对话框，在"限制"区域设置开始值为 0mm，结束值为 60mm，布尔运算选择"合并"，单击"确定"按钮，创建拉伸体 2，如图 4-179②所示。

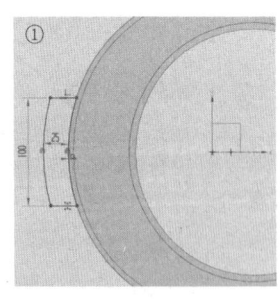 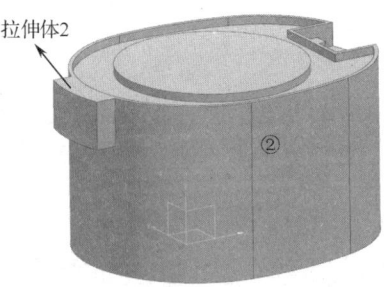

图 4-179　创建拉伸体 2

（10）单击"拉伸"按钮，选择如图 4-179②所示拉伸体 2 的上表面作为草图平面，进入草图绘制状态，拉伸体 2 边缘曲线向内偏移 6mm，绘制如图 4-180①所示草图；单击完成草图，回到"拉伸"对话框，在"限制"区域设置开始值为 0mm，结束值为 −10mm，布尔运算选择"减去"，单击"确定"按钮，创建切削实体特征 1，如图 4-180②所示。

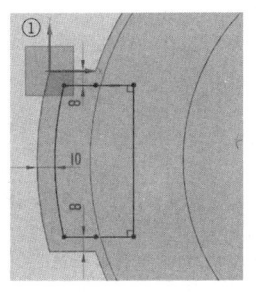 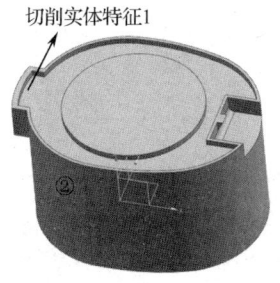

图 4-180 创建切削实体特征 1

（11）单击"拉伸"按钮，选择如图 4-179②所示拉伸体 2 的上表面作为草图平面，进入草图绘制状态，绘制如图 4-181①所示草图；单击完成草图，回到"拉伸"对话框，在"限制"区域设置开始值为 0mm，结束值为 20mm，布尔运算选择"合并"，单击"确定"按钮，创建拉伸体 3，如图 4-181②所示。

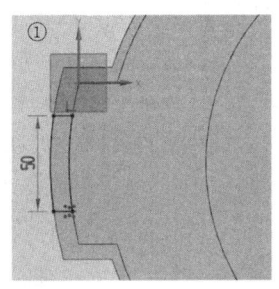 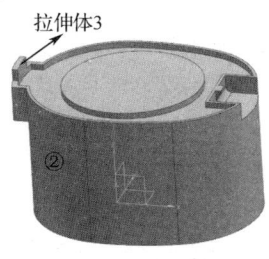

图 4-181 创建拉伸体 3

3．创建圆孔与方孔特征

（1）单击"拉伸"按钮，选择如图 4-182①所示圆表面作为草图平面，进入草图绘制状态，将边缘曲线向内偏移 6mm；单击完成草图，回到"拉伸"对话框，在"限制"区域设置开始值为 0mm，在"结束"下拉列表框中选择"贯通"，布尔运算选择"减去"，单击"确定"按钮，创建切削实体特征 2，如图 4-182②所示。

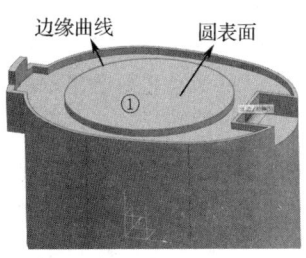 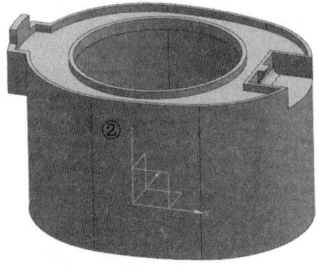

图 4-182 创建切削实体特征 2

（2）单击"拉伸"按钮，选择 YC-ZC 平面作为草图平面，进入草图绘制状态，绘制如图 4-183①所示草图；回到"拉伸"对话框，在"限制"区域设置开始值为 0mm，结束值为 280mm，布尔运算选择"减去"，单击"确定"按钮，创建切削实体特征 3，如图 4-183②所示。

（3）单击"基准平面"按钮，弹出"基准平面"对话框，在"类型"区域选择"按某一距离"选项，"平面参考"选择 XC-ZC 平面，在"偏置"区域的"距离"文本框中输入数值 90，在"平面数量"文本框中输入数值 1，单击"确定"按钮，创建基准平面 1，如图 4-184①所示。

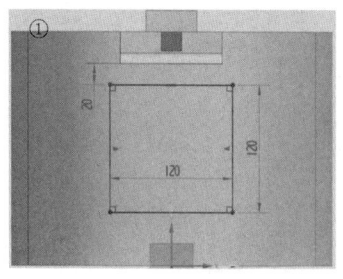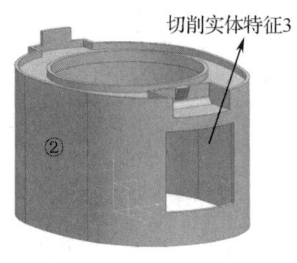

图 4-183　创建切削实体特征 3

(4) 单击"草图"按钮,弹出"创建草图"对话框,用平面工具选择如图 4-184①所示基准平面 1 作为草图平面,进入草图绘制状态,绘制外壳表面与基准平面 1 的相交直线,如图 4-184②所示。

(5) 单击"基准平面"按钮,弹出"基准平面"对话框,在"类型"区域选择"相切"选项,"参考几何体"依次选择如图 4-184②所示外壳表面、相交直线,单击"确定"按钮,创建基准平面 2,如图 4-185 所示。

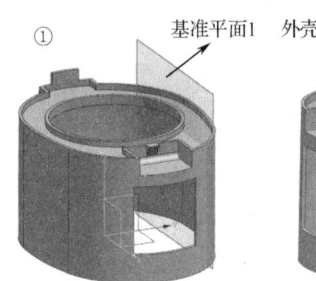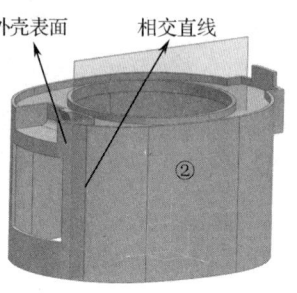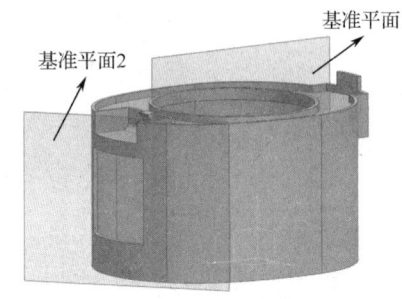

图 4-184　创建基准平面 1 和相交直线　　　　图 4-185　创建基准平面 2

(6) 单击"拉伸"按钮,选择如图 4-185 所示基准平面 2 作为草图平面,进入草图绘制状态,绘制如图 4-186①所示草图;回到"拉伸"对话框,在"限制"区域设置开始值为 0mm,结束值为-10mm,布尔运算选择"减去",单击"确定"按钮,创建切削实体特征 4,如图 4-186②所示。

(7) 单击"镜像特征"按钮,弹出"镜像特征"对话框,"要镜像的特征"选择图 4-186②所示切削实体特征 4,选择 XC-ZC 平面作为镜像平面,完成外壳主体另一侧圆孔切削,如图 4-187 所示。

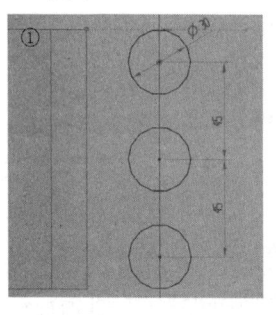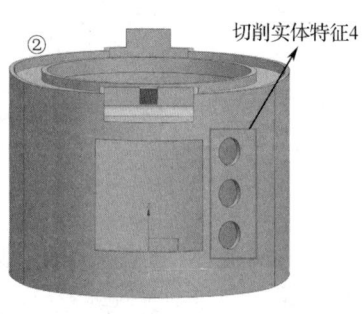

图 4-186　创建切削实体特征 4　　　　图 4-187　创建镜像特征

(8) 单击"拉伸"按钮,选择 YC-ZC 平面作为草图平面,进入草图绘制状态,绘制如图 4-188①所示草图;回到"拉伸"对话框,在"限制"区域设置开始值为 0mm,结束值为 280mm,

布尔运算选择"减去",单击"确定"按钮,创建切削实体特征5,如图4-188②所示。

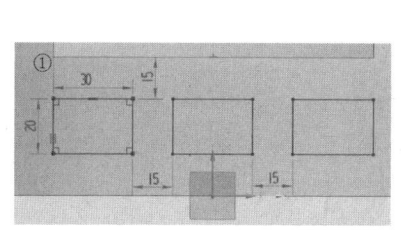
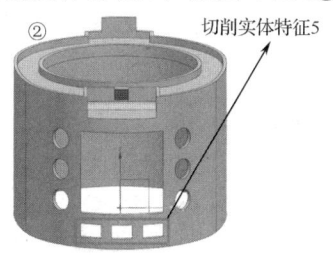

图 4-188　创建切削实体特征 5

（9）单击"基准平面"按钮□,弹出"基准平面"对话框,在"类型"区域选择"按某一距离"选项,"平面参考"选择如图 4-181②所示拉伸体 3 上表面,在"偏置"区域的"距离"文本框中输入数值-10,在"平面数量"文本框中输入数值 1,单击"确定"按钮,创建基准平面 3,如图 4-189①所示。

（10）单击"草图"按钮,弹出"创建草图"对话框,用平面工具选择如图 4-189①所示平面基准 3 作为草图平面,进入草图绘制状态,创建草图特征 1,如图 4-189②所示。

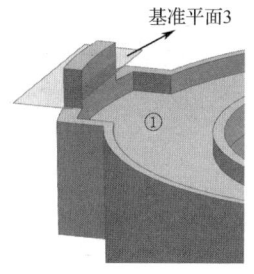
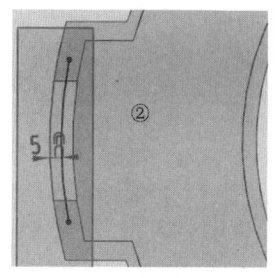

图 4-189　创建基准平面 3 和草图特征 1

（11）单击"基准平面"按钮□,弹出"基准平面"对话框,在"类型"区域选择"曲线和点"选项,"参考几何体"选择如图 4-189②所示草图特征 1 的端点,单击"确定"按钮,创建基准平面 4,如图 4-190①所示。

（12）单击"草图"按钮,弹出"创建草图"对话框,用平面工具选择如图 4-190①所示基准平面 4 作为草图平面,进入草图绘制状态,绘制草图特征 2,如图 4-190②所示。

（13）单击"沿引导线扫掠"按钮,弹出"沿引导线扫掠"对话框,"截面"选择如图 4-190②所示草图特征 2,"引导"选择如图 4-189②所示草图特征 1,布尔运算选择"减去",单击"确定"按钮,结果如图 4-190③所示。

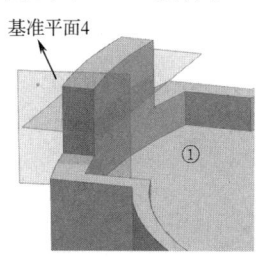
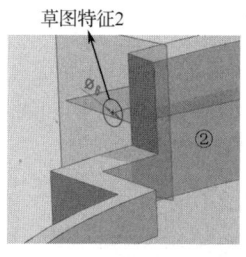

图 4-190　创建沿引导线扫掠特征

4. 创建 Boss 柱特征

（1）单击"拉伸"按钮,选择如图 4-191①所示草图平面,进入草图绘制状态,创建草图特征，如图 4-191②所示；回到"拉伸"对话框，在"限制"区域设置开始值为 0mm，结束值为 140mm，布尔运算选择"合并"，单击"确定"按钮，创建拉伸体 4，如图 4-192 所示。

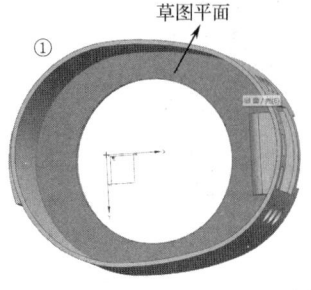 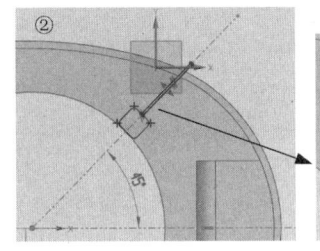 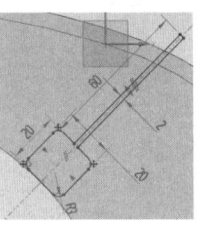

图 4-191　创建草图特征 3

（2）单击"拉伸"按钮，选择如图 4-192 所示拉伸体 4 上表面作为草图平面，进入草图绘制状态，绘制直径为 20mm 的圆，圆心位于正方形中心；回到"拉伸"对话框，在"限制"区域设置开始值为 0mm，结束值为 20mm，布尔运算选择"合并"，单击"确定"按钮，创建拉伸体 5，如图 4-193 所示。

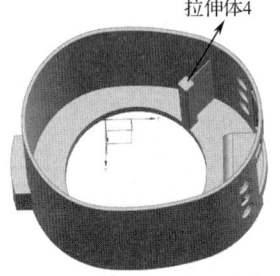 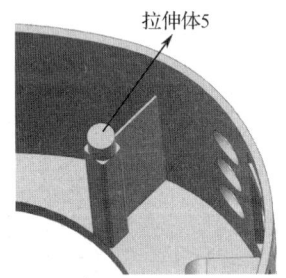

图 4-192　创建拉伸体 4　　　　　　图 4-193　创建拉伸体 5

（3）单击"孔"按钮，弹出"孔"对话框，在"类型"区域选择"螺纹孔"选项，"位置"选择如图 4-193 所示拉伸体 5 的上表面圆心，孔方向垂直于面，布尔运算选择"减去"，设置图 4-194①中的孔参数，单击"确定"按钮，创建螺纹孔，如图 4-194②所示。

（4）单击"阵列特征"按钮，"要形成阵列特征"依次单击拉伸体 4、拉伸体 5、螺纹孔，在"阵列定义"区域的"布局"下拉列表框中选择"圆形"选项，"旋转轴"区域的"指定矢量"选择如图 4-182①所示圆表面的法线方向，"指定点"选择为圆表面的圆心，在"斜角方向"区域的"间距"下拉列表框中选择"数量和跨距"选项，在"数量"文本框中输入数值 4，在"跨角"文本框中输入数值 360，单击"确定"按钮，创建 BOSS 柱的阵列特征，如图 4-195 所示。

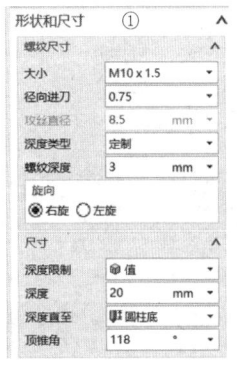 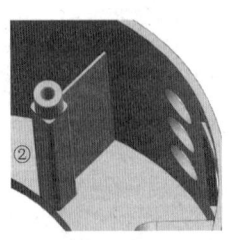 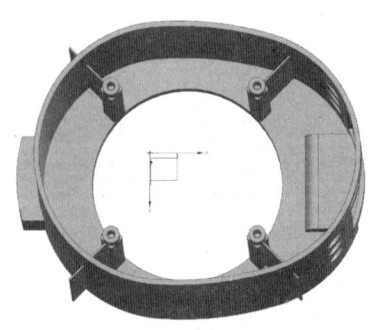

图 4-194　创建螺纹孔　　　　　　图 4-195　创建 BOSS 柱的阵列特征

5. 创建圆角特征

(1) 单击"边倒圆"按钮 ![icon]，弹出"边倒圆"对话框，单击激活"边"区域的"选择边"选项，依次单击如图 4-196①所示的 4 个边，设置图 4-196②中边倒圆参数，单击"确定"按钮，创建圆角特征 1。

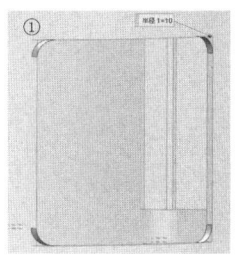
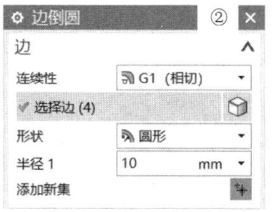

图 4-196　创建圆角特征 1

(2) 与以上操作相似，分别对图 4-197、图 4-198、图 4-199、图 4-200 中相应边创建 $R3$ 圆角特征，对图 4-201 相应边创建 $R10$ 圆角特征。

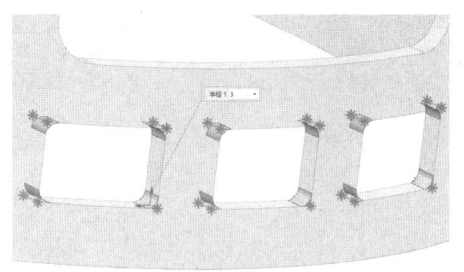
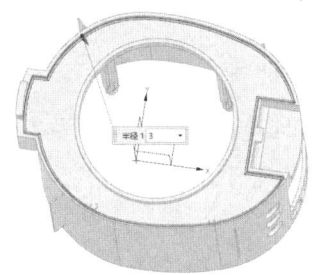

图 4-197　创建圆角特征 2　　　　　　　图 4-198　创建圆角特征 3

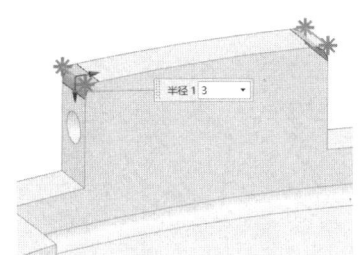
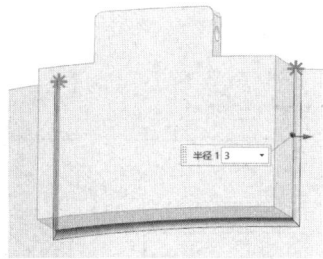
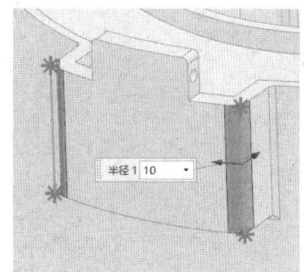

图 4-199　创建圆角特征 4　　　图 4-200　创建圆角特征 5　　　图 4-201　创建圆角特征 6

(3) 通过拉伸切除图 4-202 中的多余部分，最终结果如图 4-203 所示。

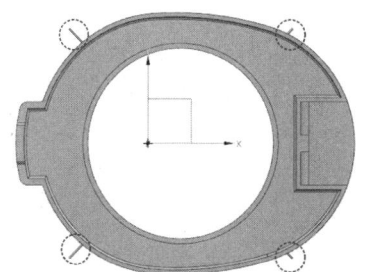
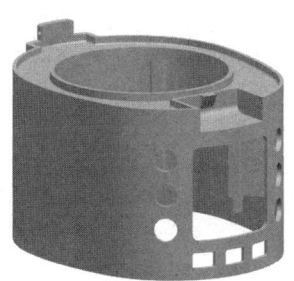

图 4-202　多余部分示意图　　　　　　　图 4-203　最终结果

思考题与项目训练

4-1 思考题

4-1.1 创建圆柱体的方法有哪些？

4-1.2 圆柱体与凸台的区别是什么？

4-1.3 实体建模过程中，基准平面有什么作用？

4-1.4 布尔运算是指什么？如何在特征创建过程中设置布尔运算选项？

4-1.5 如何设置特征对象的隐藏和显示状态？

4-1.6 在 UG NX 12.0 中提供了哪些孔的创建类型？各有什么特点？

4-1.7 创建基准平面的一般方法有哪些？

4-1.8 在 UG NX 12.0 中阵列特征有哪些？应用场合是什么？

4-1.9 请举例说明镜像几何体与镜像特征的区别。

4-1.10 如何利用"表达式"控制实体模型中的参数化尺寸？

4-2 项目训练

4-2.1 使用基本成形特征及布尔运算创建图 4-2.1 所示的轴承座。

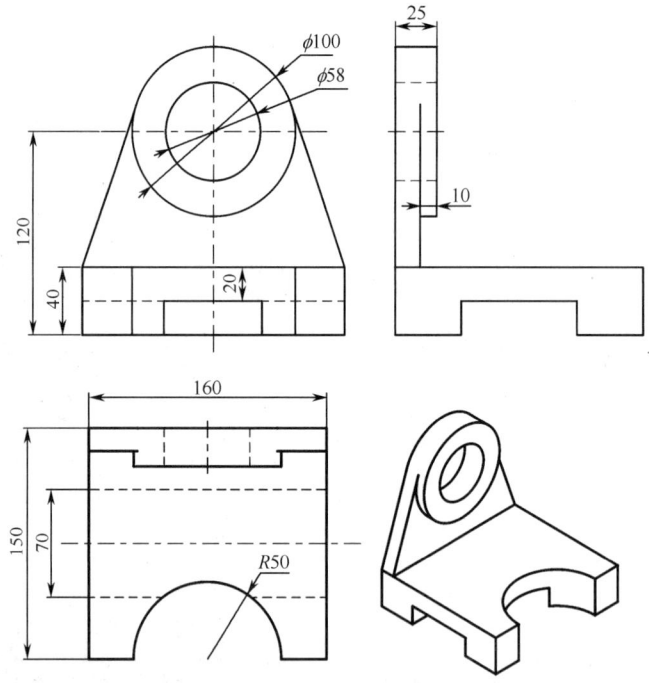

图 4-2.1 轴承座

4-2.2 完成如图 4-2.2 所示轴承底座的创建。

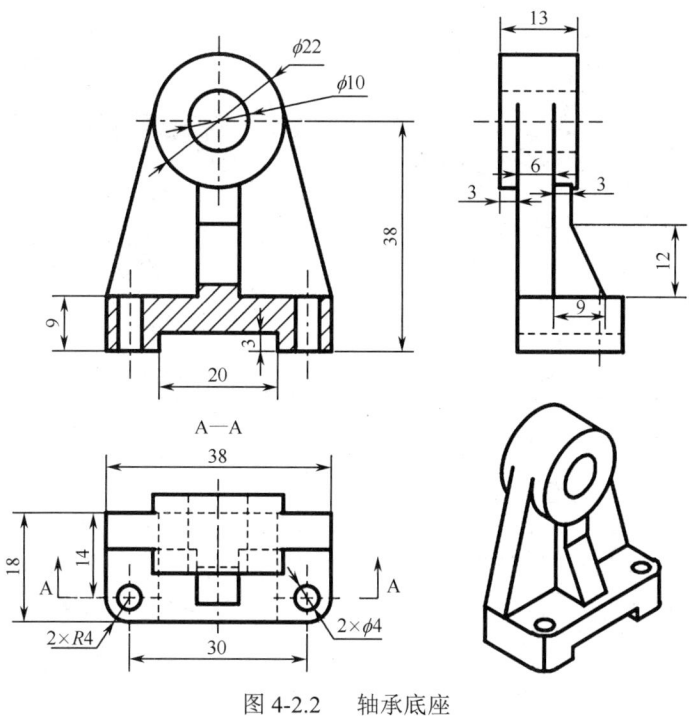

图 4-2.2 轴承底座

4-2.3 完成如图 4-2.3 所示支座的创建。

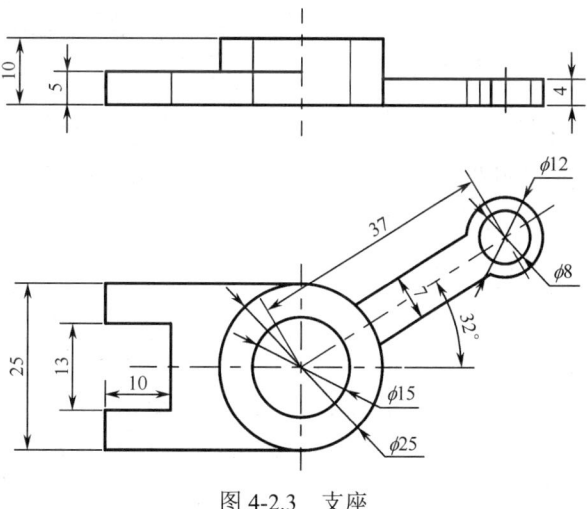

图 4-2.3 支座

4-2.4 使用扫描特征完成如图 4-2.4 所示弯管的创建。

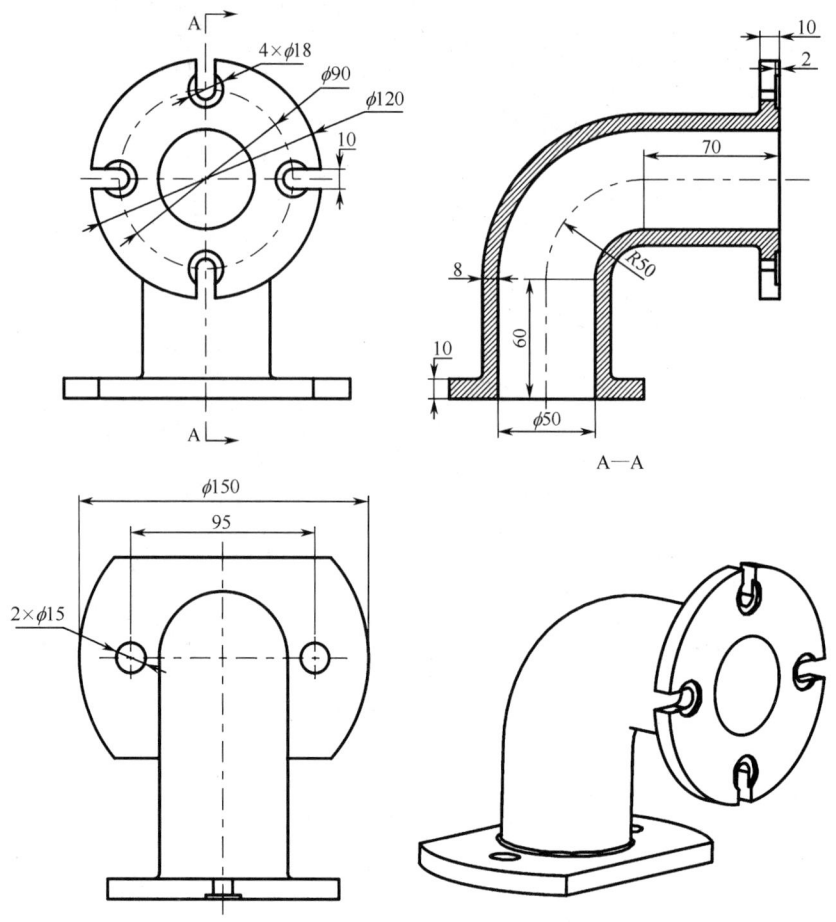

图 4-2.4 弯管

4-2.5 完成如图 4-2.5 所示扳手的创建。

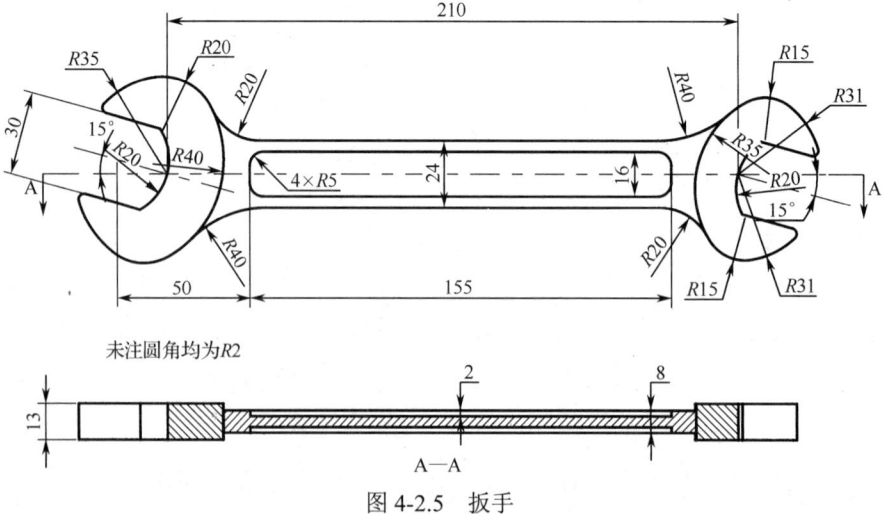

图 4-2.5 扳手

4-2.6 完成如图 4-2.6 所示水杯的创建。

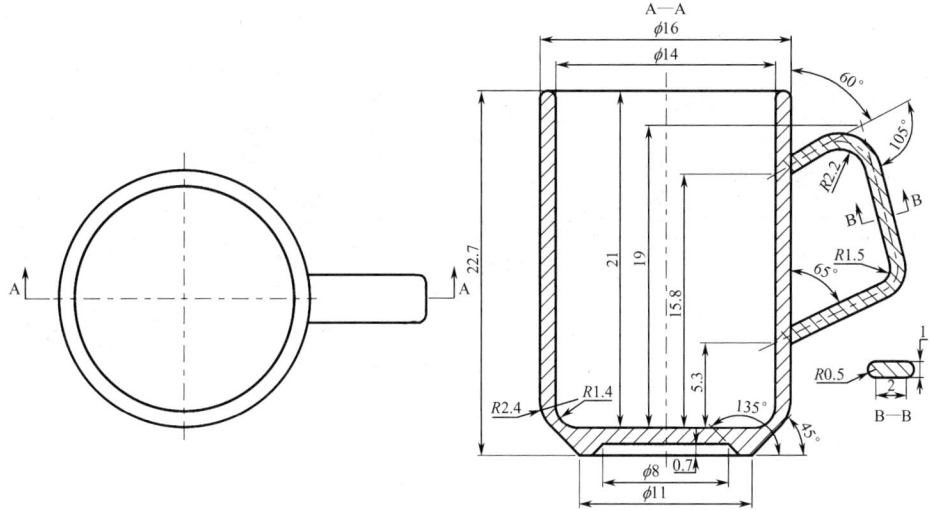

图 4-2.6 水杯

4-2.7 完成如图 4-2.7 所示支架的创建。

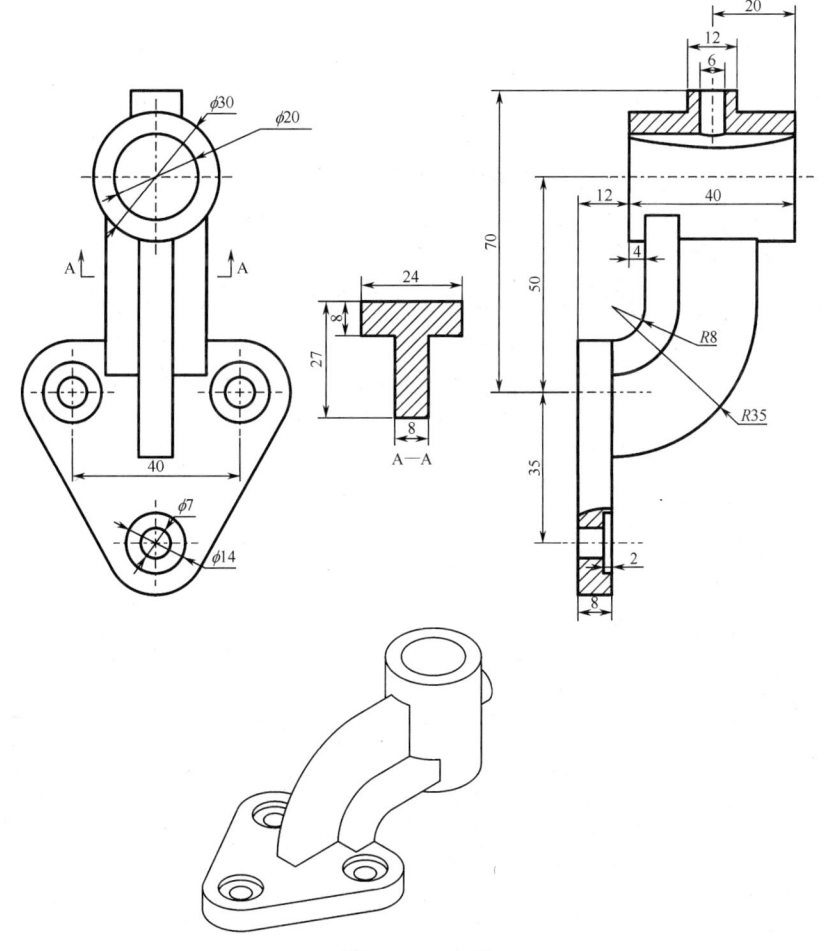

图 4-2.7 支架

在设计复杂产品时,只用实体特征建模是远远不够的,通常要用曲面特征来建立其轮廓和外形,或将几个曲面缝合成一个实体。利用 UG NX 12.0 的曲面造型功能可设计出各种复杂的形状。

按照创建曲面的元素不同,曲面造型的方式大致可以分为由点到面、由线到面和由面到面三种。

由点到面是指通过指定的点来创建曲面,创建出来的面是非参数化的,即生成的曲面与原始构造点之间不相关。当编辑构造点时,曲面不会产生关联性的更新变化。由点到面的命令主要有四点曲面、通过点、从极点和从点云四种。

由线到面是指通过指定的截面曲线来构造曲面,且创建出来的曲面是全参数化的。当编辑构造曲线时,曲面会产生关联性的更新变化。常用的由线到面的命令有直纹面、通过曲线组、通过曲线网格、艺术曲面和扫掠等。

由面到面是指通过已有的曲面生成新的曲面,用这种方法创建的曲面基本上都是参数化的。由面到面常用的命令有桥接、延伸、偏置等。

对已创建的曲面,也可以进行编辑。通过 UG NX 12.0 编辑曲面工具,可以实现对曲面的各种编辑修改操作。

5.1 项目任务

完成图 5-1 所示曲面的绘制。

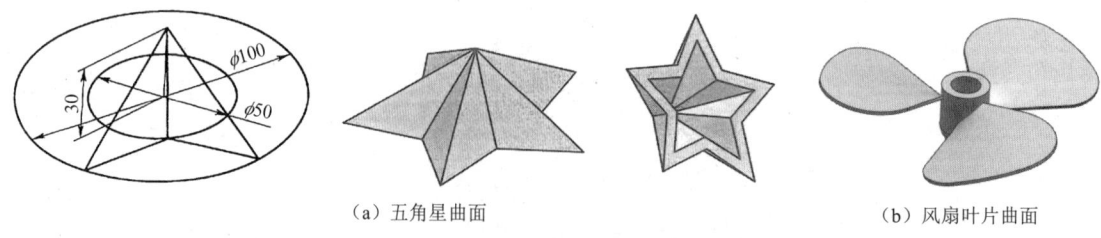

(a) 五角星曲面   (b) 风扇叶片曲面

图 5-1 项目曲面

5.2 项目分析

图 5-1（a）所示的五角星曲面涉及的命令主要有直线、圆、N 边曲面、移动对象、缝合等命令；图 5-1（b）所示风扇叶片涉及的命令主要有偏置曲面、投影曲线、通过曲线组、加厚、偏置面、边倒圆、孔等命令。

5.3 项目相关知识

5.3.1 由点到面——四点曲面

四点曲面是指通过四个不在同一条直线上的点来创建曲面。单击"曲面"工具条中的"四点曲面"按钮，或选择【菜单】|【插入】|【曲面】|【四点曲面】，弹出"四点曲面"对话框。依次指定不共线的四点，便可创建一个自由曲面，如图 5-2 所示。

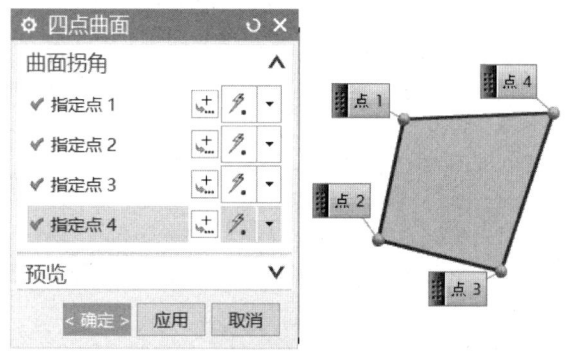

图 5-2 "四点曲面"创建曲面

5.3.2 由点到面——通过点

通过点是指通过指定的点阵创建自由曲面，所创建的曲面完全通过指定的数据点，且数据点的位置和数量会影响整体曲面的平滑度。点阵可以通过"点"对话框在模型中选取或者创建，也可以事先创建一个点阵数据文件,通过选取该点阵数据文件来创建自由曲面。

单击"曲面"工具条上的"通过点"按钮（若未显示在"曲面"工具条中，可通过"定制"操作定制工具条，下同），或选择【菜单】|【插入】|【曲面】|【通过点】，弹出图 5-3 所示的"通过点"对话框。对话框中各项参数含义如下。

图 5-3 "通过点"对话框

1. 补片类型

补片类型是指生成的自由曲面是由单个片体还是由多个片体组成的。

（1）单个　产生单一补片的高阶曲面，即行方向的次数（阶数）为行方向的点数减 1，列方向的次数为列方向的点数减 1。"单个"补片类型在创建复杂曲面时容易失真。

（2）多个　产生多段式补片曲面，此时的次数分别为行次数和列次数中输入的数值。多个片体能更好地与所指定的点阵吻合，因此，一般情况下尽可能选用"多个"补片类型。

2．沿以下方向封闭

沿以下方向封闭是指根据选用的一种封闭方式来封闭创建的自由曲面。

（1）两者皆否　行和列方向皆不封闭。

（2）行　行方向封闭，此时行方向选取的第一点同时作为最后一点。

（3）列　列方向封闭，此时列方向选取的第一点同时作为最后一点。

（4）两者皆是　行和列方向皆封闭。

3．行次数

在 U 方向（行方向）上为自由曲面指定次数。所指定的行方向的次数必须比行方向的点数至少少 1，否则系统报错。系统默认的行次数为 3。

4．列次数

在 V 方向（列方向）为自由曲面指定次数。所指定的列方向的次数必须比列方向的点数至少少 1，否则系统报错。系统默认的列阶次为 3。

5．文件中的点

从文件中读取点数据来创建自由曲面。

【实例 5-1】　利用"通过点"方式创建图 5-4 所示的曲面。（原始文件：XM5\CZSL\CZSL5-1tongguodian.prt）

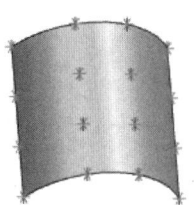 

图 5-4　"通过点"创建曲面实例　　　　　　　　实例 5-1　通过点

【实例 5-2】　通过"文件中的点"方式创建图 5-5 所示的曲面。（原始文件：XM5\CZSL\CZSL5-2）

图 5-5　"文件中的点"创建曲面实例　　　　　　实例 5-2　通过文件中的点

5.3.3 由点到面——从极点

从极点是指通过指定矩形点阵来创建自由曲面,创建的曲面以指定的点为极点。利用该方法创建曲面的步骤与利用"通过点"创建曲面的步骤相似,其区别在于利用该方法创建曲面时,指定的点并不一定都在曲面上,曲面会尽可能地逼近每一个点。

单击"曲面"工具条上的"从极点"按钮,或选择【菜单】|【插入】|【曲面】|【从极点】,弹出图 5-6 所示的"从极点"对话框,其参数含义同"通过点"对话框中参数一致。

图 5-6 "从极点"对话框

【实例 5-3】 利用"从极点"创建如图 5-7 所示的曲面。(原始文件:XM5\CZSL\CZSL5-3)

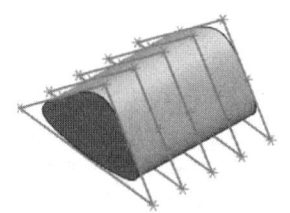

图 5-7 "从极点"创建曲面实例

实例 5-3 从极点

利用曲线构建曲面的"骨架"进而获得曲面,是最常用的曲面构建方法。UG NX 12.0 软件提供了直纹、通过曲线组、通过曲线网格、艺术曲面和扫掠等多种曲面构建命令。利用曲线构建的自由曲面已全面参数化,即对构建曲面的曲线进行编辑、修改后,曲面会自动更新。

5.3.4 由线到面——直纹

图 5-8 "直纹"对话框

直纹是指通过两条截面线串生成片体或实体。这两条截面线串可以是封闭的,也可以是不封闭的。单击"曲面"工具条中的"直纹"按钮,或选择【菜单】|【插入】|【网格曲面】|【直纹】,弹出图 5-8 所示的"直纹"对话框。对话框中部分选项的含义如下。

1. 截面线串 1 和截面线串 2

截面线串 1 和截面线串 2 用于选择两条截面曲线串,即直纹仅支持两个截面对象。截面线串 1 和截面线串 2 可以为单一曲线、多重线段、片体或实体边界。若为多重线段,则系统会根据所选取的起始弧及起始弧的位置定义向量方向,并会按所选取的顺序产生体。如果所选取的两条截面线串都为闭合曲线,则可生成片体,也可生成实体;如果所选取的两条截面线串不闭合,则只能生成片体。

2. 对齐

对齐用于控制两组截面线串的对齐方式。构建曲面时,两组截面线串和等参数曲线建立连接点,对齐方式决定了这些连接点在截面线串上的分布和间隔方式,从而在一定范围内控制曲面的形状。

(1)参数 在构建曲面时,将截面线串要通过的点以相等的参数间隔隔开,使每条曲线的整个长度被等分，所创建出来的曲面在等分的间隔点处对齐。在整个截面线串上，若包含直线和曲线，则直线根据等弧长方式间隔点，而曲线根据等角度方式间隔点。

（2）根据点　构建曲面时，允许用户在两条截面线串间选择一些点作为强制的对应点。

3．设置

设置用于选择生成体的类型，有"实体"和"片体"两个选项。若构建直纹面的两条截面线串均为封闭曲线，则当选择"实体"时，会生成实体，当选择"片体"时，会生成片体。

【实例5-4】　创建图5-9所示直纹面。

（1）打开文件 XM5\CZSL\CZSL5-4zhiwen.prt，如图5-9（a）所示。单击"曲面"工具条中的"直纹"按钮，弹出图5-8所示的"直纹"对话框。按照图5-9（b）分别选择截面线串1和2，其余参数采用默认设置。

（2）单击"直纹"对话框中的"确定"按钮，生成图5-9（c）所示的曲面。

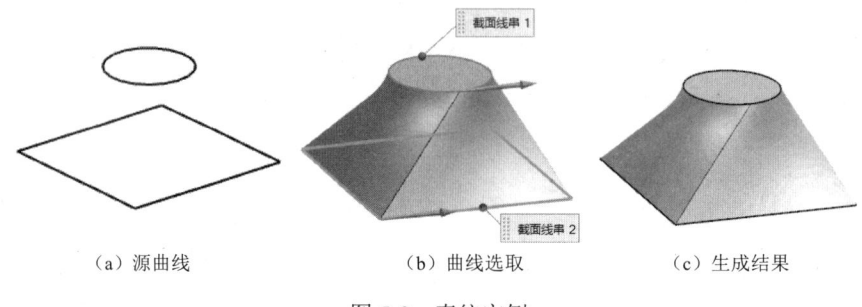

　　（a）源曲线　　　　　　　（b）曲线选取　　　　　　（c）生成结果

图5-9　直纹实例

5.3.5　由线到面——通过曲线组

使用"通过曲线组"方法，可以通过大致在同一方向的一组截面线串建立片体或者实体。截面线串可以由单个或多个对象组成，每个对象可以是曲线、体边界等。

单击"曲面"工具条中的"通过曲线组"按钮，或选择【菜单】|【插入】|【网格曲面】|【通过曲线组】，弹出图5-10所示的"通过曲线组"对话框。对话框中部分选项的含义如下。

1．连续性

连续性用于定义所生成曲面的起始端（第一截面线串）和终止端（最后截面线串）的约束条件。

定义第一截面线串和最后截面线串的约束条件共有以下三种。

（1）G0（位置约束）　生成的曲面与指定面之间为点连续。

（2）G1（相切约束）　生成的曲面与指定面之间为相切连续。

（3）G2（曲率约束）　生成的曲面与指定面之间为曲率连续。

图5-10　"通过曲线组"对话框

2．对齐

对齐的作用与"直纹"命令的相似。其对齐方式共有七种，其中"参数"对齐方式和"根据点"对齐方式与"直纹"中的含义一致，下面仅介绍其他五种对齐方式。

（1）弧长　构建曲面时，对于两组截面线串和等参数曲线，根据等弧长方式建立连接点。

（2）距离　在指定的矢量方向上将点沿每条曲线以等距离方式隔开。

（3）角度　构建曲面时，用户指定一条轴线，使通过这条轴线等角分布的平面与截面线串的交点作为两组截面线串对应的连接点。

（4）脊线　构建曲面时，用户指定一条脊线，使垂直于脊线的平面与截面线串的交点为创建曲面的连接点。

（5）根据分段　根据包含段数最多的截面曲线，按照每一段曲线的长度比例划分其余的截面曲线，并建立连接对应点。

3．输出曲面选项

输出曲面选项可以设置补片类型、V向封闭性、垂直于终止截面和构造等参数。

（1）补片类型　该选项用于设置生成曲面的类型，有单个、多个和匹配线串三个选项。

（2）V向封闭性　该选项用于设置V向是否封闭。若启用该选项，并且选择封闭的截面线串，则系统自动创建出封闭的实体。

（3）垂直于终止截面　若启用该选项，则所创建的曲面与终止截面垂直。

（4）构造　包括"法向""样条点"和"简单"三个选项。"法向"选项为使用标准方法构建曲面，所构建的曲面比其他方法构建的曲面有更多的补片数。"样条点"选项要求每条截面线串都要使用单根B样条曲线，并要求有相同数量的定义点，利用这些定义点和点的斜率值来构建曲面。

4．设置

设置选项可以设置体类型、保留形状和公差值等参数。

【实例5-5】　通过曲线组创建图5-11所示的曲面。

（1）打开文件 XM5\CZSL\CZSL5-5quxianzu.prt，如图5-11（a）所示。单击"曲面"工具条中的"通过曲线组"按钮 。按照图5-11（b）所示方法依次选择截面线串。选择完一条截面线串后，必须使用对话框中的"添加新集"按钮 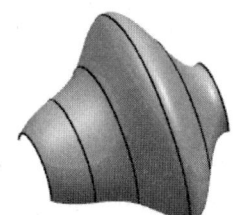，才能继续添加其他截面线串，其余参数采用默认设置。

（2）单击对话框中的"确定"按钮，生成图5-11（c）所示的曲面。

（a）源曲线　　　　　　　（b）曲线选取　　　　　　　（c）生成结果

图5-11　"通过曲线组"创建曲面实例

⚠　在选择截面线串时，截面曲线的矢量方向应保持一致。因此在使用光标选择曲线时应注意选择位置，若选择的截面曲线的矢量相反，则会使曲面发生扭曲变形。

5.3.6　由线到面——通过曲线网格

利用"通过曲线网格"命令，可以通过一个方向的截面网格和另一方向的引导线创建片体或实体。此时，直纹形状匹配曲线网格。若将其中一组同方向的曲线串定义为主曲线，则另外一组大致垂直于主曲线的截面线串被定义为交叉曲线。定义的主曲线和交叉曲线必须在设定的公差范围内相交。

图 5-12 "通过曲线网格"
对话框

单击"曲面"工具条中的"通过曲线网格"按钮，或选择【菜单】|【插入】|【网格曲面】|【通过曲线网格】，弹出图 5-12 所示的"通过曲线网格"对话框，对话框中主要选项的含义如下。

1. 主曲线和交叉曲线

用于选取主曲线和交叉曲线。需要注意的是，在选择完一条曲线后，必须使用对话框中的"添加新集"按钮，才能继续添加其他主曲线或交叉曲线。

2. 输出曲面选项

"输出曲面选项"区域有"着重"和"构造"两个选项。"着重"下拉列表框中有"两者皆是""主线串"和"交叉线串"三个选项，用于设置系统在生成曲面时，是使主曲线和交叉曲线具有相同的效果，还是更强调主曲线或交叉曲线。"构造"下拉列表框中的三个选项的含义与"通过曲线组"命令中的一致，在此不再赘述。

3. 设置

"设置"区域有"体类型"和"重新构建"两个选项。

（1）体类型 可以设置生成的是实体还是片体。

（2）重新构建 用于重新定义主曲线和交叉曲线的阶次，有"无""阶次和公差"和"自动拟合"三个选项。

【实例 5-6】 利用"通过曲线网格"命令创建图 5-13（b）所示的曲面。（原始文件：XM5\CZSL\CZSL5-6quxianwangge.prt）

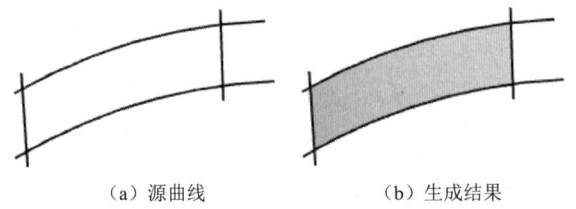

（a）源曲线　　　　　（b）生成结果

图 5-13 "通过曲线网格"创建曲面实例

实例 5-6 通过曲线网格

5.3.7 由线到面——艺术曲面

"艺术曲面"命令类似于"通过曲线网格"命令。它可以通过任意数量的截面线串［截面（主要）曲线］和引导线串［引导（交叉）曲线］创建曲面，在曲面创建完成后还可以改变曲面之间的约束方式。

单击"曲面"工具条中的"艺术曲面"按钮，或选择【菜单】|【插入】|【网格曲面】|【艺术曲面】，弹出图 5-14 所示的"艺术曲面"对话框。

【实例 5-7】 创建艺术曲面。

（1）打开文件 XM5\CZSL\CZSL5-7ysqm.prt，如图 5-15（a）所示。单击"曲面"工具条中的"艺术曲面"按钮。按照图 5-15

图 5-14 "艺术曲面"对话框

(b) 所示方法选择截面曲线，其余参数采用默认设置。单击对话框中的"应用"按钮，生成图 5-15（c）所示的曲面。

（2）在上边框条中的"曲线规则"中选择"单挑曲线"选项，再按照图 5-16（a）所示选择截面曲线，其余参数采用默认设置。单击对话框中的"应用"按钮，生成图 5-16（b）所示的曲面。

（3）按照图 5-17（a）所示选择截面曲线，"连续性"选项中的"第一截面"和"最后截面"参数设置为"G1（相切）"，其余参数采用默认设置，并选择图示的第一截面和最后截面。单击对话框中的"确定"按钮，生成图 5-17（b）所示的曲面。

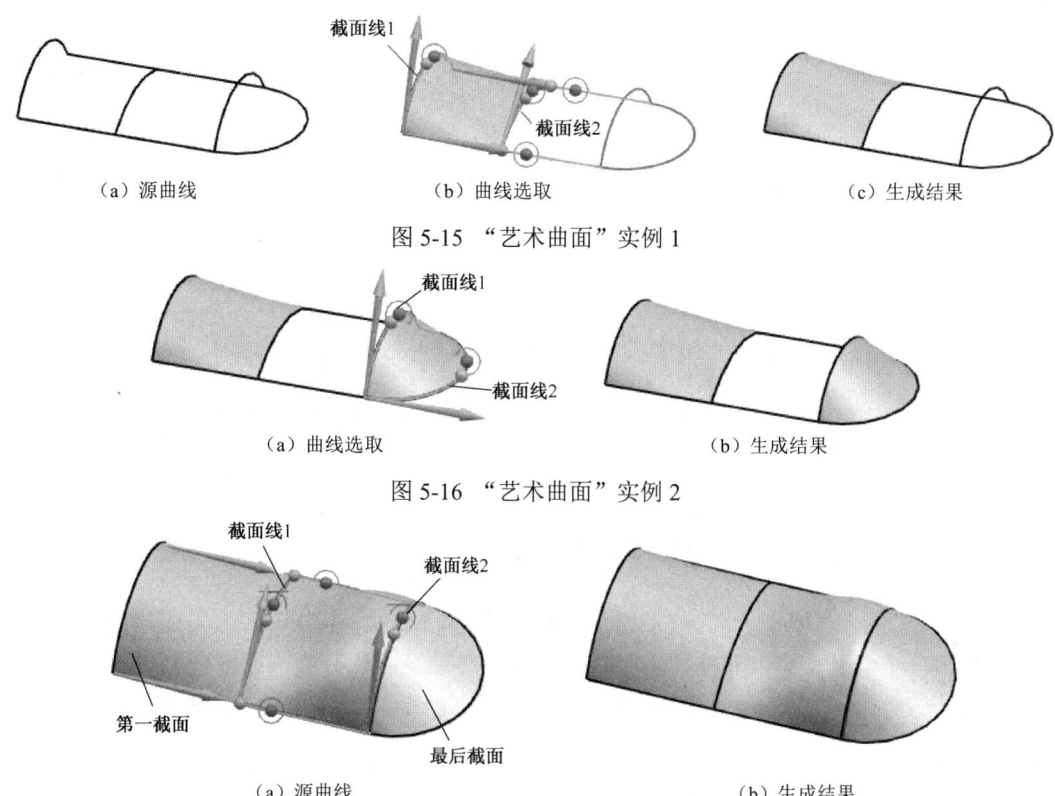

图 5-15 "艺术曲面"实例 1

图 5-16 "艺术曲面"实例 2

图 5-17 "艺术曲面"实例 3

5.3.8 由线到面——N 边曲面

N 边曲面用于创建由一组端点相连的曲线封闭的曲面，并指定其余外部面的连续性。

单击"曲面"工具条中的"N 边曲面"按钮，或选择【菜单】|【插入】|【网格曲面】|【N 边曲面】，弹出图 5-18 所示的"N 边曲面"对话框，对话框中部分选项的含义如下。

该对话框中包含两种 N 边曲面创建类型：已修剪和三角形。

1. 已修剪

已修剪是指创建单个曲面，覆盖选定曲面的开放或封闭环内的整个区域。

图 5-18 "N 边曲面"对话框

2. 三角形

三角形是指在选中曲面的闭环内创建一个由单独的三角形补片构成的曲面，每个补片由每条边和公共中心点之间的三角形区域组成。

【实例 5-8】 创建图 5-19 所示的 N 边曲面。（原始文件：XM5\ CZSL\CZSL5-8N 边曲面源文件.prt）

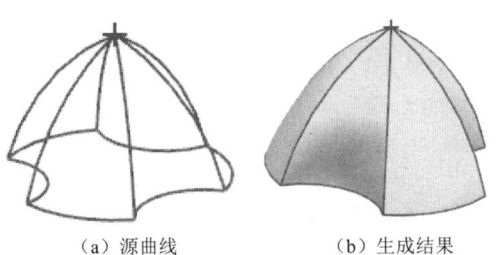

（a）源曲线　　　　（b）生成结果

图 5-19 "N 边曲面"创建曲面实例

实例 5-8 N 边曲面

5.3.9 由线到面——扫掠

图 5-20 "扫掠"对话框

扫掠曲面是通过预先规定的方式将曲线轮廓（截面线串）沿着空间路径（引导线串）移动而生成的曲面。

单击"曲面"工具条中的"扫掠"按钮，或选择【菜单】|【插入】|【扫掠】|【扫掠】，弹出图 5-20 所示的"扫掠"对话框，对话框中部分选项的含义如下。

1. 截面

用于指定截面线。截面线可以由单段或多段曲线组成，截面线可以是曲线，也可以是实体（片体）的边。组成每条截面线的所有曲线段之间不一定是相切过渡（G1 连续），但必须是 G0 连续。扫掠至少需要一条截面线，最多可以使用 150 条。

2. 引导线

引导线控制曲面生成方向的范围和尺寸变化。根据用户选择的引导线数目的不同，需要用户给出不同的附加条件。在几何上，引导线即母线，根据三点确定一个平面的原理，用户最多可以设置三条引导线。

3. 脊线

在扫掠过程中，使用脊线可以进一步控制截面线的扫掠方向。当使用一条截面线时，脊线会影响扫掠的长度。当脊线垂直于每条截面线时，使用的效果最好。

一般情况下不建议使用脊线，除非由引导线的不均匀参数化而导致扫掠体形状不理想时，才使用脊线。

4. 截面选项

"截面选项"区域有截面位置、定位方法和缩放方法三个选项。

（1）截面位置　选择"沿引导线任何位置"或"引导线末端"来定义截面位置。

（2）定位方法　当只使用一条引导线时，截面线在被扫掠过程中，其方位不能完全得到确定，需要进一步的约束条件来进行控制。定位方法包含固定、面的法向、矢量方向、另一曲线、一个点、角的规律和强制方向七种。

（3）缩放方法　当只使用一条引导线时，扫掠时可以进行缩放控制。当截面线沿着引导线扫掠时，其尺寸可以放大或缩小，或者根据一定的规律进行变化。缩放方法有恒定、倒圆功能、另一曲线、一个点、面积规律和周长规律六种。

【实例 5-9】　创建扫掠曲面。

（1）打开文件 XM5\CZSL\CZSL5-9saolue1.prt，如图 5-21（a）所示。单击"曲面"工具条中的"扫掠"按钮 。按照图 5-21（b）所示选择截面线和引导线，其余参数采用默认设置。单击"扫掠"对话框中的"确定"按钮，生成图 5-21（b）所示的曲面。

（2）打开文件 XM5\CZSL\CZSL5-9saolue2.prt，如图 5-22（a）所示。单击"曲面"工具条中的"扫掠"按钮 。按照图 5-22（b）所示选择截面线和引导线，其余参数采用默认设置。单击"扫掠"对话框中的"确定"按钮，生成图 5-22（b）所示的曲面。

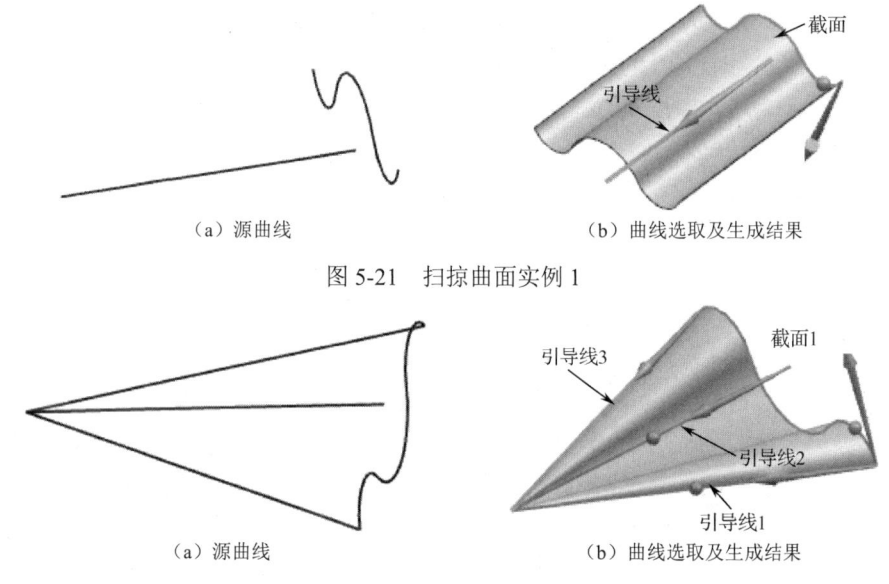

图 5-21　扫掠曲面实例 1

图 5-22　扫掠曲面实例 2

（3）打开文件 XM5\CZSL\CZSL5-9saolue3.prt，如图 5-23（a）所示。单击"曲面"工具条中的"扫掠"按钮 。按照图 5-23（b）所示选择截面线和引导线，其余参数采用默认设置。单击"扫掠"对话框中的"确定"按钮，生成图 5-23（b）所示的曲面。

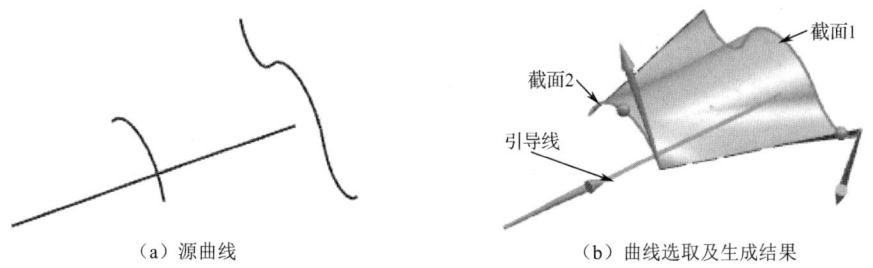

图 5-23　扫掠曲面实例 3

5.3.10 由线到面——有界平面

有界平面用于创建由一组端点相连的封闭平面曲线的平面片体。这组曲线必须共面，并且形成封闭形状。要创建一个有界平面，必须创建其边界，并且在必要时还要定义所有的内部边界。

单击"曲面"工具条中的"有界平面"按钮 ，或选择【菜单】|【插入】|【曲面】|【有界平面】，弹出图 5-24 所示的"有界平面"对话框，选择封闭曲线，单击"有界平面"对话框中的"确定"按钮。

图 5-24 "有界平面"对话框

5.3.11 由线到面——过渡

过渡用于在两个或多个截面曲线相交的位置创建一个过渡曲面特征。

单击"曲面"工具条中的"过渡"按钮 ，或选择【菜单】|【插入】|【曲面】|【过渡】，弹出图 5-25 所示的"过渡"对话框，选择截面曲线，单击"过渡"对话框中的"确定"按钮。

【实例 5-10】 过渡曲面。

打开文件 XM5\CZSL\CZSL5-10guoduqumian.prt，如图 5-26（a）所示。单击"曲面"工具条中的"过渡"按钮。按照图 5-26（b）所示选择截面线，其余参数采用默认设置。单击"过渡"对话框中的"确定"按钮，生成图 5-26（c）所示的曲面。

图 5-25 "过渡"对话框

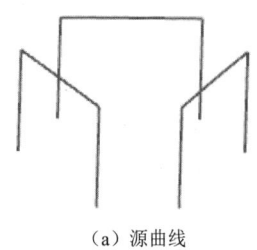

（a）源曲线

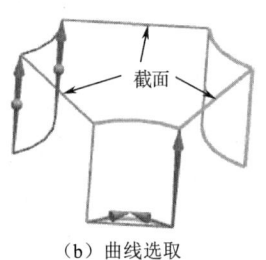

（b）曲线选取

（c）生成曲面结果

图 5-26 过渡曲面实例

5.3.12 由线到面——填充曲面

填充曲面通过从曲线或边的边界创建高质量的单个曲面。

单击"曲面"工具条中的"填充曲面"按钮 ，或选择【菜单】|【插入】|【曲面】|【填充曲面】，弹出"填充曲面"对话框，选择封闭曲线，单击"填充曲面"对话框中的"确定"按钮，如图 5-27 所示。

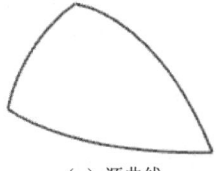

（a）源曲线

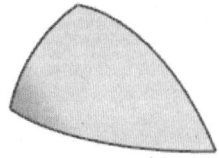

（b）生成结果

图 5-27 填充曲面

5.3.13 曲面操作——修剪片体

修剪片体是指利用曲线、曲面或基准平面去修剪片体的一部分。修剪片体工具主要用来修剪曲面，以此创建出合理的图形。单击"曲面操作"工具条中的"修剪片体"按钮，或选择【菜单】|【插入】|【修剪】|【修剪片体】，弹出图 5-28（a）所示的"修剪片体"对话框。在"目标"区域单击"选择片体"选项，在绘图区选择需要修剪的片体，再在"边界"区域单击"选择对象"选项，在绘图区选择修剪的曲线或曲面或基准平面；在"区域"区域单击"选择区域"选项，选择片体的左边部分为保留部分，其余参数采用默认设置。

单击对话框中的"确定"按钮，生成图 5-28（b）所示的曲面。

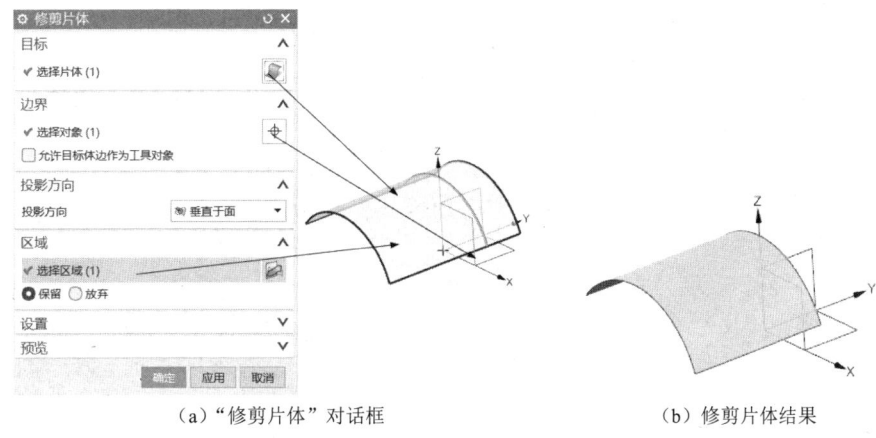

（a）"修剪片体"对话框　　　　　　　（b）修剪片体结果

图 5-28　修剪片体

5.3.14 曲面操作——偏置曲面

偏置曲面是指将某一曲面沿该面的法向按给定的距离偏置而生成另一曲面。单击"曲面操作"工具条中的"偏置曲面"按钮，或选择【菜单】|【插入】|【偏置/缩放】|【偏置曲面】，弹出图 5-29（a）所示的"偏置曲面"对话框。现以实例介绍该命令的操作方法。

【实例 5-11】 偏置曲面。

（1）打开文件 XM5\CZSL\CZSL5-11pianzhiqumian.prt。单击"曲面操作"工具条中的"偏置曲面"按钮，弹出图 5-29（a）所示的"偏置曲面"对话框。在"偏置 1"文本框中输入数值 180；按照图 5-29（b）所示选择面，其余参数采用默认设置。

（2）单击对话框中的"确定"按钮，生成图 5-29（c）所示的曲面。

 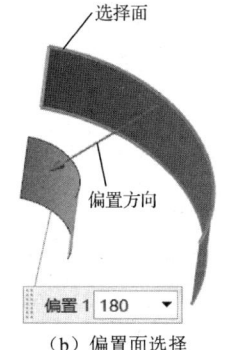 

（a）"偏置曲面"对话框　　　（b）偏置面选择　　　（c）偏置曲面结果

图 5-29　偏置曲面实例

5.3.15 曲面操作——修剪和延伸

"修剪和延伸"允许使用由边或曲面组成的一组工具对象来延伸和修剪一个或多个曲面。单击"曲面操作"工具条中的"修剪和延伸"按钮，或选择【菜单】|【插入】|【修剪】|【修剪和延伸】，弹出图 5-30 所示的"修剪和延伸"对话框，对话框中部分选项的含义如下。

图 5-30 "修剪和延伸"对话框

1. 修剪和延伸类型

用于指定修剪和延伸的操作类型，有直至选定、制作拐角两种类型。

（1）直至选定　使用选中的边或面作为工具修剪或延伸目标。

（2）制作拐角　在目标和工具之间形成拐角。

2. 目标

选择要修剪或延伸的边或面。

3. 工具

如果选择了边，则用它来限制对目标对象的修剪或延伸；如果选择了面，则只能修剪目标对象（也就是说，不能使用该面作为延伸限制）。可以从单个片体或实体上选择一组相连的面，或选择一个片体的一组相连的自由边缘。

4. 设置

指定延伸操作的连续类型。

（1）自然相切　在选中的边上，延伸在与面相切的方向上是线性的。这种类型的延伸为相切（G1）连续。

（2）自然曲率　面延伸时曲率（G2）连续。为了确保在延伸开始时为 G2 连续，在一小段距离后趋于线性算法，可以进行此项操作。

（3）镜像　面的延伸尽可能反映或"镜像"要延伸的面的形状。

延伸的曲面在自然相切和自然曲率之间的角度偏差通常约为 3°。

【实例 5-12】　修剪和延伸曲面。

（1）打开文件 XM5\CZSL\CZSL5-12xiujianyuyanshen1.prt，源曲面如图 5-31（a）所示。单击"曲面操作"工具条中的"修剪和延伸"按钮，弹出"修剪和延伸"对话框。在该对话框中，在"修剪和延伸类型"区域选择"直至选定"选项，"目标"和"工具"的选取如图 5-31（b）所示。单击对话框中的"确定"按钮，沿着工具片体对目标片体进行延伸，结果如图 5-31（c）所示。

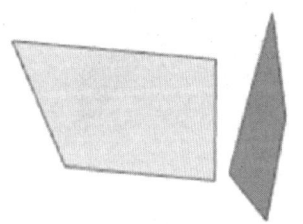
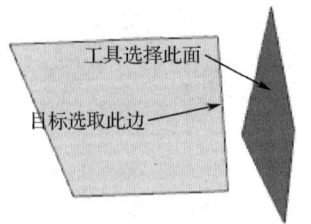
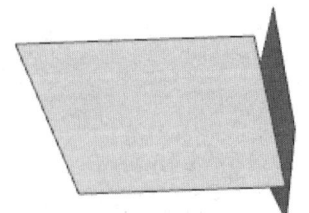

(a) 源曲面　　　　　　(b) 目标和工具的选取　　　　　　(c) 生成结果

图 5-31　用片体修剪片体实例

（2）打开文件 XM5\CZSL\CZSL5-12xiujianyuyanshen2.prt，源曲面如图 5-32（a）所示。单击"曲面操作"工具条中的"修剪和延伸"按钮，弹出"修剪和延伸"对话框。在该对话框中，在"修剪和延伸类型"区域选择"制作拐角"选项，"目标"和"工具"的选取如图 5-32（b）、图 5-32（c）所示，在"需要的结果"区域"箭头侧"选项选择"保持"，在"设置"区域"曲面延伸形状"中选择"自然曲率"选项，其余参数采用默认设置。单击对话框中的"确定"按钮完成制作拐角，结果如图 5-32（d）所示。

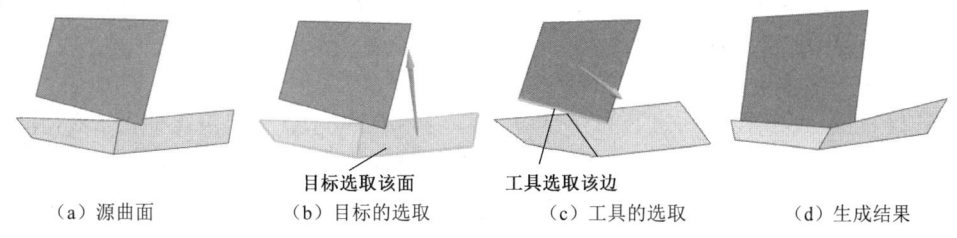

（a）源曲面　　（b）目标的选取　　（c）工具的选取　　（d）生成结果

图 5-32　制作拐角实例

5.3.16　曲面操作——缝合

缝合用于将两个或更多片体连接成一个片体。如果用于缝合的片体包围一定的体积，则创建一个实体。选定片体的任何缝隙都不能大于指定公差，否则将获得一个片体，而非实体。如果两个实体共享一个或多个公共（重合）面，则还可以缝合这两个实体。

单击"曲面操作"工具条中的"缝合"按钮，或选择【菜单】|【插入】|【组合】|【缝合】，弹出图 5-33 所示的"缝合"对话框，类型有片体和实体两种。在本例中，类型选择为片体，"目标"选择图中竖直的片体，"工具"选择水平的平面，其余参数采用默认设置，如图 5-34 所示。

单击对话框中的"确定"按钮，完成"缝合"操作。

图 5-33　"缝合"对话框

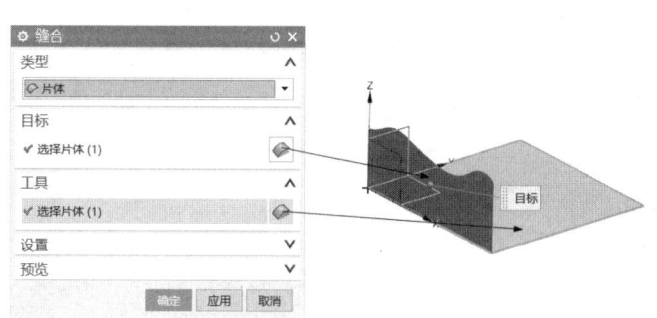

图 5-34　缝合曲面

5.4　项目实施

5.4.1　五角星曲面绘制

1. 启动 UG NX 12.0 并创建新文件

启动软件并新建一个文件，文件名为"项目 5-1 五角星.prt"。

项目 5-1　五角星

2. 绘制曲线

（1）绘制同心圆。单击"曲线"选项卡"曲线"工具条中的"圆弧/圆"按钮，以坐标原点为圆心，分别绘制直径为 50mm 和 100mm 的圆，如图 5-35 所示。

（2）等分圆。单击"曲线"工具条中的"分割曲线"按钮，将 ϕ100mm 的圆进行五等分。

（3）绘制斜线。单击"曲线"工具条中的"直线"按钮，以五等分圆的任一分割点为起点，坐标(0,0,30)的点为终点做一条直线。再以五等分圆的相邻另一分割点为起点，坐标(0,0,30)的点为终点做一条直线，如图 5-36 所示。

（4）做圆心与 ϕ100mm 圆弧中点的直线，与 ϕ50mm 的圆相交，如图 5-37 所示。

（5）连接直线。分别连接（4）的交点与（3）中相应的起点和交点，如图 5-38 所示。

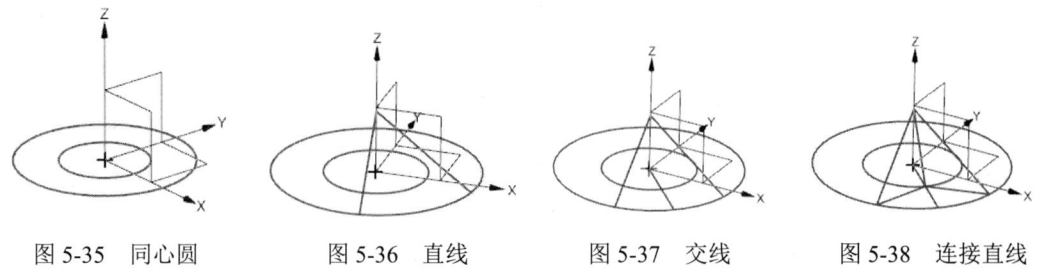

图 5-35　同心圆　　图 5-36　直线　　图 5-37　交线　　图 5-38　连接直线

（6）隐藏（4）中的直线。

3. 绘制曲面

（1）创建曲面。单击"曲面"工具条中的"N 边曲面"按钮，选择图 5-39 所示的三条直线，在"设置"区域勾选"修剪到边界"复选框，同理，创建右边的曲面。

（2）复制曲面。选择【菜单】|【编辑】|【移动对象】，弹出"移动对象"对话框，如图 5-40 所示，选择（1）中创建的 2 个曲面，"运动"选择"角度"，"指定矢量"选择"ZC 轴"，各参数设置如图 5-40 所示，单击"确定"按钮，结果如图 5-41 所示。

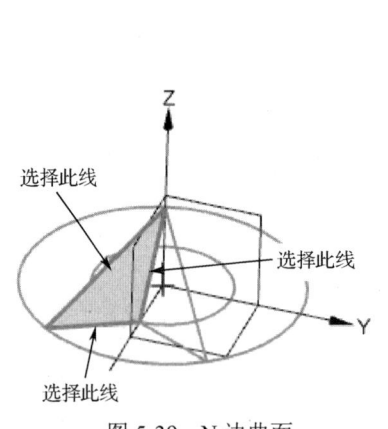

图 5-39　N 边曲面

图 5-40　"移动对象"对话框

（3）隐藏所有曲线。

（4）绘制五角星底部曲面。单击"曲面"工具条中的"N 边曲面"按钮，选择底部的五角星各边，如图 5-42 所示。

（5）缝合曲面。单击"曲面操作"工具条中的"缝合"按钮，弹出"缝合"对话框，如图5-43所示，"目标"选择底部的曲面，"工具"选择侧面的10个曲面，单击"确定"按钮，结果如图5-44所示。

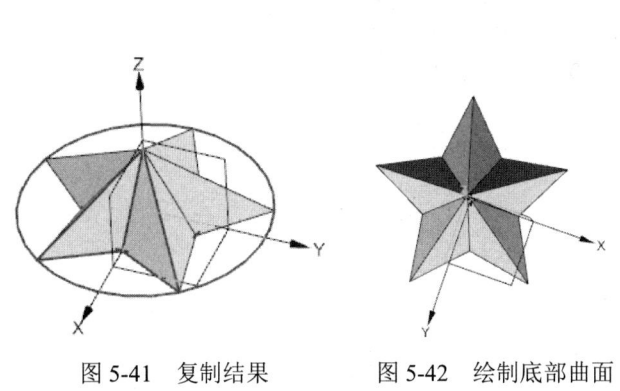

图5-41 复制结果　　　图5-42 绘制底部曲面　　　图5-43 "缝合"对话框

（6）抽壳。单击"特征"工具条中的"抽壳"按钮，弹出"抽壳"对话框，选择"底部"为"要穿透的面"，厚度为5mm，单击"确定"按钮，结果如图5-45所示。

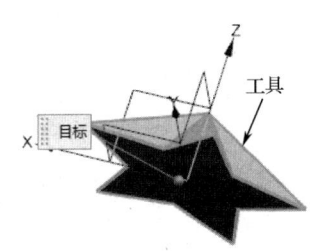

图5-44 缝合结果　　　　　　图5-45 五角星

5.4.2 风扇叶片曲面绘制

1. 启动UG NX 12.0并创建新文件

启动软件并新建一个文件，文件名为"项目5-2风扇叶片.prt"。

项目5-2 风扇叶片

2. 创建圆柱体

选择【菜单】|【插入】|【设计特征】|【圆柱】，弹出"圆柱"对话框，设置圆的直径为32mm，圆柱高度为42mm，其余参数采用默认设置，单击"确定"按钮，创建圆柱体，如图5-46所示。

3. 绘制曲面

（1）绘制曲线。单击"在任务环境中绘制草图"按钮，弹出"创建草图"对话框。选择YZ基准平面为草图平面，单击"确定"按钮，进入草图环境，绘制图5-47所示的草图。

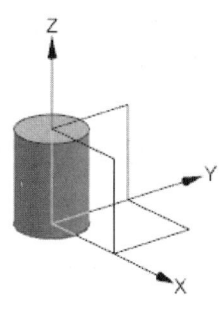 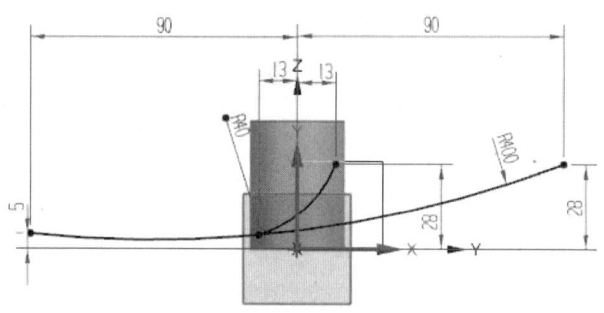

图 5-46 创建圆柱体　　　　　　图 5-47 创建草图

（2）单击"曲面操作"工具条中的"偏置曲面"按钮，弹出图 5-48 所示的"偏置曲面"对话框，选择圆柱面作为要偏置的面，在"偏置 1"文本框中输入数值 80，其余参数采用默认设置。单击对话框中的"确定"按钮，生成结果如图 5-49 所示。

 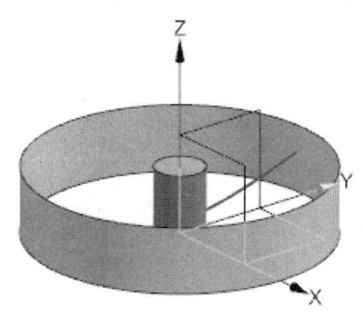

图 5-48 "偏置曲面"对话框　　　　　　图 5-49 偏置曲面

（3）编辑对象显示。单击"视图"选项卡中的"编辑对象显示"按钮，弹出"类选择"对话框。选择圆柱体和偏置后的片体，单击"确定"按钮，弹出"编辑对象显示"对话框，将透明度设置为 80%，单击"确定"按钮。

（4）单击"曲线"选项卡中"派生曲线"工具条中的"投影曲线"按钮，弹出"投影曲线"对话框。在上边框条中的"曲线规则"下拉列表中选择"单条曲线"，选择 R40 圆弧作为要投影的对象的曲线，选择圆柱体外表面作为要投影的对象，激活"指定矢量"选项，选择 X 基准轴作为要投影的方向，"设置"区域的"输入曲线"设置为"隐藏"，其余参数采用默认设置，如图 5-50 所示，单击"应用"按钮，完成 R40 圆弧的投影。

（5）将 R400 圆弧投影至偏置后的圆柱面片体上，操作过程、投影的方向及相关设置与第（4）步类似，单击"投影曲线"对话框中的"确定"按钮，操作结果如图 5-51（a）所示。

（6）隐藏不必要的对象，操作结果如图 5-51（b）所示。

（7）更改 R400 圆弧投影后的曲线长度。单击"曲线"选项卡"编辑曲线"工具条中的"曲线长度"按钮，弹出"曲线长度"对话框。选择 R400 圆弧投影后的曲线作为要更改长度的对象，"限制"选项参数设定如图 5-52 所示，其余参数采用默认设置，单击"应用"按钮。

项目 5　曲面造型

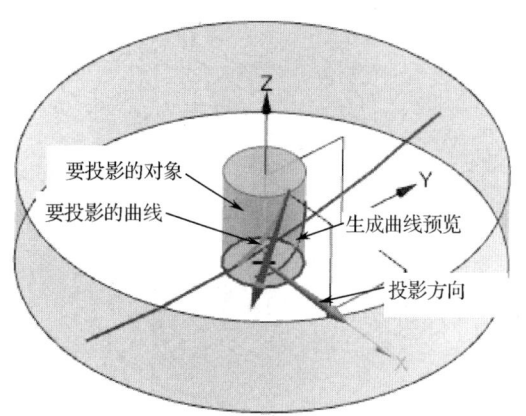

图 5-50　投影 R40 圆弧曲线

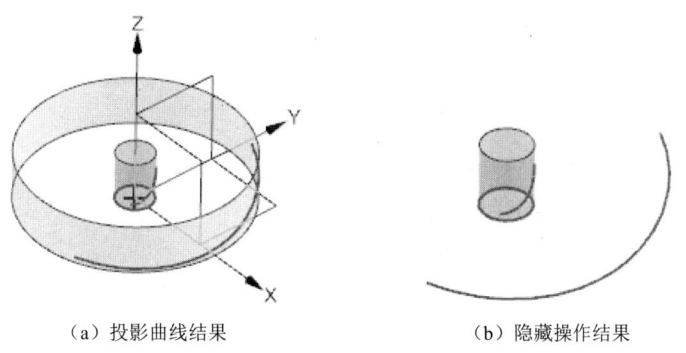

(a) 投影曲线结果　　　　　　　(b) 隐藏操作结果

图 5-51　投影 R400 圆弧曲线和隐藏操作结果

(8) 更改 R40 圆弧投影后的曲线长度。选择 R40 圆弧作为要更改长度的对象，在"曲线长度"对话框中的"限制"区域，"开始"设置为"-8"，"结束"设置为"-8"，其余设置同第 (7) 步，单击"确定"按钮，操作结果如图 5-53 所示。

(9) 单击"曲面"选项卡"曲面"工具条中的"通过曲线组"按钮 ，依次选择两条曲线作为截面线串 1 和 2。需要注意的是，选择完一条截面线串后，必须使用对话框中的"添加新集"按钮 ，才能继续添加其他截面线串，其余参数采用默认设置。单击对话框中的"确定"按钮，生成图 5-54 所示的曲面。

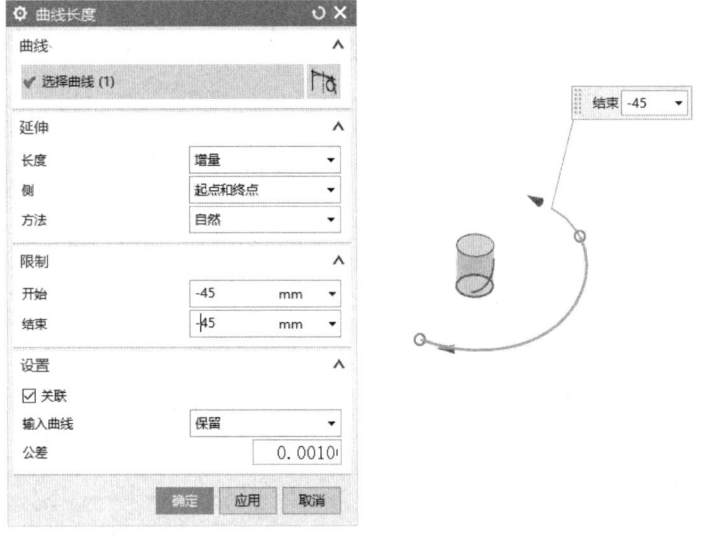

图 5-52　更改曲线长度

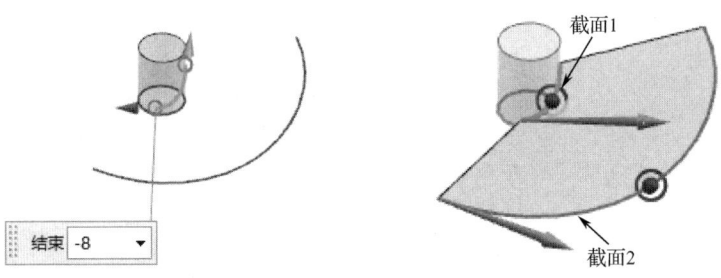

图 5-53　曲线长度操作结果　　　图 5-54　通过曲线组操作结果

（10）加厚片体。单击"曲面操作"工具条中的"加厚"按钮 ，弹出"加厚"对话框，选择第（9）步操作生成的曲面作为要加厚的对象，对厚度参数进行设置，其余参数采用默认设置，单击"确定"按钮，如图 5-55 所示。

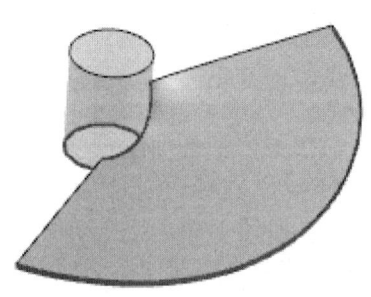

图 5-55　加厚片体

（11）单击"主页"选项卡"特征"工具条中"边倒圆"按钮 ，弹出图 5-56 所示的"边倒圆"对话框，选择图 5-57 所示的两条边进行边倒圆，半径设置为 36mm 和 22mm。单击"确定"按钮，边倒圆结果如图 5-58 所示。

项目 5 曲面造型

图 5-56 "边倒圆"对话框

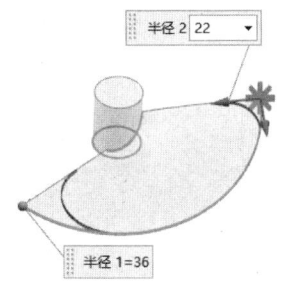

图 5-57 边选取及预览

（12）隐藏圆柱体、片体及曲线，操作结果如图 5-59 所示。

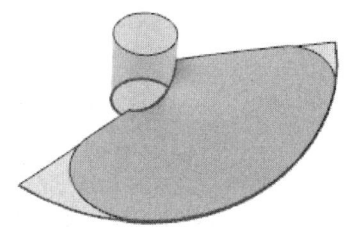

图 5-58 边倒圆结果

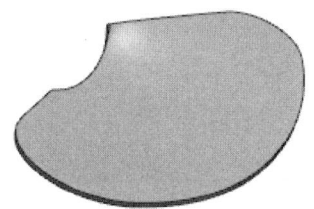

图 5-59 操作结果

（13）移动实体面。单击"同步建模"工具条中的"移动面"按钮 ，弹出"移动面"对话框，如图 5-60 所示。选择图 5-61 所示的表面进行偏置，激活"指定矢量"选项，选择"面/平面法向"，在绘图区选择小的曲面作为偏置方向，偏置距离为 2mm，如图 5-61 所示，其余参数采用默认设置，单击"确定"按钮。

图 5-60 "移动面"对话框

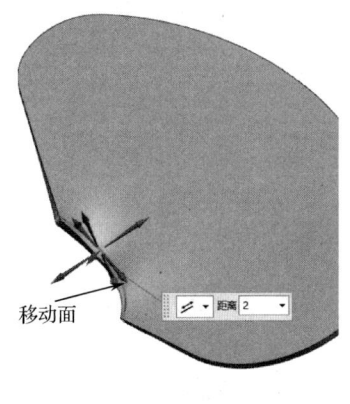

图 5-61 移动面选择

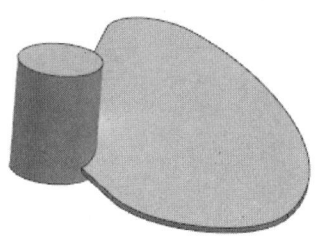

（14）将隐藏的圆柱体显示，并将其透明度设置为 0，操作结果如图 5-62 所示。

（15）使用"移动对象"命令创建另外两个叶片。选择【菜单】|【编辑】|【移动对象】，弹出"移动对象"对话框。选择叶片作为移动的对象，在"变换"区域，"运动"选项选择"角度"，单击"指定矢量"选项，矢量指定为 ZC 方向，轴点指定为（0,0,0）点，角度设置为 360°，"结果"区域参数及设置如图 5-63 所示，其余参数采用默认设置。单击"确定"按钮，弹出"移动对象"提示对话框，单击"是"按钮，完成另外两个叶片的创建。

图 5-62　显示圆柱体操作结果

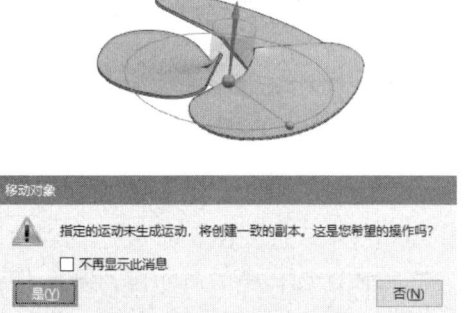

图 5-63　移动对象操作

（16）单击"主页"选项卡"特征"工具条中的"合并"按钮，弹出"合并"对话框，选择圆柱体为目标体，选择其余三个叶片为工具体，如图 5-64 所示。单击"确定"按钮，完成合并操作。

（17）单击"特征"工具条中的"边倒圆"按钮，选择图 5-65 所示的圆柱体上表面的边进行边倒圆操作，半径设置为 12。单击"确定"按钮，边倒圆操作结果如图 5-66 所示。

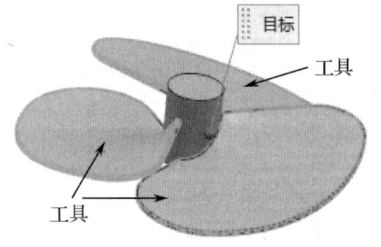
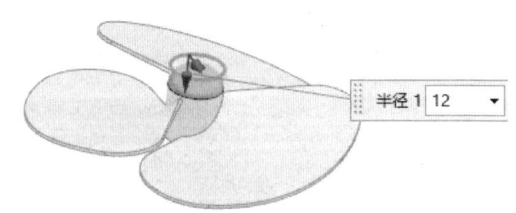

图 5-64　布尔合并操作对象选择　　　　　　图 5-65　边倒圆操作结果

（18）单击"特征"工具条中的"孔"按钮，弹出"孔"对话框，启用捕捉点工具条中的圆弧中心，以圆柱体下表面中心为孔中心，创建常规简单孔，尺寸参数为直径 20，深度 28，顶锥角 0，其余参数采用默认设置。单击"确定"按钮，完成孔的创建，如图 5-67 所示。

（19）保存部件文件，结果如图 5-68 所示。

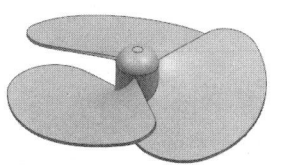
图 5-66 边倒圆操作结果

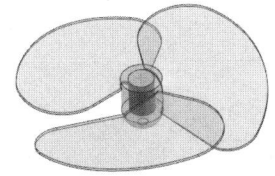
图 5-67 孔操作

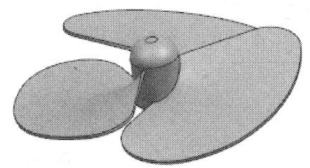
图 5-68 风扇叶片建模操作结果

思考题与项目训练

5-1 思考题

5-1.1 UG NX 12.0 生成面的方法有哪些？

5-1.2 "直纹面"命令与"通过曲线组"命令在构建曲面时有什么区别？

5-1.3 利用"填充曲面"与"N 边曲面"创建的曲面有区别吗？

5-1.4 当需要将两个或更多个片体连接成一个片体时，应该选用什么命令完成？

5-2 项目训练

5-2.1 绘制图 5-2.1 所示的曲面，并利用相关命令生成五角星实体。

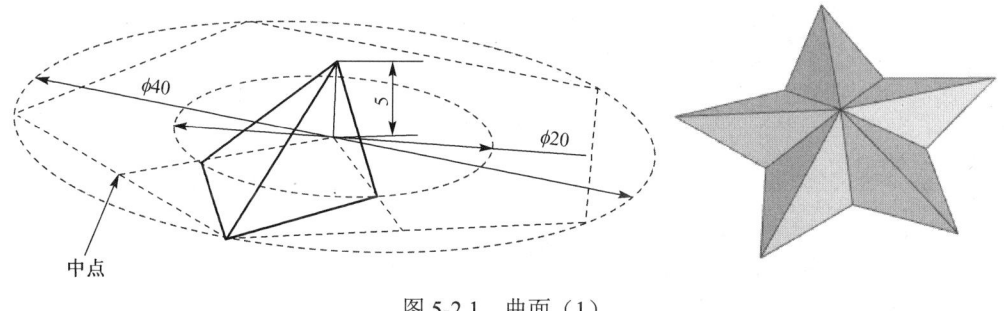

图 5-2.1 曲面（1）

5-2.2 绘制图 5-2.2 所示的曲面。

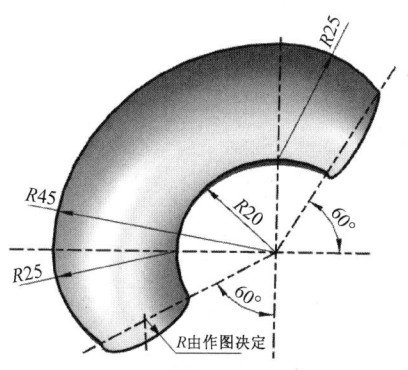

图 5-2.2 曲面（2）

5-2.3 绘制图 5-2.3 所示的曲面。

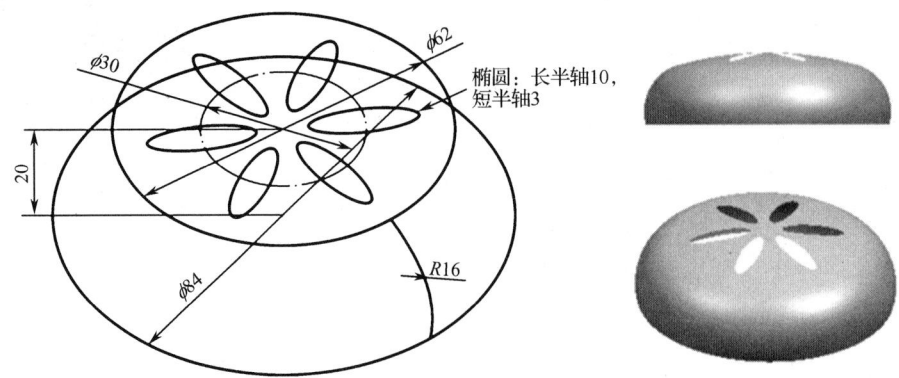

图 5-2.3 曲面（3）

5-2.4 绘制图 5-2.4 所示的曲面。

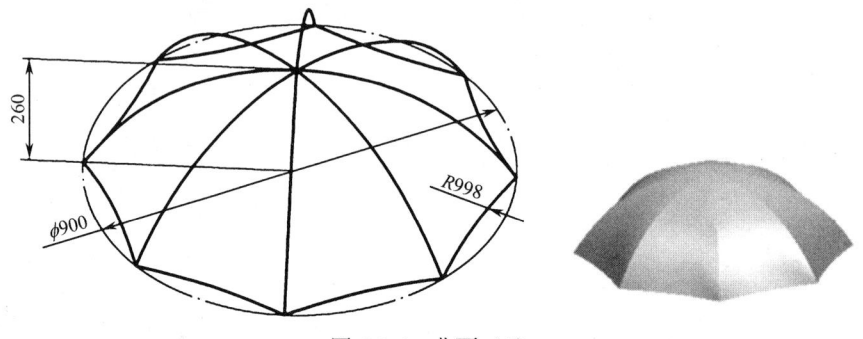

图 5-2.4 曲面（4）

项目 6

装配设计

装配设计的含义是按照一定装配工艺把零件组装起来形成装配体。在 NX UG 12.0 中，不需要将零件加工制造出来，可直接将建好的零件模型按照一定方法和装配顺序组装成产品或者产品的一部分，是一种虚拟装配。产品装配后，可通过软件进一步对产品进行分析和仿真，而不需要实际产品作支持。采用虚拟装配方法装配产品，装配体中的零件与原零件之间是链接关系，对原零件的修改会自动反映到装配体中。

6.1 项目任务

图 6-1 所示为虎钳三维模型，主要由钳座、活动钳口、方块螺母、螺杆、护口板、螺钉、垫圈和销组成，各零件模型见下载文件夹"XM6\CZSL"。根据提供的各零件模型和虎钳工作原理，完成虎钳装配。

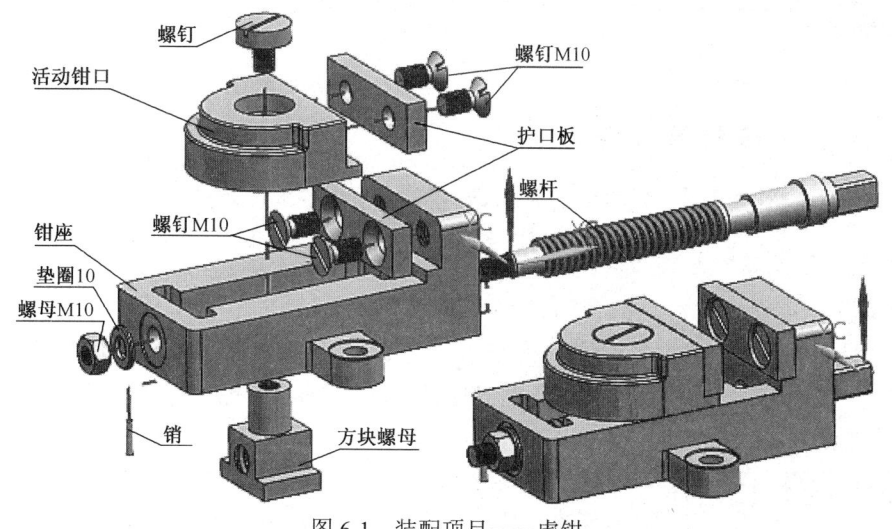

图 6-1 装配项目——虎钳

6.2 项目分析

图 6-1 所示的活动钳口通过方块螺母与螺杆配合，螺杆安装在钳座的螺旋槽内。当螺杆旋转时，就可以带动活动钳口相对于钳座上的固定钳口做轴向移动，从而实现夹紧或放松工件的功能。

虎钳装配主要涉及的命令有添加组件、装配约束、组件预览、约束类型、移动组件等，装配过程如图 6-2 所示。

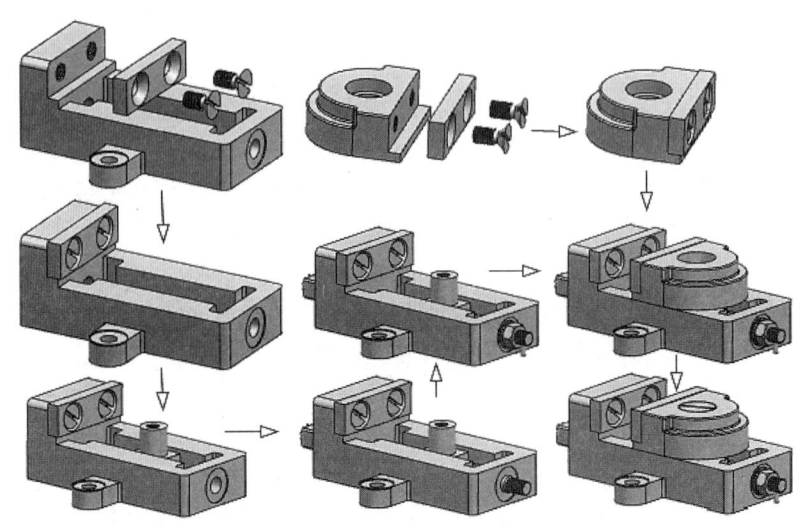

图 6-2 虎钳装配过程

6.3 项目相关知识：装配相关命令

6.3.1 装配结构与建模方法

装配设计是在装配模块中完成的。依次单击"应用模块"选项卡、"装配"按钮，弹出"装配"选项卡，之后再单击"装配"选项卡即可进入装配模块。

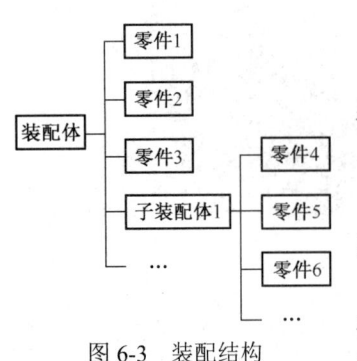

图 6-3 装配结构

1. 装配结构

在装配好的产品中，各个部件形成了一定的层次关系，每个部件都有它自身所处的一个层次及位置，如图 6-3 所示。

① 装配体和子装配体

把单个零件通过约束的方式组装起来成为一个具有一定功能的部件或产品的过程称为装配，得到的模型称为装配体。

而装配中用作组件的装配体被称为子装配体。如图 6-3 所示，在装配体结构树中就存在一个子装配体，这个子装配体由若干个零件装配而成。

装配中的零件在装配时仅是引用和链接零件的映像,并非将零件复制到装配体中,因此,若被引用的零件模型文件移动了保存位置或更改了文件名或被删除,则装配模型文件中该零件显示为空。

② 组件

组件是指处于装配体结构中某一特定位置的一部分,可以是单个的零件,也可以是包含其他组件的子装配体。每一个组件只包含一个指针指向零件,当零件的几何特征发生变化时,由于组件的指针指向该零件,组件的形状也会反映这一变化,装配体中该零件自动发生改变。

③ 主模型

在装配中被引用的零件就是主模型。主模型不仅可以在装配中引用,还可以在制图模块、分析模块、编程模块中被引用,是各个模块公共调用和引用的模型。当主模型改变后,引用它的其他模块的模型也会发生相应的变化。

④ 上下文设计

在装配模块中,对装配组件中的零件模型进行设计和编辑的方法称为上下文设计。

⑤ 显示部件和工作部件

显示部件是指当前显示在图形区域的部件,而工作部件是指正在设计的可编辑的部件。

2. 装配建模方法

UG NX 12.0 支持以下三种装配建模方法。

① 自底向上装配

自底向上装配时,先设计好装配体中的所有零部件,再将零部件添加到装配体中,这种设计方法与现实生产中先生产零件然后对零件进行装配的方法一致,可以看作对装配生产的模拟,比较符合装配设计工程师的设计习惯。

② 自顶向下装配

自顶向下装配时,先创建装配体文件,从装配体的总体出发,在装配体文件中创建组件。在设计过程中,可以直接在装配体中新建一个组件,参照其他组件对其进行设计,即上下文设计;也可以根据其他零件对已有的工作部件进行编辑。

③ 混合装配

自顶向下装配及自底向上装配各有优势,在实际的装配设计中往往将两种方法结合使用,即混合装配。

6.3.2 添加组件

在进行自底向上的装配设计时,需要将已设计好的组件添加到装配体中来,并指定约束关系以定位。单击"组件"工具条上的"添加"按钮,或选择【菜单】|【装配】|【组件】|【添加组件】,打开"添加组件"对话框,如图6-4所示。

添加组件的基本步骤如下。

(1)选择要添加的部件。若部件已加载,则可以在"已加载的部件"列表中选择;也可以在"最近访问的部件"列表中选择,若上两个列表中都没有要添加的部件,则可单击"打开"按钮,在弹出的"部件名"对话框中单击要添加的部件,并单击"确定"按钮。

(2)选择放置方式。系统提供了两种方式:"移动"和"约束"。"移动"让部件在装配体中位置不固定。"约束"将使部件与装配体上已有部件通过指定约束的方式定位,如图6-4所示。

(3)在"设置"区域选择"启用的约束""互动选项"。"启用的约束"是被添加组件在引用时定义过的约束关系。"互动选项"主要包括分散组件、保持约束、预览、启用预览窗口。

（4）单击"确定"按钮，完成组件的添加。

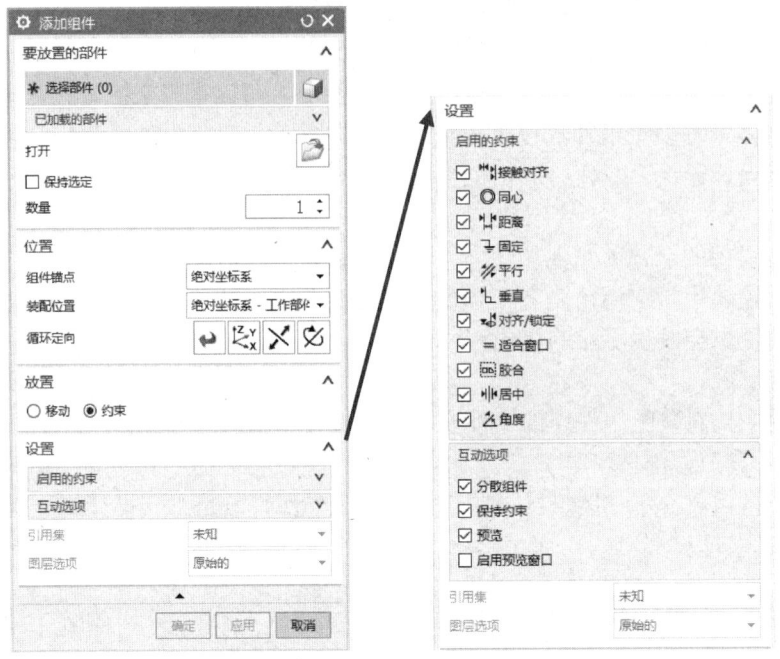

图 6-4 "添加组件"对话框

 一般情况下，在装配体中添加第一个组件时以"绝对原点"方式放置，而不使用"通过约束"方式；在添加随后的组件时可以选择其他方式。

 在添加组件时，注意不能添加引用过本装配体的组件，即不能循环引用组件。

6.3.3 新建组件

使用自顶向下装配设计方法时，需要在装配体文件中创建新的组件文件，新建组件步骤如下。

（1）单击"组件"工具条中的"新建"按钮，或选择【菜单】|【装配】|【组件】|【新建组件】，弹出"新组件文件"对话框。

（2）指定好保存路径及文件名后，单击"确定"按钮，弹出图 6-5 所示的"新建组件"对话框。

（3）选择要创建到新组件的模型对象，若要创建空组件，则不选择任何对象。

（4）在"设置"区域，指定组件名、引用集和图层选项等，设置是否删除已选定的模型对象。

（5）单击"确定"按钮，完成新组件的创建。

图 6-5 "新建组件"对话框

6.3.4 创建阵列组件

在 UG NX 12.0 中，创建阵列组件工具可以将组件以阵列方式复制到装配体中并进行装配。

单击"组件"工具条中的"阵列组件"按钮，或选择【菜单】|【装配】|【组件】|【阵列组件】，弹出"阵列组件"对话框，如图 6-6 所示。阵列的布局有线性、圆形和参考三种类型，其中线性和圆形两种布局类型应用较多。

1．线性

线性阵列可以将组件进行线性复制，复制出的组件与装配体中的其他组件无任何约束关系。操作方法如下。

（1）在图 6-6"阵列组件"对话框中，通过"要形成阵列的组件"选项选择要阵列的组件。

（2）在"阵列定义"区域，"布局"选项设置为"线性"。

（3）"间距"参数设置。"间距"有"数量与间隔""数量与跨距"和"节距和跨距"3 个选项，如在本例中选择"数量与间隔"，之后，依次设置阵列的方向 1 和方向 2（如果只沿着一个方向，只设置方向 1 即可）。

线性阵列设置结果如图 6-7 所示。单击"确定"按钮，完成线性阵列操作。

图 6-6 "阵列组件"对话框　　　　图 6-7 线性阵列

2．圆形

圆形阵列可以将组件进行环形复制，复制出的组件与装配体中的其他组件无约束关系。操作方法如下。

（1）单击"阵列组件"按钮。

（2）选择要阵列的组件，并单击"确定"按钮。

（3）在"阵列组件"对话框中，"布局"选项设置为"圆形"，单击"确定"按钮，如图 6-8 所示。

（4）选择一种旋转轴定义的方式，并设置阵列参数：间距、数量及节距角，单击"确定"按钮，完成阵列组件的创建。

间距包括三种组合，依次是数量和间隔、数量和跨距、节距和跨距。

图 6-8 圆形阵列

6.3.5 替换组件

在 UG NX 12.0 中，替换组件工具可以用一个组件来替换已添加到装配体中的另一个组件。操作步骤如下。

(1) 单击"组件"工具条中的"替换组件"按钮，或选择【菜单】|【装配】|【组件】|【替换组件】，弹出"替换组件"对话框，如图 6-9 所示。

(2) 选择要被替换的组件，可从图形窗口中选择或从装配导航器中选择，单击鼠标中键确认。其中，试图样式中，列表的选择形式分为中、平铺、小、特别小、列表。

(3) 选择要替换的组件，可通过"已加载部件"列表、"已卸载部件"列表或单击"浏览"按钮进行选择。

(4) 在"设置"区域，对文件名、描述等进行设置。

(5) 单击"确定"按钮，完成替换组件操作。

图 6-9 "替换组件"对话框

6.3.6 移动组件

在 UG NX 12.0 中，移动组件工具可以用于未定位的组件。操作步骤如下。

(1) 单击"组件位置"工具条中的"移动组件"按钮，或选择【菜单】|【装配】|【组件位置】|【移动组件】，弹出"移动组件"对话框，如图 6-10 所示。

(2) 选择要移动的组件，可从图形窗口选择或从装配导航器中选择，单击鼠标中键确认。

(3) 在"变换"区域选择"运动"的方式：动态、通过约束、距离、点到点、增量、角度、根据三点旋转、CSYS 到 CSYS、轴到矢量等。

(4) 选择复制模式：无复制、复制、手动复制。

(5) 单击"确定"按钮，完成移动组件操作。

图 6-10 "移动组件"对话框

 当被移动组件已经通过装配约束使其位置完全固定时，将无法移动其位置；若与之有装配关系的组件位置并没有完全固定，则可以共同移动。

6.3.7 WAVE 几何链接器

在 UG NX 12.0 中，使用 WAVE 几何链接器可以在不同组件之间或装配体与组件之间建立几何链接关系，以实现部件之间几何元素的复制、引用。操作步骤如下。

(1) 单击"常规"工具条中的"WAVE 几何链接器"按钮，弹出"WAVE 几何链接器"对话框，如图 6-11 所示。

项目 6　装 配 设 计

图 6-11　"WAVE 几何链接器"对话框

（2）选择要复制的元素类型：复合曲线、点、基准、草图、面、面区域、体、镜像体、管线布置对象。

（3）选择增色显示的部件，即非当前工作部件上的相应几何元素，将其作为几何链接对象。

（4）单击"确定"按钮，完成几何链接操作，将非工作部件上的几何元素复制到工作部件中。

6.3.8　装配导航器

UG NX 12.0 中，装配导航器记录了装配操作的全过程设置及其重要参数。单击窗口左侧（默认位置）资源条选项卡中的"装配导航器"按钮，显示如图 6-12 所示的"装配导航器"页面。

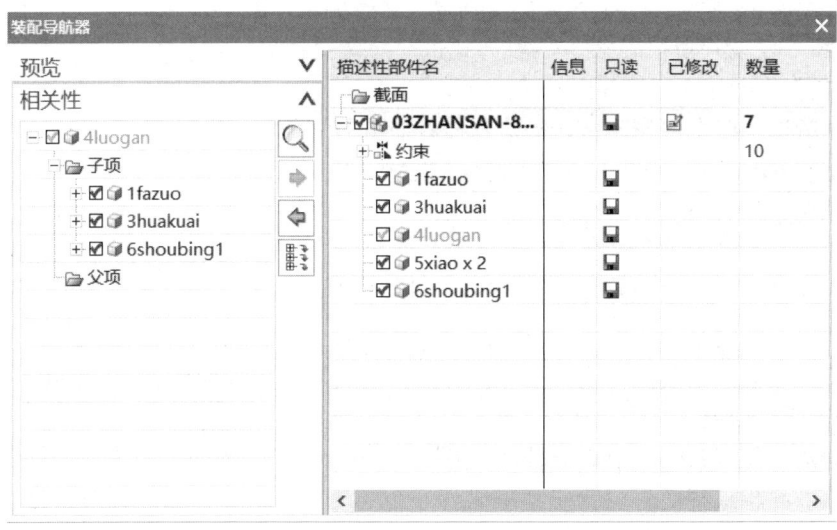

图 6-12　装配导航器

6.3.9 装配约束

在进行组件的装配时，需要对组件在装配体中的位置进行确定。UG NX 12.0 是通过装配约束来完成的。装配约束是在各个零件之间建立一定的连接关系，并对其相互位置进行约束，从而确定各个零件在空间的相对位置关系，在约束导航器中可以看到添加的所有装配约束。添加装配约束后，组件的自由度将减少，在装配导航器中用鼠标右键单击要查看的组件，在快捷菜单中选择"显示自由度"选项，可以查看组件的自由度。

图 6-13 "装配约束"对话框

添加装配约束的方法如下。

（1）单击"组件位置"工具条中的"装配约束"按钮，或选择【菜单】|【装配】|【组件位置】|【装配约束】，弹出"装配约束"对话框，如图 6-13 所示。

（2）在"约束类型"中，提供了 11 种约束方式。

（3）在"要约束的几何体"区域，设置约束对象。

（4）单击"确定"按钮或"应用"按钮，完成约束。

 在两个组件中进行装配时，先选择几何对象的组件为基准件，后选择的是装配件，建立装配约束关系时，基准件的位置不变，而装配件根据装配关系调整位置；一般在两个组件中建立多个装配约束时，始终以一个组件为基准件，另一个组件为装配件。

1. 接触对齐

接触对齐约束，可以使两个组件上的几何元素接触或对齐。当在"装配约束"对话框中选择了"接触对齐"方式后，在"要约束的几何体"区域的"方位"下拉列表中有"首选接触""接触""对齐"和"自动判断中心/轴"四种方式供用户选择使用。

① 首选接触

系统根据所选的两个几何元素自动选择一种接触对齐方式。

② 接触

使选择的两个面对象面对面地接触，同时两个面的法向矢量相对，如图 6-14 所示；若选择的对象为一个面和一条线，则将移动零件使线与面接触；若选择的是两条曲线，则使它们共面；若选择的是两条直线，则使它们共线。

③ 对齐

使选择的两个面对象向同一侧对齐，同时两个面的法向矢量同向，如图 6-15 所示。

④ 自动判断中心/轴

使选择的两个面有共同的中心或轴，如图 6-16 所示。当选择的对象为两个回转面时，两个面的轴线将共线；当选择的对象为一个平面和一个回转面时，回转面的轴线将移动至平面内；当选择的是两个平面时，两个面将共面。

 在使用接触方式装配两个圆柱面时，要求两个圆柱面的直径相等，且一个为内表面，另一个为外表面；而使用对齐方式装配两个圆柱面时，同样要求两个圆柱面的直径相等，但必须同时为内表面或外表面。

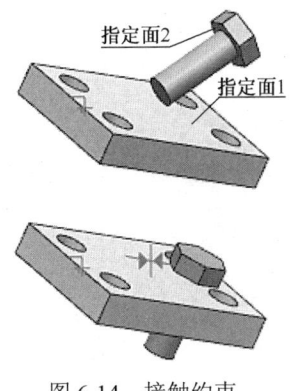
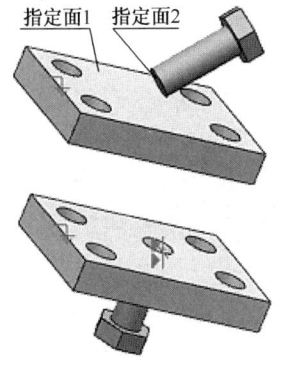
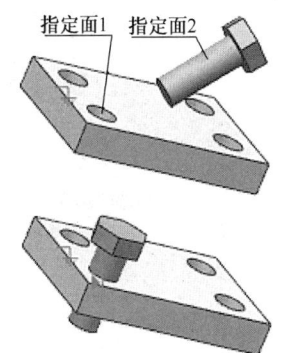

图 6-14　接触约束　　　　　　图 6-15　对齐约束　　　　　　图 6-16　自动判断中心/轴约束

2. 同心

同心约束，可以使两个组件上的两个圆对象同心放置且处于同一平面上。操作时，在"装配约束"对话框中选择"同心"方式，如图 6-17 所示，在两个组件上，分别选择两个要约束的圆对象，单击"确定"按钮或"应用"按钮，完成"同心"约束操作，效果如图 6-18 所示。

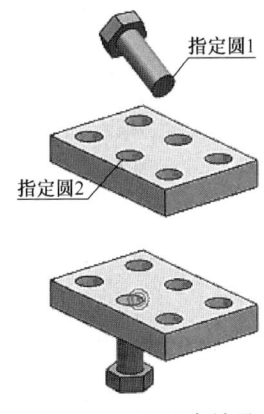

图 6-17　同心约束　　　　　　　　　　　图 6-18　同心约束效果

 同心约束的两个圆对象无直径要求，直径相等或不相等均可。同心约束后，若组件的方位不符合要求，可以单击"撤销上一个约束"按钮 ⊠，以调整组件装配方位。

3. 距离

距离约束，可以使两个组件上的指定对象以一定距离放置。操作时，在"装配约束"对话框中选择"距离"方式，如图 6-19 所示。在两个组件上，分别选择要约束的两对象，单击"确定"按钮或"应用"按钮，完成"距离"约束操作，效果如图 6-20 所示。若被选择的两个对象均为平面，则它们将处于平行位置并以指定距离放置；若被选择对象中有回转面，将以回转面的轴线来测定距离。

4. 平行

平行约束，可以使两个组件上的指定对象的方向矢量平行放置。操作时，在"装配约束"对话框中选择"平行"方式，在两个组件上，分别选择要约束的两对象，单击"确定"按钮或"应用"按钮，完成"平行"约束操作，效果如图 6-21 所示。若被选择对象中有回转面，将以回转面的轴线作为平行对象。

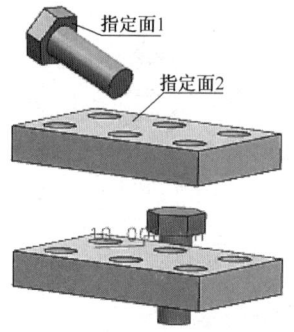

图 6-19　距离约束　　　　　　　图 6-20　距离约束效果

5. 垂直

垂直约束，可以使两个组件上的指定对象的方向矢量垂直放置。操作时，在"装配约束"对话框中选择"垂直"方式，在两个组件上分别选择要约束的两个对象，单击"确定"按钮或"应用"按钮，完成"垂直"约束操作，效果如图 6-22 所示。若被选择对象中有回转面，同样将以回转面的轴线作为垂直对象。

6. 中心

中心约束，可以使两个组件上的多个指定对象中心对中心进行放置。操作时，在"装配约束"对话框中选择"中心"方式，如图 6-23 所示；在"要约束的几何体"区域，选择中心约束的子类型，指定轴向几何体，单击"确定"按钮或"应用"按钮，完成"中心"约束操作。三种中心对齐含义如下。

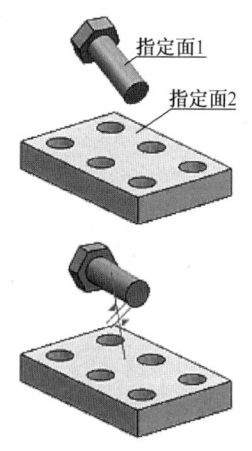
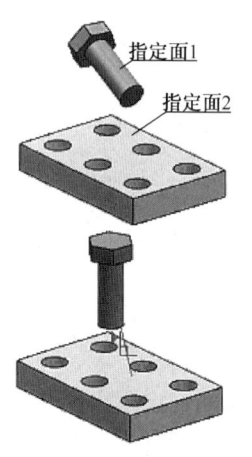

图 6-21　平行约束效果　　图 6-22　垂直约束效果　　图 6-23　中心约束

① 1 对 2

将装配组件上的一个指定对象与基准组件上的两个对象的中心对齐，如图 6-24①所示。在选择装配组件上的对象时，在"要约束的几何体"区域选择子类型"1 对 2"，在"轴向几何体"下拉列表框中选择指定目标对象的方式：使用几何体、自动判断中心/轴。"使用几何体"方式将直接使用所选中的目标对象，"自动判断中心/轴"方式将以选中对象的中心或轴为最终选定的目标对象。

② 2 对 1

将组件上的两个指定对象的中心与另一个组件上的一个对象对齐，如图 6-24②所示。在选择基准组件上的对象时，也可以选择指定目标对象的方式：使用几何体、自动判断中心/轴。

③ 2 对 2

将组件上的两个指定对象的中心与另一个组件上的两个对象的中心对齐，如图 6-24③所示。

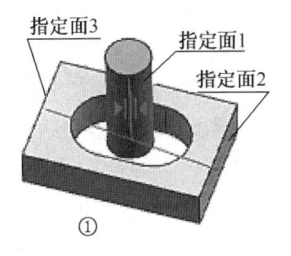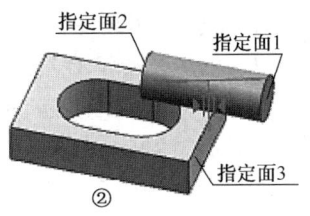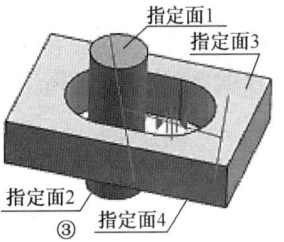

图 6-24　中心约束效果

7. 角度

角度约束，可以使两个组件上的两个指定对象的方向或方向矢量以一定的角度放置。操作时，在"装配约束"对话框中选择"角度"方式，如图 6-25 所示；在"要约束的几何体"区域，选择角度约束的子类型，指定要成一定角度的对象，在"角度"区域指定角度值，单击"确定"按钮或"应用"按钮，完成"角度"约束操作，如图 6-26 所示。

图 6-25　角度约束　　　　　图 6-26　角度约束效果

6.3.10　爆炸图

装配完成后，为了将各装配组件之间的位置关系表达清楚，还需要创建爆炸图。爆炸图是将装配体中的组件，按其在装配体中的拆卸方向，将其拉离，以表达组件装配关系的视图。在"装配"选项卡中单击"爆炸图"按钮，打开"爆炸图"工具条，或选择【菜单】|【装配】|【爆炸图】，可对爆炸图进行相关操作。

1. 新建爆炸

新建爆炸图的操作步骤如下。

（1）单击"爆炸图"工具条上的"新建爆炸"按钮，或选择【菜单】|【装配】|【爆炸图】|【新建爆炸】，弹出图 6-27 所示的"新建爆炸"对话框。

（2）在"新建爆炸"对话框中，为爆炸图命名。

（3）单击"确定"按钮或"应用"按钮，完成"新建爆炸"操作。

图 6-27　"新建爆炸"对话框

创建完成后，在图形窗口中模型并未发生变化，仅在爆炸图工具条中的"工作爆炸视图"下拉列表中显示爆炸图的名称。

2. 自动爆炸组件

自动爆炸组件将根据装配约束关系自动创建爆炸图，操作步骤如下。

图 6-28 "类选择"对话框

（1）单击"爆炸图"工具条上的"自动爆炸组件"按钮，或选择【菜单】|【装配】|【爆炸图】|【自动爆炸组件】，弹出"类选择"对话框，如图 6-28 所示。

（2）选择要爆炸的组件，单击"确定"按钮，弹出"自动爆炸组件"对话框。

（3）在"自动爆炸组件"对话框中设置好爆炸距离。

（4）单击"确定"按钮或"应用"按钮，完成"自动爆炸组件"操作。

3. 编辑爆炸

编辑爆炸可对创建过爆炸的组件的爆炸位置进行改变，操作步骤如下。

（1）单击"爆炸图"工具条上的"编辑爆炸"按钮，或选择【菜单】|【装配】|【爆炸图】|【编辑爆炸】，弹出图 6-29 所示的"编辑爆炸"对话框。

（2）选择要编辑位置的组件，单击鼠标中键，或选择"编辑爆炸"对话框中的"移动对象"单选项。

（3）在图形窗口中单击要移动到的目标点，也可以使用动态坐标拖动对象或转动对象。

（4）单击"确定"按钮或"应用"按钮，完成"编辑爆炸"操作。

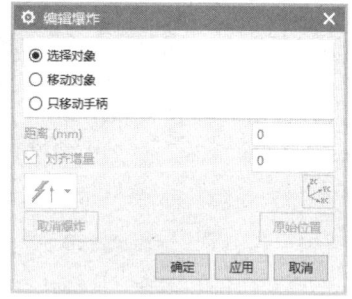

图 6-29 "编辑爆炸"对话框

4. 取消爆炸组件

取消爆炸组件可将创建过爆炸的组件的位置恢复到装配位置，操作步骤如下。

（1）单击"爆炸图"工具条上的"取消爆炸组件"按钮，或选择【菜单】|【装配】|【爆炸图】|【取消爆炸组件】，弹出"类选择"对话框。

（2）选择要取消爆炸的组件，单击"确定"按钮或"应用"按钮，完成"取消爆炸组件"操作。

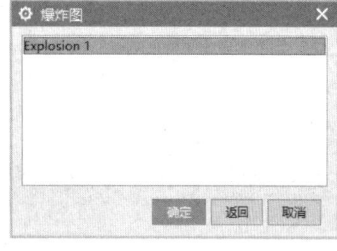

图 6-30 "爆炸图"对话框

5. 删除爆炸

删除爆炸可删除创建的爆炸图，操作步骤如下。

（1）单击"爆炸图"工具条上的"删除爆炸"按钮，或选择【菜单】|【装配】|【爆炸图】|【删除爆炸】，弹出图 6-30 所示的"爆炸图"对话框。

（2）在爆炸图列表中选择要删除的爆炸图，单击"确定"按钮，完成"删除爆炸"操作。

 当前的爆炸图不能删除，否则会弹出提示框，不允许删除。要改变当前的图或回到未爆炸的视图，只需要在"装配"工具条"工作视图爆炸"下拉列表中选择即可。

6.3.11 装配查询与分析

UG NX 12.0 还提供了装配组件的信息查询和分析功能，可进行间隙分析。

1. 部件信息查询

用鼠标右键单击装配组件中的零件，在弹出的横排工具条中，单击"对象信息"按钮后，弹出图 6-31 所示的"信息"对话框，列出所选对象的基本信息。

2. 间隙分析

"间隙分析"命令可以对指定的两个部件进行间隙检查，操作步骤如下。
（1）单击"装配"选项卡中的"间隙分析"按钮 ，弹出"间隙分析"对话框。
（2）选择要进行间隙分析的组件。设置间隙集，进行间隙分析，如图 6-32 所示。
（3）单击"确定"按钮后，列出所选组件的间隙信息。

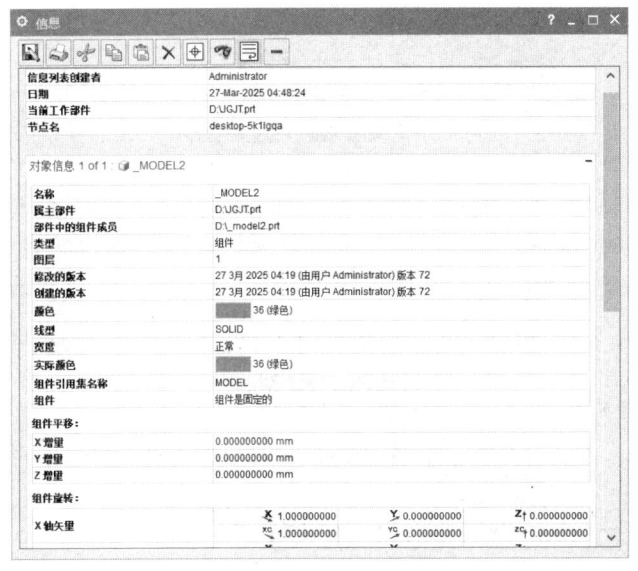

图 6-31 "信息"对话框

图 6-32 "间隙分析"对话框

6.4 项目实施

项目 6 装配建模

1. 装配活动钳口

（1）单击"标准"工具条中的"新建"按钮，在"新建"对话框中，选择"装配"模板，将文件命名为"HDQK_asm.prt"，单击"确定"按钮，取消弹出的"添加组件"对话框。
（2）单击"装配"选项卡，进入装配模块，再单击"组件"工具条中的"添加"按钮，打开"添加组件"对话框。
（3）通过"打开"按钮选择"huodongqiankou.prt"为添加组件，选择"放置"方式为"移动"，单击"指定方位"右侧的 按钮，设置放置坐标点为绝对坐标系原点。单击"应用"按钮，完成组件添加，仍返回到"添加组件"对话框。

（4）通过"打开"按钮选择"hukouban.prt"为添加组件，选择"放置"方式为"约束"。选择约束类型为"接触对齐"，设置"方位"为"接触"方式，选择图 6-33 所示的两个面为对象，完成"接触"约束。

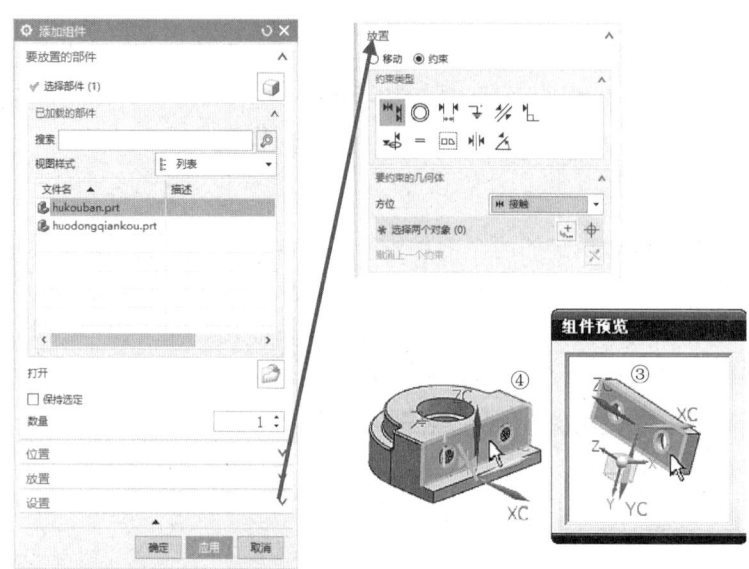

图 6-33　接触约束操作

（5）选择约束类型为"接触对齐"，设置"方位"为"自动判断中心/轴"方式，选择图 6-34 所示的两个面为对象，完成"自动判断中心/轴"约束。

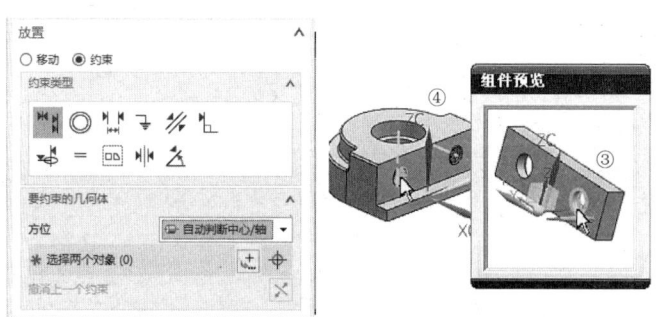

图 6-34　自动判断中心/轴约束操作

（6）使用与步骤（5）相同的方法完成另外两个孔的对齐，单击"确定"按钮，完成护口板的装配，结果如图 6-35 所示。

（7）再次通过"打开"按钮选择"luodingM10-20.prt"为添加组件，选择"放置"方式为"约束"，选择约束类型为"接触对齐"，设置"方位"为"接触"方式，选择图 6-36 所示的两个面为对象，完成"接触"约束。

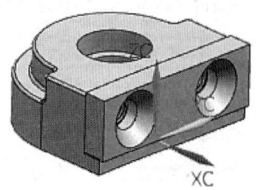

图 6-35　护口板的装配

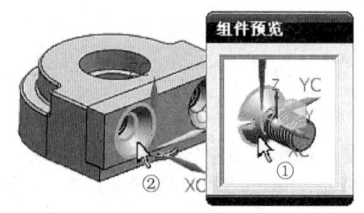

图 6-36　指定两个面为接触对齐对象

（8）选择约束类型为"接触对齐"，设置"方位"为"自动判断中心/轴"方式，选择护口板上的孔圆柱面和螺钉上的圆柱面为约束对象，单击"确定"按钮，完成螺钉装配。

（9）在"装配"选项卡中，单击"组件"工具条中的"阵列组件"按钮；选择螺钉，在"阵列组件"中，选择布局为"线性"；将方向定义选项设置为"边"，在模型窗口单击护板的水平边，设置"数量"为2，"节距"为-40mm，单击"确定"按钮，操作如图6-37所示，完成活动钳口装配，结果如图6-38所示。

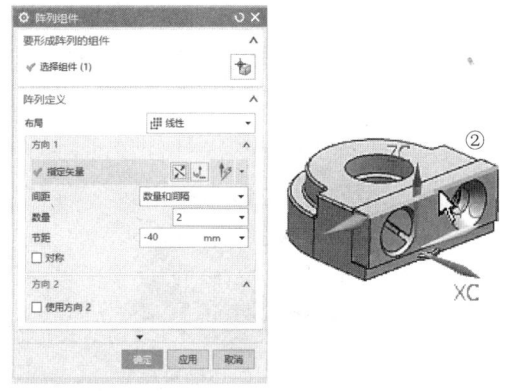

图6-37 创建线性阵列操作

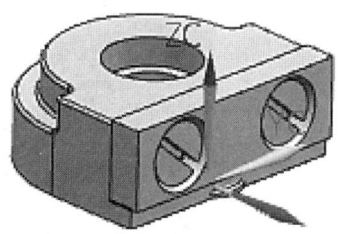

图6-38 阵列组件创建结果

2. 装配固定钳口

（1）单击"标准"工具条中的"新建"按钮，在"新建"对话框中，选择"装配"模板，将文件命名为"GDQK_asm.prt"，单击"确定"按钮，取消弹出的"添加组件"对话框。

（2）单击"装配"选项卡，进入装配模块，再单击"组件"工具条中的"添加"按钮，打开"添加组件"对话框。

（3）通过"打开"按钮选择"qianzuo.prt"为添加组件，选择"放置"方式为"移动"，单击"指定方位"右侧的按钮，设置放置坐标点为绝对坐标系原点。单击"应用"按钮，完成组件添加，仍返回到"添加组件"对话框。

（4）通过"打开"按钮选择"hukouban.prt"为添加组件，选择"放置"方式为"约束"，选择约束类型为"接触对齐"，设置"方位"为"接触"方式，选择图6-39所示的两个面为接触对象，完成"接触"约束；接着设置"方位"为"自动判断中心/轴"方式，选择图6-40所示的两个面为约束对象，完成"自动判断中心/轴"约束。

（5）选择约束类型为"接触对齐"，设置"方位"为"自动判断中心/轴"方式，选择图6-40所示的两个面为约束对象，完成"自动判断中心/轴"约束。

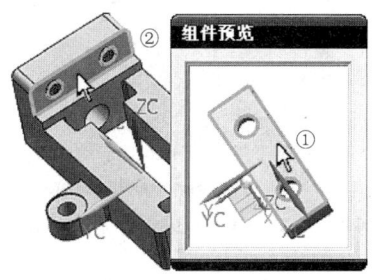

图6-39 指定两个面为接触对象

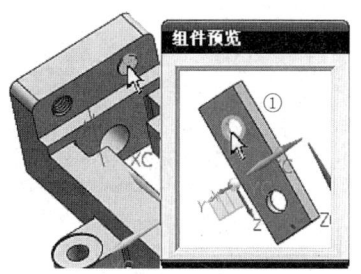

图6-40 指定两个面为约束对象

（6）使用与步骤（5）相同的方法完成另外两个孔的对齐，单击"确定"按钮，完成护口板的装配，结果如图6-41所示。

（7）再次打开"添加组件"对话框，通过"打开"按钮选择"luodingM10-20.prt"为添加组件，选择"放置"方式为"约束"，选择约束类型为"接触对齐"，分别设置"方位"为"接触""自动判断中心/轴"方式，完成螺钉装配。

（8）单击"装配"工具条中的"阵列组件"按钮，选择螺钉，在"阵列组件"中，选择"布局"为"线性"，单击"确定"按钮，弹出创建线性阵列对话框，将方向定义选项设置为"边"，在模型窗口单击护板的水平边，设置"数量"为2，"节距"为-40mm，单击"确定"按钮，装配结果如图6-42所示。完成固定钳口装配。

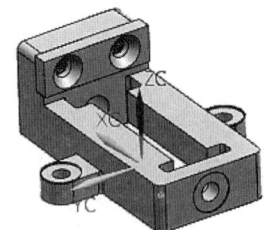
图6-41 护口板装配结果

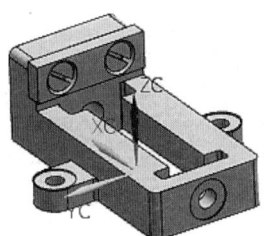
图6-42 固定钳口装配结果

3．装配总图

（1）单击"标准"工具条中的"新建"按钮，在"新建"对话框中，选择"装配"模板，将文件命名为"HQ_asm.prt"，单击"确定"按钮，取消弹出的"添加组件"对话框。

（2）单击"装配"选项卡，再单击"组件"工具条中的"添加"按钮，打开"添加组件"对话框。

（3）通过"打开"按钮选择"GDQK_asm.prt"为添加组件，选择"放置"方式为"移动"，单击"指定方位"右侧的按钮，设置放置坐标点为绝对坐标系原点。单击"应用"按钮，完成组件添加，仍返回到"添加组件"对话框。

（4）通过"打开"按钮选择"fangkuailuomu.prt"为添加组件，选择"放置"方式为"约束"，选择约束类型为"平行"，选择图6-43所示的两个面为约束对象，完成"平行"约束。

（5）选择约束类型为"接触对齐"，设置"方位"为"自动判断中心/轴"方式，选择图6-44所示的两个面为约束对象，单击"确定"按钮，完成方块螺母的装配，结果如图6-45所示。

（6）再次打开"添加组件"对话框，通过"打开"按钮选择"luogan.prt"为添加组件，选择"放置"方式为"约束"。

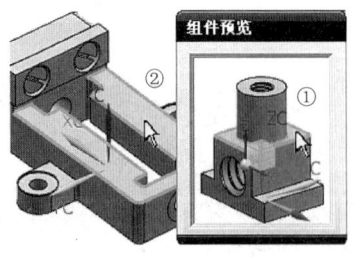
图6-43 指定两个面为平行约束对象

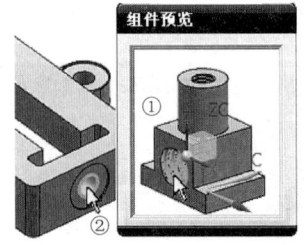
图6-44 指定两个面为接触对齐约束对象

（7）选择约束类型为"接触对齐"，设置"方位"为"接触"方式，选择图6-46所示的两个面为约束对象，完成"接触"约束。

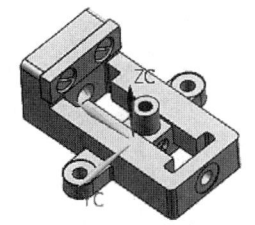
图 6-45　方块螺母装配结果

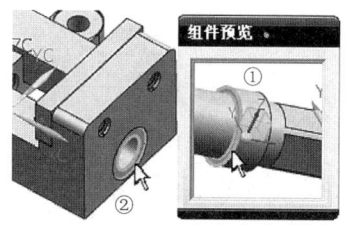
图 6-46　指定两个面为接触约束对象

（8）选择约束类型为"接触对齐"，设置"方位"为"自动判断中心/轴"方式，指定图 6-47 所示的两个圆柱面为约束对象，单击"确定"按钮完成螺杆装配，结果如图 6-48 所示。

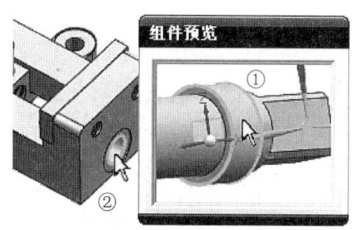
图 6-47　指定两个面为自动判断中心/轴约束对象

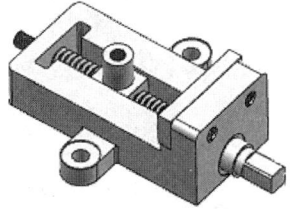
图 6-48　螺杆装配结果

（9）再次打开"添加组件"对话框，通过"打开"按钮 选择"dianquan10.prt"为添加组件，选择"放置"方式为"约束"，选择约束类型为"接触对齐"，设置"方位"为"接触"方式，选择图 6-49 所示的两个面为约束对象，完成"接触"约束。

（10）选择约束类型为"接触对齐"，设置"方位"为"自动判断中心/轴"方式，指定图 6-50 所示的两个面为约束对象，单击"确定"按钮，完成垫圈 10 的装配，结果如图 6-51 所示。

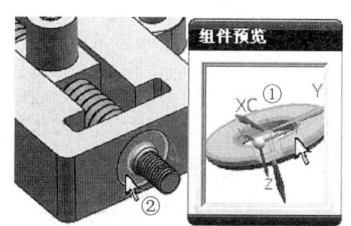
图 6-49　指定两个面为接触约束对象

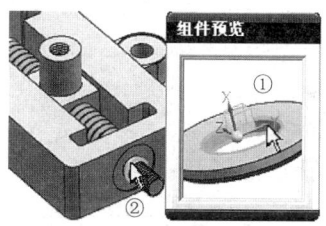
图 6-50　指定两个面为自动判断中心/轴约束对象

（11）再次打开"添加组件"对话框，选择"luomuM10.prt"为添加组件，选择"放置"方式为"约束"，选择约束类型为"接触对齐"，设置"方位"为"接触"方式，选择图 6-52 所示的两个面为约束对象，完成"接触"约束。

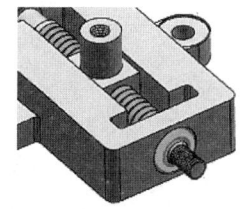
图 6-51　垫圈 10 装配结果

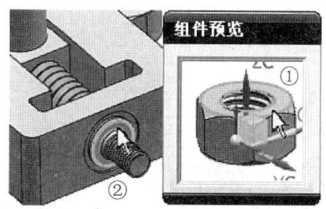
图 6-52　指定两个面为接触约束对象

（12）选择约束类型为"同心"，指定图 6-53 所示的两条边为约束对象，单击"确定"按钮完成螺母 M10 的装配，结果如图 6-54 所示。

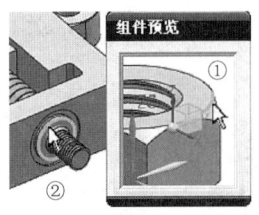 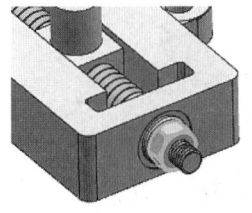

图 6-53　指定两条边为同心约束对象　　　　图 6-54　螺母 M10 装配结果

（13）再次打开"添加组件"对话框，选择"xiao.prt"为添加组件，选择"放置"方式为"约束"，选择约束类型为"接触对齐"，设置"方位"为"自动判断中心/轴"方式，选择图 6-55 所示的两个面为约束对象，单击"确定"按钮，完成销的装配。

（14）单击"组件位置"工具条中的"移动组件"按钮 ，打开"移动组件"对话框，选择销为移动对象，使用手柄将其移动到图 6-56 所示的位置。

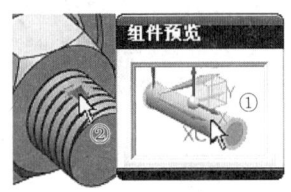 

图 6-55　指定两个面为自动判断中心/轴约束对象　　图 6-56　销的移动位置

（15）再次打开"添加组件"对话框，选择"HDQK_asm.prt"为添加组件，选择"放置"方式为"约束"，选择约束类型为"接触对齐"，设置"方位"为"接触"方式，选择图6-57所示的两个面为约束对象。

（16）选择约束类型为"接触对齐"，设置"方位"为"自动判断中心/轴"方式，选择图 6-58 所示的两个面为约束对象。

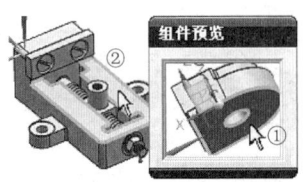 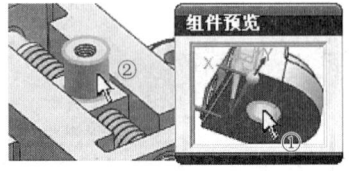

图 6-57　指定两个面为接触约束对象　　图 6-58　指定两个面为自动判断中心/轴约束对象

（17）选择约束类型为"平行"，选择图 6-59 所示的两个面为约束对象；单击"确定"按钮，完成活动钳口的装配，结果如图 6-60 所示。

（18）在"添加组件"对话框中，选择"luoding.prt"为添加组件，选择"放置"方式为"约束"，选择约束类型为"接触对齐"，分别设置"方位"为"接触""自动判断中心/轴"方式，对螺钉进行装配，完成整个虎钳的装配，结果如图 6-61 所示。

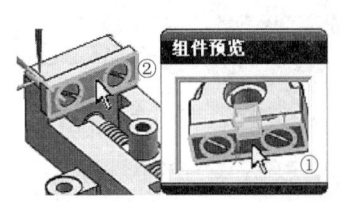 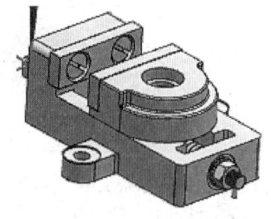 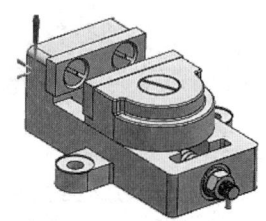

图 6-59　指定两个面为平行约束对象　　图 6-60　活动钳口装配结果　　图 6-61　虎钳装配结果

思考题与项目训练

6-1 思考题

6-1.1 何谓装配建模？装配操作涉及哪些具体环节？

6-1.2 在 UG NX 12.0 中，支持哪三种装配建模方法？核心思路有哪些区别？

6-1.3 在 UG NX 12.0 中，装配操作可能需要用到哪些组件工具？

6-1.4 在 UG NX 12.0 中，如何进行装配约束？怎样生成爆炸图？

6-1.5 在 UG NX 12.0 中，装配组件的信息查询和间隙分析有何区别？

6-2 项目训练

6-2.1 使用下载文件夹 XM6/CZLX/czlx6-2.1，请根据自底向上装配的方法，进行图 6-2.1 所示的装配，并创建爆炸图。

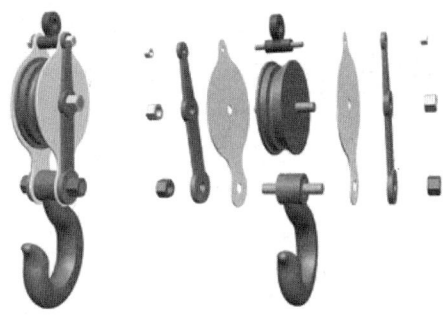

图 6-2.1 吊钩装配图及爆炸图

6-2.2 使用下载文件夹 XM6/CZLX/czlx6-2.2，请根据自顶向下装配的方法，设计出零件 1 与零件 2，完成图 6-2.2 所示的装配。

图 6-2.2 虎钳装配图及爆炸图

项目 7

工程图绘制

利用 UG NX 12.0 的制图模块可以将三维模型生成二维图形,并与三维图形相关联。当三维图形发生变化时,其二维图形也会随之改变,与三维模型之间保持一致。制图模块是一个相对独立的操作环境,它不仅可以通过投影获得零部件的基本视图,还可以生成投影视图、剖视图、局部放大图等辅助视图,并可以对视图进行编辑、标注等操作。

7.1 项目任务

任务 1:完成图 7-1 所示转动轴零件工程图的绘制。

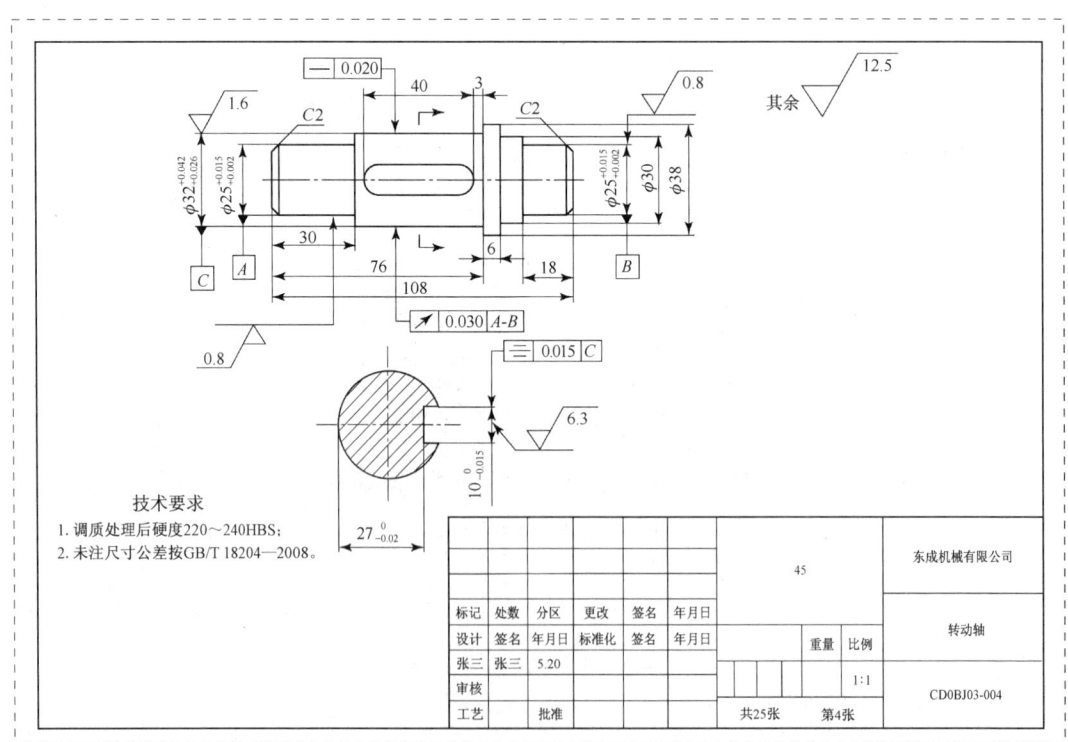

图 7-1 转动轴零件工程图

任务 2：完成图 7-2 所示连接部件的装配工程图。

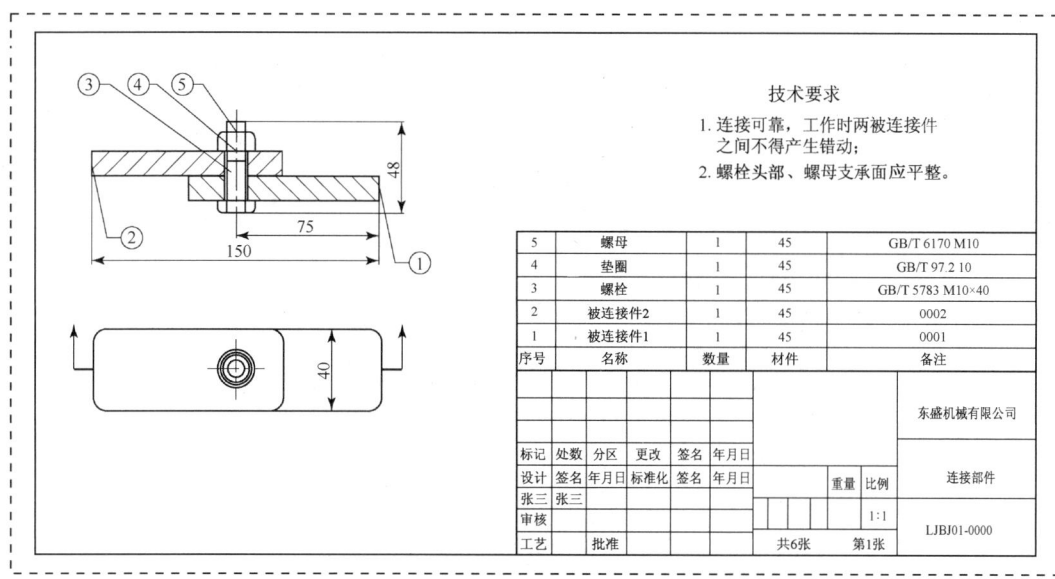

图 7-2 连接部件的装配工程图

7.2 项目分析

图 7-1 所示的转动轴零件工程图包括一组视图（主视图和移除断面图）、尺寸、技术要求、图框及标题栏，主要涉及的命令有图纸格式的创建及编辑、基本视图、投影视图、剖面图、视图相关编辑、尺寸标注（线性、径向、倒角等尺寸）、注释（公差、形位公差、基准特征符号、表面粗糙度、文本编辑等）。

图 7-2 所示的连接部件装配工程图包括一组视图（主视图和俯视图）、尺寸、技术要求、图框、标题栏和明细栏，主要涉及的命令有图纸格式的创建及编辑、基本视图、投影视图、剖面图、视图相关编辑、线性尺寸标注、文本、编号及明细栏的生成等。

7.3 项目相关知识

7.3.1 图纸管理

绘制工程图之前首先要在建模环境中建立零部件的三维模型。进入制图应用模块的方法有以下两种。

（1）绘制零件工程图 在建立零件的三维模型之后，打开该部件文件，然后选择"应用模块"中的"制图"命令进入制图模块。

（2）绘制装配工程图 在建立部件的三维装配模型之后，单击"文件"或"主页"中的"新建"按钮 ，弹出"新建"对话框，选择"图纸"标签，在"模板"区域设置尺寸单位并根据需要选择系统提供的（或自行绘制的）、大小适当的图纸模板或空白图纸，在"要创建图纸的部件"文本框选择装配对象的模型（prt 格式）文件，在"文件夹"文本框指定图纸文件存放的目录，在"名称"文本框指定图纸文件名，进入制图工作界面。

> 如果绘制装配工程图时采用与零件工程图同样的方式进入制图操作模块，则装配图上的零件明细表和零件标识符自动导入功能将丧失。

1．新建图纸页

首次进入制图模块，系统会自动弹出图 7-3 所示的"工作表"对话框，用以创建新的图纸。

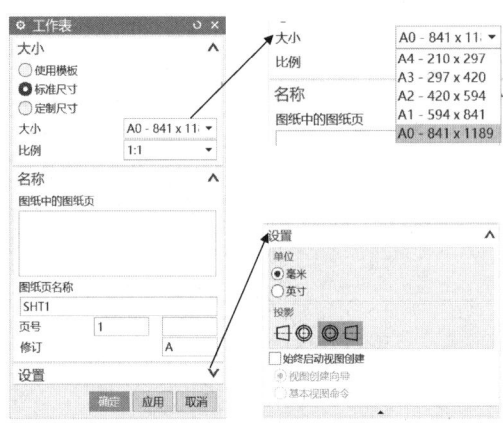

图 7-3　"工作表"对话框

如果已经建立了图纸页，需要再新建图纸页，可单击"主页"选项卡中的"新建图纸页"按钮，弹出"工作表"对话框，用以建立新的图纸页。现对"工作表"对话框中各选项的设置加以介绍。

（1）大小

图纸大小的确定方式有三种，分别是使用模板、标准尺寸、定制尺寸。

① 使用模板　UG NX 12.0 软件自带了多种图纸模板，在这些模板中已经预设了幅面大小、边框、标题栏等参数和选项，用户也可以根据自己的需要和绘图风格添加模板，以备使用。选择该方式后，"工作表"对话框中的"大小"区域会显示已经保存在系统中的模板列表，选择其中一种模板后，预览区域会显示该模板的大致轮廓，单击"确定"按钮或"应用"按钮，可建立图纸页。

② 标准尺寸　按照国标确定图纸的大小、比例、尺寸单位、投影方式等生成图纸页。选择该方式后，"工作表"对话框中的"大小"区域会显示图纸的"大小"和"比例"，在相应的下拉列表中选择后，单击"确定"按钮或"应用"按钮，可建立图纸页。

③ 定制尺寸　UG NX 12.0 提供了非标准尺寸图纸的创建功能，允许用户根据自己的需要定制图纸幅面的大小。选择该方式后，"工作表"对话框中的"大小"区域会显示图纸"高度"和"长度"文本框，输入相应的尺寸并进行相应设置后，单击"确定"按钮或"应用"按钮，可建立图纸页。

（2）名称

当图纸大小选用"标准尺寸"或"定制尺寸"时，"工作表"对话框中的"名称"区域会显示系统中已建立的图纸页和正要新建的图纸页的名称。系统默认的命名方式是按照图纸页建立的先后次序，依次命名为 SHT1、SHT2、SHT3、……，用户可以根据自己的需要或习惯，重新命名图纸页。

（3）设置

当图纸大小选用"标准尺寸"或"定制尺寸"时，"工作表"对话框中的"设置"区域用以设置图纸页的尺寸单位、投影方式等。

① 单位　UG NX 12.0 提供了两种图纸尺寸单位，分别是"毫米"和"英寸"。可选择其中一种尺寸单位绘制工程图。

 当新建部件文件时选定了尺寸单位，建模后生成图纸页时会自动继承建模时使用的尺寸单位，即使在新建图纸页时设置了其他尺寸单位，系统将仍然使用建模时使用的尺寸单位。

② 投影　系统提供了两种投影视图的方式：第一象限投影和第三象限投影。第一象限投影符合我国制图国家标准的规定，第三象限投影采用英美等国家的标准。

③ 自动启动图纸视图　勾选该复选框，在新建图纸页后，系统会自动启动基本视图命令，弹出"基本视图"对话框，用以添加基本视图。

2. 编辑图纸页

"编辑图纸页"命令用于对已建立的工程图的名称、图纸大小、尺寸单位、比例、投影方式进行修改。单击"主页"选项卡中的"编辑图纸页"按钮，或者选择【菜单】|【编辑】|【图纸页】，结果如图 7-4 所示。

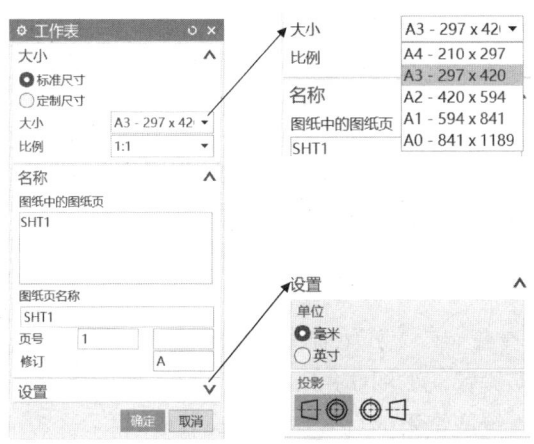

图 7-4　编辑图纸页

与图 7-3 相比，图 7-4 中的"大小"区域只有"标准尺寸"和"定制尺寸"两种方式可供选用；图纸大小和绘图比例可以重新确定。每一个区域的编辑修改方法与图 7-3 类似，设置后单击"确定"按钮或"应用"按钮，完成修改。

 如果图纸页中已经建立投影视图，则图纸的尺寸单位和投影方式不允许修改。

3. 打开图纸页

"打开图纸页"命令用于打开一张已建立的工程图。单击"主页"选项卡中"打开图纸页"按钮（"打开图纸页"按钮通常默认为隐藏状态，可通过"命令查找器"搜索"打开图纸页"，将其设置在"主页"选项卡显示，操作方法如图 7-5（a）所示），弹出"打开图纸页"对话框，如图 7-5（b）所示。从现有的非活动图纸页列表中选择要打开的图纸页名称，则该页图纸名称自动进入"图纸页名称"文本框中，也可以直接在"图纸页名称"文本框中输入要打开的图纸页名称，单击"确定"按钮或"应用"按钮，可打开非活动图纸页。如果该模型的图纸页很多，可以根据不同的属性用过滤器先行过滤，然后进行选择。

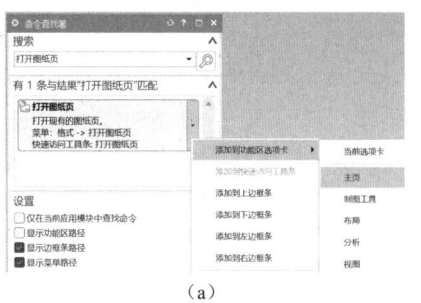
(a)

(b)

图 7-5　打开图纸页

4．删除图纸页

"删除图纸页"命令用于删除已经建立的工程图。删除的方法有以下三种。

（1）在制图模块中单击"标准"工具条上的"删除"按钮 ✖，弹出"类选择"对话框，选择要删除的工程图，单击"确定"按钮，完成操作。

（2）直接在制图模块中选择要删除的工程图，按键盘上的<Delete>或<Del>键，删除该工程图。

（3）在制图模块或建模模块中，展开部件导航器，选中要删除的工程图，单击鼠标右键，在快捷菜单中选择"删除"命令，完成操作。

5．制图界面的参数设置

在绘制工程图之前，通常要根据制图需要及用户习惯对制图界面及相关参数，如视图样式、尺寸标注样式、工程图几何元素的颜色等进行设置。

选择【菜单】|【首选项】|【制图】，弹出"制图首选项"对话框。下面对其中的常用几项相关设置说明如下。

（1）常规/设置　用于设置部件文件中制图对象和成员视图的版次、图纸工作流、图纸设置和栅格设置，通常采用默认设置，如图 7-6 所示。

（2）图纸格式　用于设置图纸页的页号编排方式、边界和区域，如图 7-7 所示。

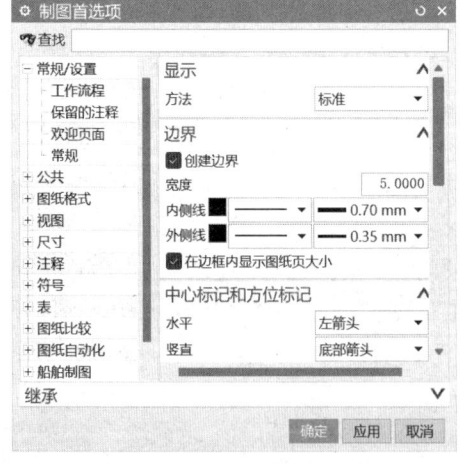

图 7-6　制图首选项"常规/设置"标签

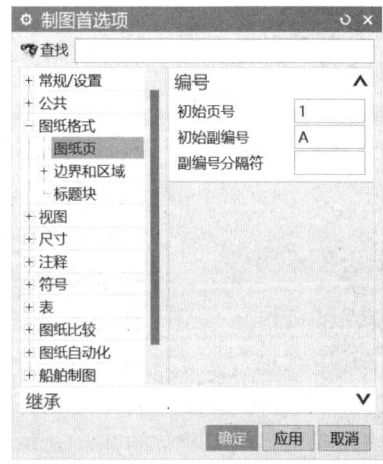

图 7-7　制图首选项"图纸格式"标签

（3）视图　用于设置视图的更新方式、视图的显示方式、曲线的格式、是否带边界及边界的颜色、显示已抽取边的面、投影样式、展平图样样式等，如图 7-8 所示。

（4）尺寸　用于设置视图中的公差、双尺寸、单侧尺寸、尺寸线、径向、文本等，如图 7-9 所示。

 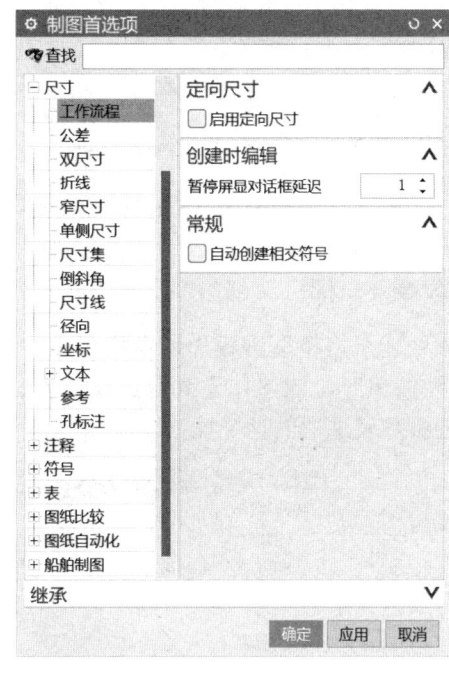

图 7-8　制图首选项"视图"标签　　　　图 7-9　制图首选项"尺寸"标签

（5）注释　用于设置视图中的符号标注、表面粗糙度符号、剖面线/区域填充、中心线等，如图 7-10 所示。

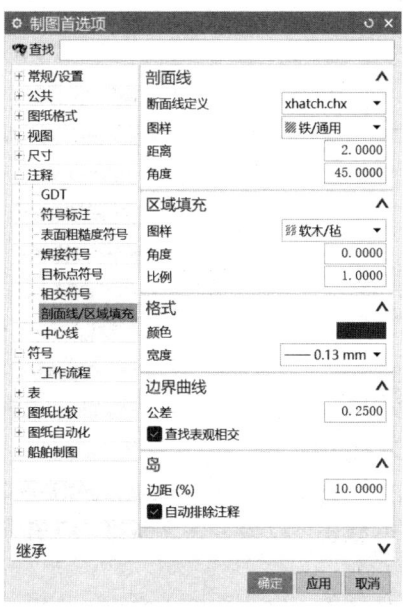

图 7-10　制图首选项"注释"标签

7.3.2 建立视图

建立图纸页后,接下来的工作就是在图纸页上添加各种视图,以平面视图表达三维实体。添加视图操作包括添加模型视图、正投影视图、辅助视图、局部视图和各种剖视图等。使用"视图"工具条中的视图操作功能按钮可添加各种常见的视图,如图7-11所示,也可以选择【菜单】|【插入】|【视图】调用相关命令。

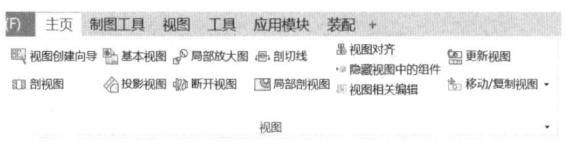

图7-11 "视图"工具条

1. 建立基本视图

利用该功能可将模型的各种基本视图添加到图纸页的指定位置。单击"视图"工具条上的"基本视图"按钮,或选择【菜单】|【插入】|【视图】|【基本】,弹出图7-12所示的对话框。对话框中各参数及选项的意义如下。

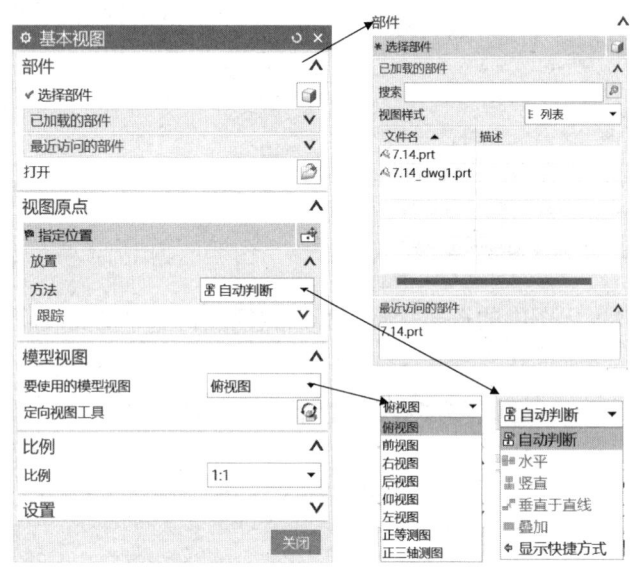

图7-12 "基本视图"对话框

(1) 部件

部件区域用于显示已加载和最近访问过的部件,选择需要绘制工程图的部件,也可以单击"打开"按钮,插入其他部件文件将其投影并建立视图。

(2) 视图原点

"视图原点"区域用于指定视图放置的位置。在"方法"下拉列表中有以下五种放置方式可供选择。

① 自动判断 通过移动鼠标在图面上指定或捕捉点的位置,放置视图。

② 水平 选择图面上现有的视图,以该视图为基准,在其左侧或右侧适当的位置放置新的视图。

③ 竖直 选择图面上现有的视图,以该视图为基准,在其上方或下方适当的位置放置新的视图。

④ 垂直于直线　选择图面上现有的视图,并指定一个矢量方向,以选定视图为基准,在指定的矢量方向上投影,在垂直于投影方向的直线上适当的位置放置新的视图。

⑤ 叠加　选择图面上要锁定与其对齐的现有视图,并指定一点,以选定视图为基准,在指定的点处放置新的视图。

(3) 模型视图

模型视图区域用于选择三维实体投影到图纸页上的方向,在"要使用的模型视图"下拉列表中有八种投影方向可供选择,也可以使用"定向视图工具"自定义投影方向。

(4) 比例

"比例"区域用于设定新建视图的绘制比例。新建视图时默认的比例是所在图纸页建立时设定的比例。如果新建的视图比例与所在图纸页比例不同,可在该区域重新设定比例。

(5) 设置

① 基本视图设置　用于设置新建视图绘制的样式。单击"设置"区域的"设置"按钮,弹出"基本视图设置"对话框,如图 7-13 所示,可通过该对话框进行相关设置。

② 非剖切　用于绘制视图时将部分实体作为隐藏的对象,按不可见形体绘制投影。单击该区域的"选择对象",用鼠标在绘图窗口中选择需隐藏的组件,绘制视图时这些组件将按隐藏对象处理。

图 7-13 "基本视图设置"对话框

【实例 7-1】　水槽基本视图的建立。

(1) 打开下载文件"XM7\CZSL\7.14.prt",如图 7-14 所示。选择"应用模块"选项卡中的"制图"按钮进入制图模块。单击"主页"选项卡中的"新建图纸页"按钮,弹出"工作表"对话框。

(2) 在"工作表"对话框的"大小"区域选择"标准尺寸"单选框,设定图纸大小为"A4-210×297",绘图比例为"1:2";在"名称"区域的"图纸页名称"文本框中输入新建的图纸页名称"ShuiCao_1";在"设置"区域选择绘图的尺寸单位为"毫米",视图投影方式为"第一象限投影",选择"始终启动视图创建"下的"基本视图命令"选项,如图 7-15 所示,单击"确定"按钮,弹出"基本视图"对话框。

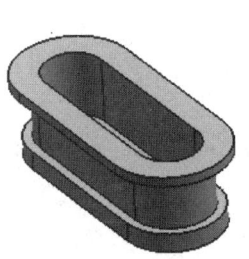

图 7-14 水槽

图 7-15 图纸页设置

实例 7-1 水槽基本视图

（3）在"基本视图"对话框中"模型视图"区域的"要使用的模型视图"下拉列表中选择主视图"前视图"，在"视图原点"区域的"方法"下拉列表中选择"自动判断"，其他选项采用默认设置，拖动鼠标至适当的位置单击，生成三维实体的主视图，如图7-16所示。

（4）以主视图为基准，在其下方拖动鼠标至适当的位置单击，生成三维实体的俯视图，结果如图7-17所示。

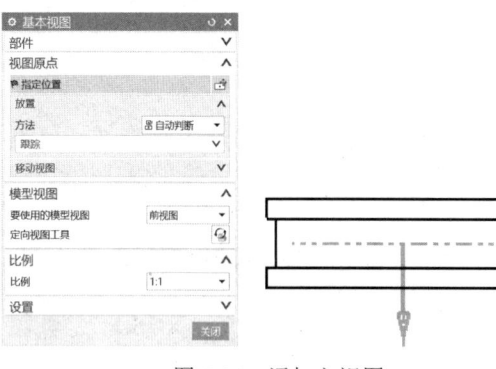

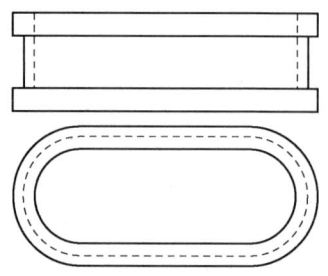

图7-16 添加主视图　　　　　　　图7-17 添加俯视图

2．建立投影视图

投影视图是指用已存在的视图作为父视图，按投影关系在指定方向上生成新的视图，既可以生成向视图，又可以生成正交视图。

【实例7-2】　弯头投影视图的建立。

打开下载文件"XM7\CZSL\7.18.prt"，进入制图模块，先建立实体的主视图，如图7-18所示。

单击"视图"工具条上的"投影视图"按钮 ，弹出"投影视图"对话框，如图7-19所示。在对话框中进行如下设置。

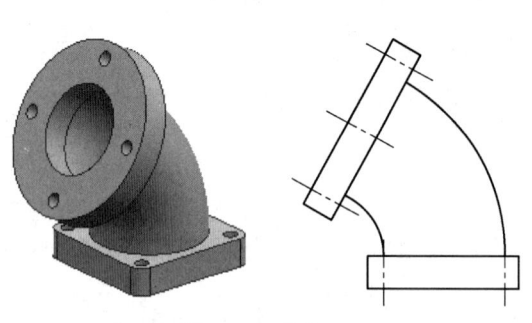

实例7-2 弯头投影视图

图7-18 弯头　　　　　　　图7-19 "投影视图"对话框

（1）选择父视图　在"投影视图"对话框的"父视图"区域单击"选择视图"，在图形窗口选择主视图作为父视图。

（2）铰链线　在"投影视图"对话框"铰链线"区域中的"矢量选项"下拉列表中选择"已定义"，单击"指定矢量"选项右侧的"矢量"按钮 ，弹出"矢量"对话框，在"类型"区域选择"两点"方式 ，在"通过点"区域分别指定两点，确定投影方向，如图7-20中①、②所示。

（3）视图原点　在"投影视图"对话框的"视图原点"区域中"方法"下拉列表框选择"自动判断"，拖动鼠标到适当的位置单击，生成投影视图——斜视图，如图7-21所示。

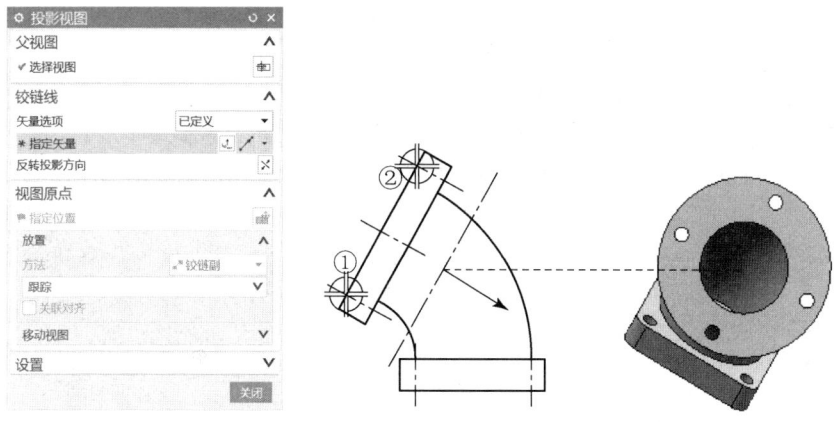

图7-20　指定矢量及投影视图

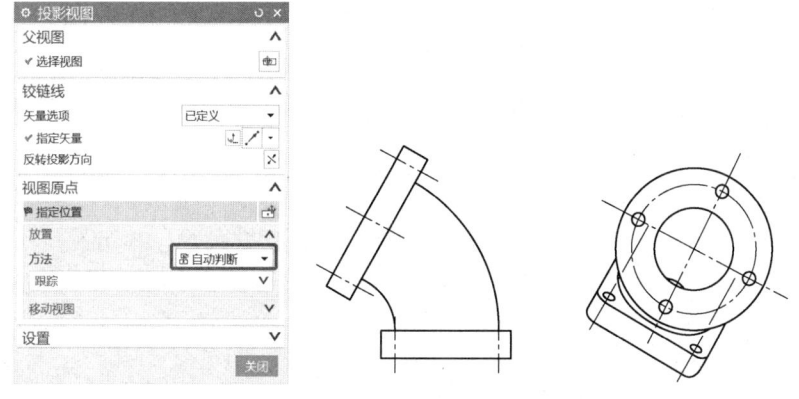

图7-21　指定视图原点及投影视图

3. 建立断开视图

断开视图是指用断裂线将已存在的视图分割成两段，用于表达纵向尺寸远远大于横向尺寸，且结构相对比较简单的零件。

【实例7-3】　断开视图的建立。

打开下载文件"XM7\CZSL\7.22.prt"，如图7-22所示。

（1）进入制图模块，建立零件的基本视图——俯视图，如图7-23所示。

实例7-3　轴的断开视图

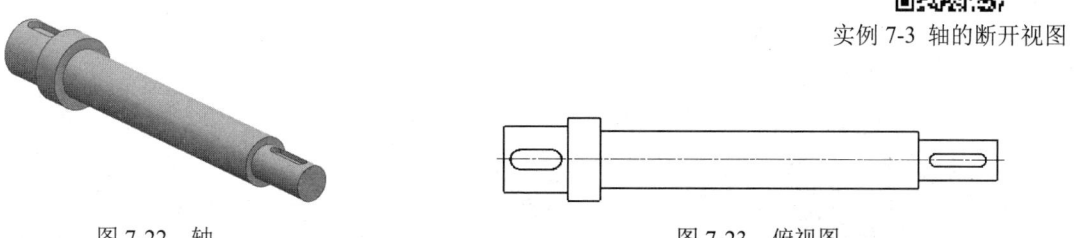

图7-22　轴　　　　　　　　　　　图7-23　俯视图

（2）单击"视图"工具条上的"断开视图"按钮，弹出"断开视图"对话框，如图7-24所示。在"类型"区域选择断开视图的类型。系统提供了两种类型的断开视图："常规"（断裂线两侧的结构均予以表达)和"单侧"(仅表达断裂线一侧的结构),选择"常规"类型。

(3) 系统提示用户选择"主模型视图",捕捉现有的俯视图作为主模型视图,在对话框的"方向"区域,用矢量构造器指定轴线方向作为断裂方向。

(4) 在俯视图上指定左侧断裂线位置,通过输入偏置数值微调断裂线位置;再指定右侧断裂线位置,如图 7-25 所示。

(5) 在对话框的"设置"区域设置两条断裂线之间的间隔、断裂线的线型、断裂线弯曲的幅度、断裂线两端向轮廓线外延伸的距离(通常为零)、断裂线颜色和线宽等。

(6) 单击对话框中的"确定"按钮或"应用"按钮,完成操作,结果如图 7-26 所示。

图 7-24 "断开视图"对话框

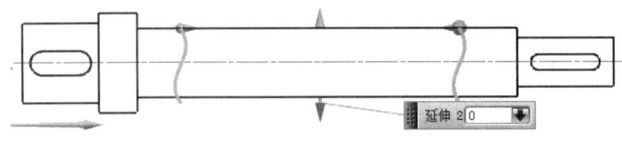

图 7-25 指定断裂线位置

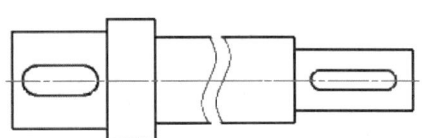

图 7-26 断开视图

4. 建立全剖视图和半剖视图

剖视图分为全剖视图、半剖视图、旋转剖视图、折叠剖视图等,单击"视图"工具条上的相应按钮,可建立剖视图。

【实例 7-4】 接头零件全剖视图和半剖视图的建立。

打开下载文件"XM7\CZSL\7.27.prt",如图 7-27 所示。

实例 7-4 接头的半剖和全剖视图

(1) 进入制图模块后,生成实体的基本视图——俯视图,如图 7-28 所示。

(2) 单击"视图"工具条上的"剖视图"按钮,弹出"剖视图"对话框,如图 7-29 所示。在"截面线"区域将"定义"和"方法"分别选为"动态"和"半剖",捕捉现有的俯视图作为父视图,按照提示定义剖切位置,捕捉圆心,如图 7-30 所示;定义折弯位置,捕捉圆心,如图 7-31 所示;拖动鼠标指定剖视图中心点放置的位置,生成半剖视图的主视图,如图 7-32 所示。

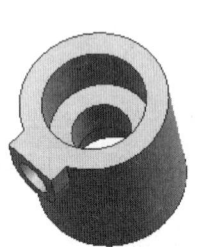

图 7-27 接头

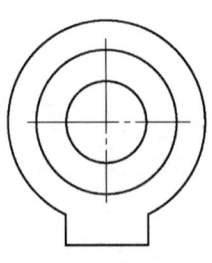

图 7-28 俯视图

图 7-29 "剖视图"对话框 1

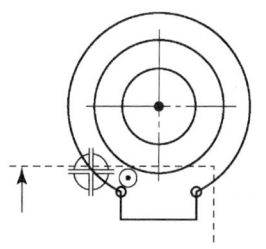 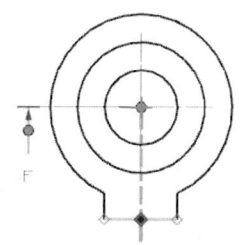 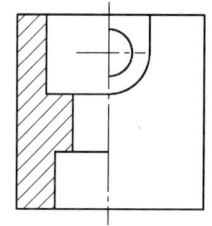

图 7-30　定义剖切位置　　　图 7-31　定义折弯位置　　　图 7-32　半剖视图的主视图

（3）单击"视图"工具条上的"剖视图"按钮，弹出"剖视图"对话框，如图 7-33 所示。在"截面线"区域将"定义"和"方法"分别选为"动态"和"简单剖/阶梯剖"，系统提示用户选择父视图，选择现有半剖视图的主视图作为父视图，按照提示定义剖切位置，选择主视图轴线上任意一点，如图 7-34 所示；拖动鼠标指定剖视图中心点放置位置，生成全剖视图的左视图，如图 7-35 所示。

 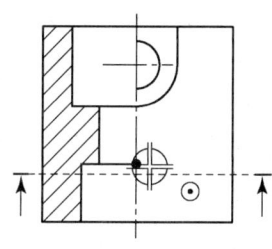 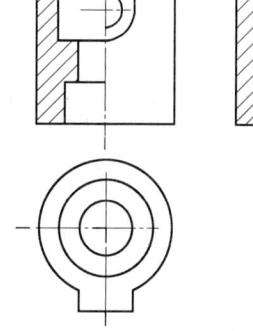

图 7-33　"剖视图"对话框 2　　图 7-34　定义剖切位置　　图 7-35　全剖视图的左视图

5．建立旋转剖视图

要表达清楚图 7-36 所示的实体上均匀分布的孔的结构，需采用旋转剖视图。在制图模块中建立俯视图，如图 7-37 所示。

（1）单击"视图"工具条上的"剖视图"按钮，弹出"剖视图"对话框，在"截面线"区域将"定义"和"方法"分别选为"动态"和"旋转"，选择现有俯视图作为父视图。

（2）定义剖切旋转点，选择主孔的中心为剖切旋转点，如图 7-38 所示。

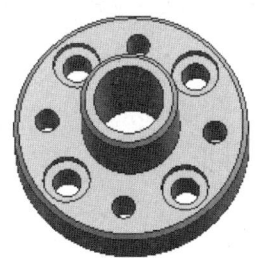 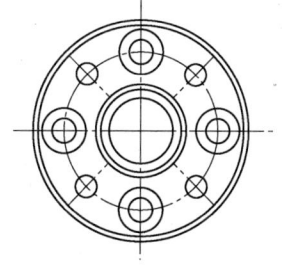 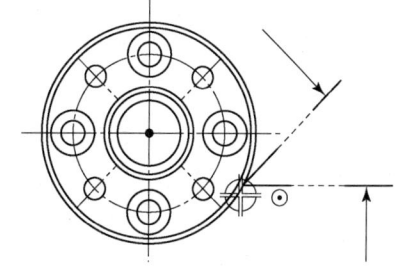

图 7-36　轮盘　　　　　图 7-37　俯视图　　　　图 7-38　定义剖切旋转点

（3）定义剖切线的位置，捕捉小孔中心作为剖切线经过的第一个位置，如图 7-39①所示；捕捉沉孔中心作为剖切线经过的第二个位置，如图 7-39②所示。

（4）拖动鼠标指定剖视图中心点放置位置，生成旋转剖视图的主视图，如图 7-40 所示。

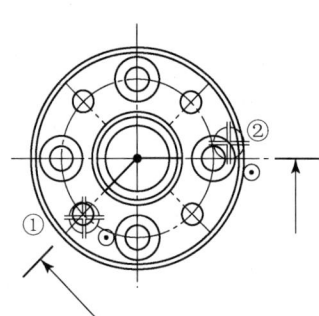
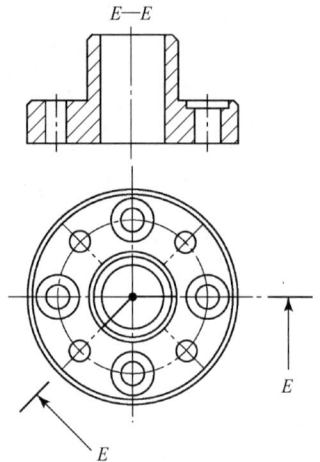

图 7-39 指定剖切线的位置　　　　图 7-40 旋转剖视图的主视图

6．阶梯剖视图

阶梯剖视图是指用一组转折的剖切平面将实体剖开，向指定的方向投影。现采用阶梯剖视图表达图 7-41 所示实体的结构。

（1）在制图模块中建立俯视图，如图 7-42 所示。单击"视图"工具条上的"剖视图"按钮，弹出"剖视图"对话框，如图 7-33 所示。在"截面线"区域将"定义"和"方法"分别选为"动态"和"简单剖/阶梯剖"，选择现有俯视图作为父视图。

（2）拾取左边孔中心作为"截面线段"中的"指定位置"，如图 7-43 所示。

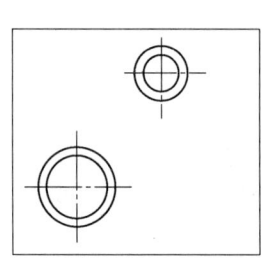
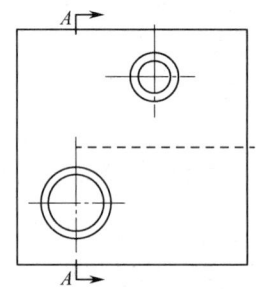

图 7-41 孔板　　　　图 7-42 俯视图　　　　图 7-43 指定左边孔中心剖切位置

（3）单击"截面线段"区域的"指定位置"，再次拾取右边孔中心，如图 7-44 所示。

（4）单击"视图原点"区域的"指定位置"，拖动鼠标指定剖视图中心点放置位置，生成阶梯剖视图的左视图，如图 7-45 所示。

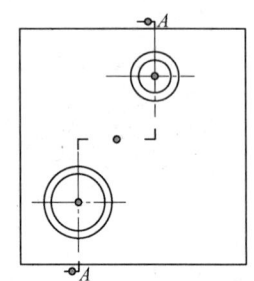
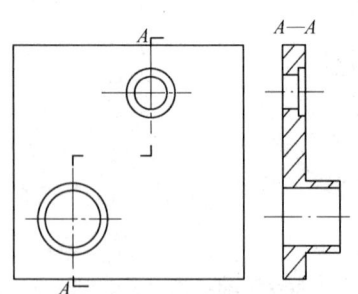

图 7-44 指定右边孔中心剖切位置　　　　图 7-45 阶梯剖视图的左视图

阶梯剖视图与旋转剖视图的区别在于：旋转剖视图分别将两个剖切面向各自正交的方向投影，然后将其画在同一平面上；阶梯剖视图将所有剖切面向同一指定的方向投影。

7．建立局部剖视图

局部剖视图是指在现有视图上用一剖切平面将实体的一部分剖开，将该部分画成剖视图。

【实例 7-5】 方孔支架局部剖视图的建立。

打开下载文件 "XM7\CZSL\7.46.prt"，如图 7-46 所示。

（1）在制图模块中建立俯视图和主视图，如图 7-47 所示。

实例 7-5 方孔支架局部剖视图

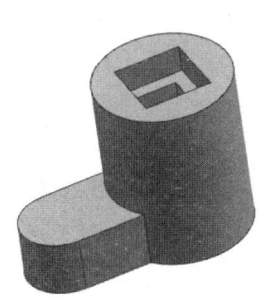

图 7-46　方孔支架

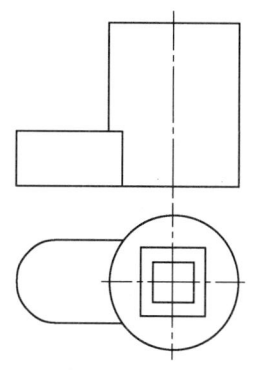

图 7-47　主视图和俯视图

（2）选择主视图的边框，单击鼠标右键，在弹出的快捷菜单中选择"激活草图视图"，如图 7-48 所示。

（3）单击"曲线"工具条上的"艺术样条"按钮，弹出"艺术样条"对话框，绘制样条曲线作为断裂线，将要剖开的部位包围起来，完成后退出草图绘制，如图 7-49 所示。

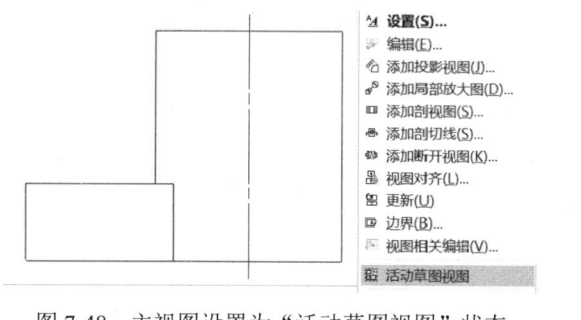

图 7-48　主视图设置为"活动草图视图"状态

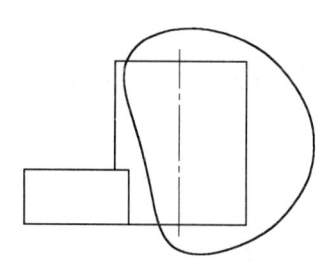

图 7-49　绘制断裂线

（4）单击"视图"工具条中的"局部剖"按钮，弹出"局部剖"对话框，如图 7-50 所示。

（5）选择主视图作为要剖切的视图。

（6）由俯视图上方孔的中心点来确定剖切位置和矢量方向，指定剖切平面位置。

（7）选择图 7-49 中绘制的断裂线，单击对话框中的"确定"按钮或"应用"按钮，完成操作，生成局部剖视图，如图 7-51 所示。

如果要去除局部剖视图，需重新单击"局部剖"按钮，在弹出的"局部剖"对话框中选择删除，再选取断裂线即可去除局部剖视图。

图 7-50 "局部剖"对话框

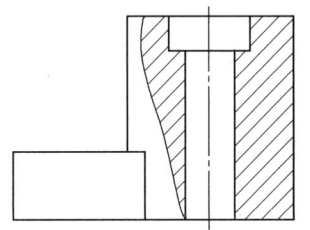

图 7-51 局部剖视图

8．建立局部放大图

对于零部件上尺寸相对较小、结构复杂的部分可用局部放大图来表达。图 7-52①所示的实体有一尺寸较小的沉孔，直接在视图上无法表达清楚或难以标注尺寸。现采用局部放大图表示该结构。

（1）在制图模块中建立全剖的主视图，如图7-52②所示。单击"视图"工具条上的"局部放大图"按钮 ，弹出"局部放大图"对话框，如图 7-53 所示。

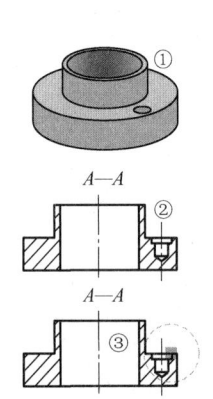

图 7-52 三维实体及主视图

图 7-53 "局部放大图"对话框

（2）在"局部放大图"对话框的"类型"区域指定放大范围的类型为"圆形"；在"边界"区域单击"指定中心点"，用鼠标在图形窗口中捕捉或用"点"对话框指定圆形放大区域的中心点；在"局部放大图"对话框的"边界"区域单击"指定边界点"，按鼠标左键并在图形窗口中拖动确定放大区域的范围，如图 7-52③所示。

（3）在"局部放大图"对话框的"比例"下拉列表中选择相对于原图的放大比例为 2∶1。

（4）在"局部放大图"对话框"原点"区域的"方法"下拉列表中选择"自动判断"选项，拖动鼠标至适当的位置单击，生成局部放大图，如图 7-54 所示。

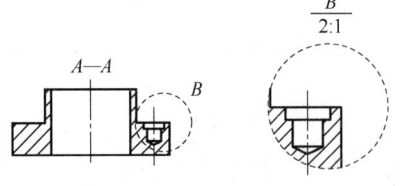

图 7-54 局部放大图

7.3.3 编辑视图

视图创建后，经常需要对其进行更新、对齐、移动、复制等操作。

1．更新视图

当模型修改后，可手动更新视图。单击"视图"工具条上的"更新视图"按钮，弹出"更新视图"对话框，如图 7-55 所示。

单击对话框中"视图"区域的"选择视图"，在图形窗口中用鼠标选择需要更新的视图，或在对话框的"视图列表"中选择需要更新的视图，单击"确定"按钮或"应用"按钮，完成视图更新。如果同时需要更新多个视图，则在选择视图的同时按住键盘上的<Ctrl>键；也可以在对话框中单击"选择所有过时视图"按钮或"选择所有过时自动更新视图"按钮，更新模型修改后所有未更新过的视图。

2．视图对齐

该命令用于调整已建立的视图位置，并按设定方式对齐。

单击"视图"工具条中的"视图对齐"按钮，弹出"视图对齐"对话框，如图 7-56 所示。指定一点作为对齐的基准点；在图形窗口中用鼠标选择需要对齐的视图，或在对话框的视图列表中按住<Ctrl>键选择需要对齐的视图；选择对话框中部的对齐方式，则所选视图按指定方式，以所选的点为基准对齐。

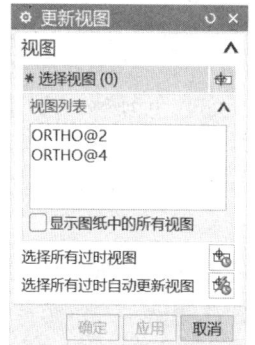
图 7-55 "更新视图"对话框

图 7-56 "视图对齐"对话框

3．移动/复制视图

该命令用于移动或复制已建立的视图，并按选定的方式和位置放置。

单击"视图"工具条中的"移动/复制视图"按钮，弹出"移动/复制视图"对话框，如图 7-57 所示。在图形窗口中用鼠标选择需要移动或复制的视图，或在对话框的视图列表中选择需要移动或复制的视图；选择对话框中部的对齐方式，使移动或复制后的视图与原视图按此方式对齐，拖动鼠标至适当的位置单击，移动视图或生成新的视图。

未勾选"复制视图"复选框时，所做的操作将移动视图，反之将复制视图。

4．视图相关编辑

"视图相关编辑"命令用于编辑视图中某一对象的显示，同时不影响同一对象在其他视图中的显示。单击"视图"工具条中的"视图相关编辑"按钮，或选择【菜单】|【编辑】|【视图】|【视图相关编辑】，弹出"视图相关编辑"对话框，如图 7-58 所示。对话框中各区域的功能与设置介绍如下。

（1）添加编辑　用于添加对视图的编辑项目，如删除视图中的对象、编辑视图中某一整体对象、编辑视图中某一整体对象上的一段、编辑着色对象、编辑剖视图背景。

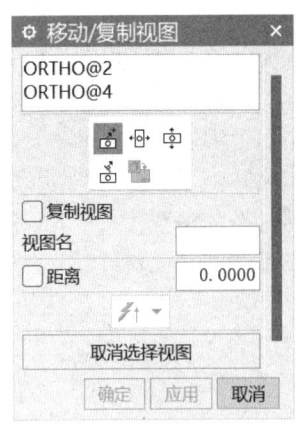

图 7-57 "移动/复制视图"对话框

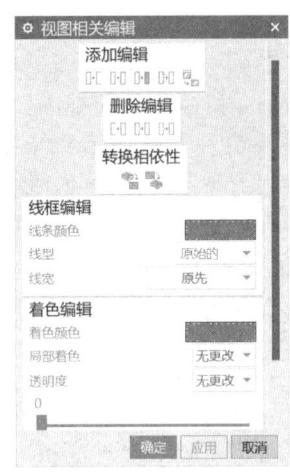

图 7-58 "视图相关编辑"对话框

（2）删除编辑　用于删除已经编辑的项目，如删除选择的擦除 ——有选择地恢复被删除的对象；删除选择的编辑——有选择地撤销已做的编辑；删除所有编辑——撤销所做的全部编辑。

（3）线框编辑　用于设置所需编辑的线条的属性，如线条颜色、线型、线宽等。该区域的内容只有部分编辑选项可用。

（4）着色编辑　用于设置所需编辑的线条的显示特性，如着色颜色、透明度等。该区域的内容只有部分编辑选项可用。

7.3.4 图样标注

视图绘制完成后，图样标注是一项重要而且工作量很大的任务，非常烦琐，需要耐心细致才能完成。图样标注包括尺寸标注、文字标注、形位公差标注等。

1. 快速尺寸标注

单击图 7-59 所示"尺寸"工具条上的"快速"按钮，或通过选择【菜单】|【插入】|【尺寸】，弹出图 7-60 所示的"快速尺寸"对话框。该命令可标注各种类型的尺寸。

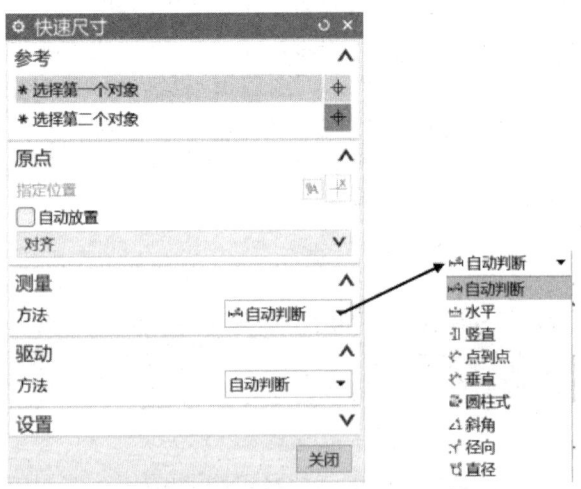

图 7-59 "尺寸"工具条　　　　图 7-60 "快速尺寸"对话框

（1）自动判断尺寸

在图 7-60 中，选择"测量"区域"方法"下拉列表中的"自动判断"后，用户根据系统提示选择要标注尺寸的图形对象，系统会根据用户选择要标注尺寸图形对象的属性，自动选择适当的尺寸类型加以标注。

（2）水平尺寸

在图 7-60 中，选择"测量"区域"方法"下拉列表中的"水平"后，用户根据提示选择一条线或依次选择两点并拖动鼠标，可标注线的两个端点或所选两点之间的水平距离，如图 7-61 所示，分别捕捉两圆孔的中心，标注水平尺寸。

（3）竖直尺寸

在图 7-60 中，选择"测量"区域"方法"下拉列表中的"竖直"后，用户根据提示选择一条线或依次选择两点并拖动鼠标，可标注线的两个端点或所选两点之间的竖直距离，如图 7-62 所示。

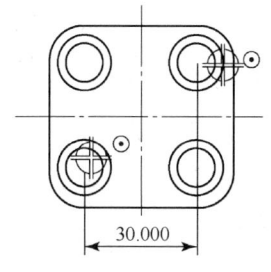
图 7-61 水平尺寸

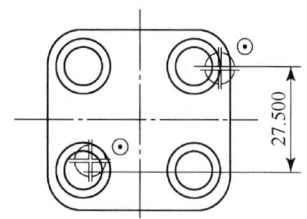
图 7-62 竖直尺寸

（4）点到点尺寸

在图 7-60 中，选择"测量"区域"方法"下拉列表中的"点到点"后，用户根据提示选择一条线或依次选择两点并拖动鼠标，可标注线的两个端点或所选两点之间的直线距离，如图 7-63 所示。

（5）垂直尺寸

在图 7-60 中，选择"测量"区域"方法"下拉列表中的"垂直"后，用户根据提示选择一点和一条直线并拖动鼠标，可标注所选点与直线之间的垂直距离，如图 7-64 所示。

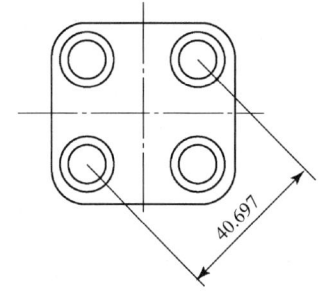
图 7-63 点到点尺寸

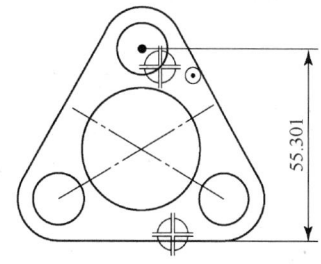
图 7-64 垂直尺寸

（6）斜角尺寸

在图 7-60 中，选择"测量"区域"方法"下拉列表中的"斜角"后，用户根据提示依次选择两条直线并拖动鼠标，可标注所选直线之间的夹角，如图 7-65 所示。

标注的结果与选择两条直线的次序有关。

(7) 径向尺寸

在图 7-60 中，选择"测量"区域"方法"下拉列表中的"径向"后，用户根据提示选择圆或圆弧并拖动鼠标，可标注所选对象的半径，如图 7-66①所示。

(8) 直径尺寸

在图 7-60 中，选择"测量"区域"方法"下拉列表中的"直径"后，用户根据提示选择圆或圆弧并拖动鼠标，可标注所选对象的直径，如图 7-66②所示。

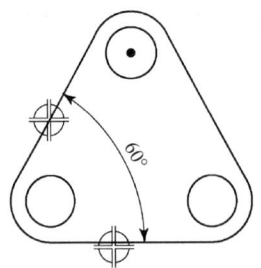

图 7-65 斜角尺寸

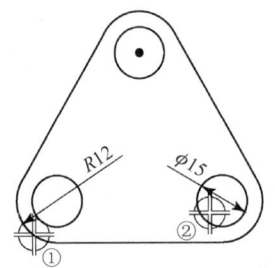

图 7-66 径向与直径尺寸

(9) 圆柱式尺寸

在图 7-60 中，选择"测量"区域"方法"下拉列表中的"圆柱式"后，用户根据提示选择两个对象或两点并拖动鼠标，可标注圆柱的直径，如图 7-67 所示。与"水平尺寸""竖直尺寸"或"平行尺寸"标注方式相比，在尺寸数字前多了直径符号 ϕ。

2. 径向尺寸标注

单击"尺寸"工具条上的"径向"按钮后，弹出图 7-68 所示"径向尺寸"对话框，在"测量"区域"方法"下拉列表中有"径向""直径"和"孔标注"三个选项。

(1) 径向方法

选择"测量"区域"方法"下拉列表中的"径向"后，用户根据提示选择圆或圆弧并拖动鼠标，可标注所选对象的半径。勾选"创建带折线的半径"复选框，可以创建带折线的半径标注，可用于标注尺寸较大的圆或圆弧的半径尺寸，也可以实现过圆心半径的标注。

现以图 7-69 所示大尺寸（R400）圆弧半径标注为例，介绍带折线的半径标注方法。在图 7-70 中，勾选"创建带折线的半径"复选框，在合适的位置绘制一点作为偏置中心点，如图 7-71 所示。

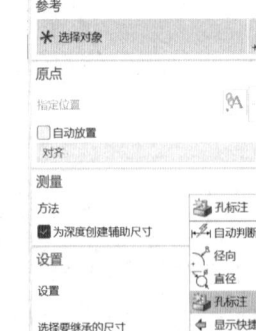

图 7-67 圆柱式尺寸　　　图 7-68 "径向尺寸"对话框 1　　　图 7-69 大尺寸圆弧

图 7-70 "径向尺寸"对话框 2

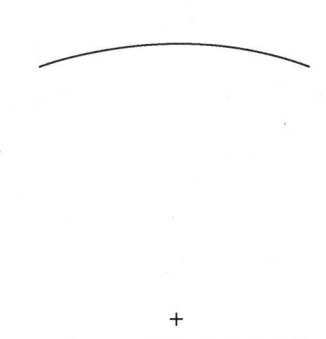

图 7-71 添加中心点符号

③ 选择大圆弧作为对象,选择绘制的点作为偏置中心点,并指定折弯位置,如图 7-72 所示。拖动鼠标到合适的位置单击,完成半径尺寸标注,如图 7-73 所示。

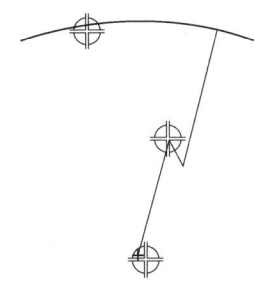

图 7-72 指定折弯位置

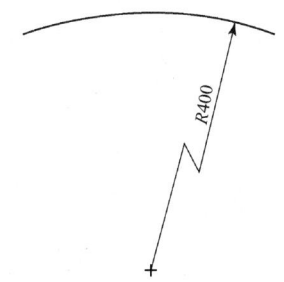

图 7-73 带折线的半径

(2) 直径方法

选择"测量"区域"方法"下拉列表中的"直径"后,用户根据提示选择圆或圆弧并拖动鼠标,可标注所选对象的直径。该命令标注的直径尺寸默认为箭头指向方式,不通过圆心。

(3) 孔标注方法

选择"测量"区域"方法"下拉列表中的"孔标注"后,用户根据提示选择要标注尺寸的对象并拖动鼠标,可标注所选对象的孔直径(如果为螺纹孔则标注螺纹尺寸),如图 7-74 所示。需要指出的是该命令标注的孔必须为使用"孔"命令创建的孔,否则"孔标注"无法使用。

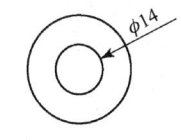

图 7-74 孔尺寸

3. 文字及符号标注

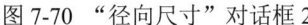

图 7-75 "注释"工具条

文字及符号标注的有关命令可用于标注和编辑图形上的文字注释和各种符号,使用"注释"工具条上的功能按钮可完成相关操作,常用图标按钮如图 7-75 所示。也可以从【菜单】|【插入】中选择有关的子菜单进行操作。

(1) 文字标注

文字标注的有关命令用于在工程图中插入文本注释。

单击"注释"工具条上的"注释"按钮 A,或选择【菜单】|【插入】|【注释】|【注释】,弹出"注释"对话框,如图 7-76 所示。对话框中各区域功能介绍如下。

① 原点　用于设置文本放置的对齐方式、锚点位置，指定文本注释的图形对象及注释放置的位置。

② 指引线　用于设置文本注释的指引线类型及样式。

③ 文本输入　可在文本框中输入文本、编辑文本、设置文本格式；也可以从其他文本文件（*.txt 格式）中导入文本、将文本框中现有的文本导出并保存为文本文件（*.txt 格式）；还可以插入各种制图符号，如图 7-77 所示。

图 7-76　"注释"对话框

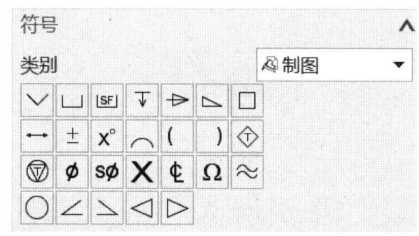

图 7-77　制图符号

（2）形位公差标注

形位公差标注的有关命令用于在工程图中插入形位公差标注。有以下两种标注方式。

① 在"注释"对话框的"文本输入"区域从"类别"中选择"形位公差"，如图 7-78 所示。在"标准"下拉列表中选择一种标准，如 ISO 1101 1983 等；单击某种特征控制框按钮，如图中所示的"单特征控制框"按钮；单击形位公差符号中的"垂直度"按钮；然后输入公差值；单击"框分割线"按钮；单击基准字母符号中的"基准 B"按钮，完成形位公差的设定；在图形窗口中选择要标注的对象，并按住鼠标左键拖动拉出指引线，在适当的位置单击鼠标左键确定形位公差标注框格的位置。单击"关闭"按钮，退出"注释"对话框。

② 单击"注释"工具条上的"特征控制框"按钮，或选择【菜单】|【插入】|【注释】|【特征控制框】，弹出"特征控制框"对话框，如图 7-79 所示。在"框"区域的"特征"下拉列表中选择形位公差的类型；在"框样式"下拉列表中选择形位公差框格的样式；在对话框中输入公差值；设置其他选项；在图形窗口中选择要标注的对象，并按住鼠标左键拖动拉出指引线，在适当的位置单击鼠标左键确定形位公差标注框格的位置。单击"关闭"按钮，退出"特征控制框"对话框。

（3）ID 标识符号标注

ID 标识符号标注命令可向图纸中手动插入 ID 符号，用于表示零件的序号。

单击"注释"工具条上的"符号标注"按钮，弹出"符号标注"对话框，如图 7-80 所示。在"类型"区域选择符号类型，设置相关参数，按住鼠标左键并拖动，拖出引导线，在适当位置放置符号，单击"关闭"按钮，退出"符号标注"对话框。

图 7-78 形位公差符号

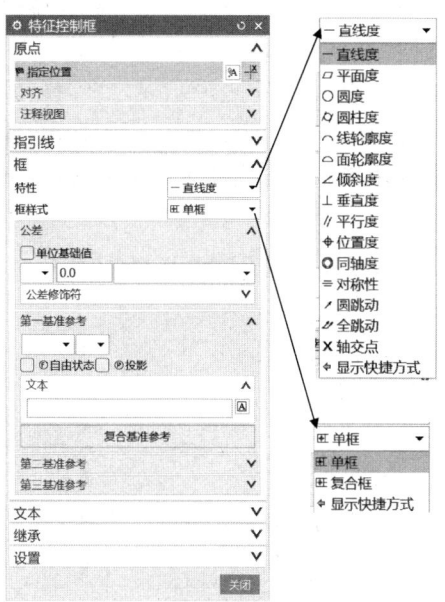

图 7-79 "特征控制框"对话框

（4）基准特征符号

基准特征符号标注的有关命令用于在工程图中插入基准特征符号。

单击"注释"工具条上的"基准特征符号"按钮，或选择【菜单】|【插入】|【注释】|【基准特征符号】，弹出"基准特征符号"对话框，如图 7-81 所示。

在"指引线"区域的"类型"下拉列表中选择指引线的类型；在"样式"区域的"箭头"下拉列表中选择箭头样式；在"短划线侧"下拉列表中选择指引线标出的方向；在对话框中输入短划线的长度值；在"基准标识符"区域的"字母"文本框中输入作为基准的字母；设置其他选项；在图形窗口中选择要标注的对象，并按住鼠标左键拖动拉出指引线，单击鼠标左键确定基准特征符号的位置。单击"关闭"按钮，退出"基准特征符号"对话框。

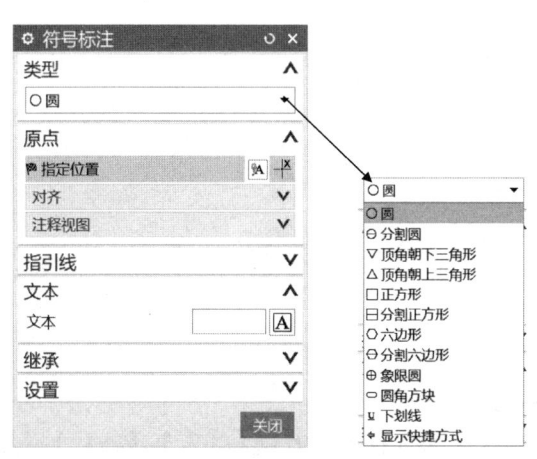

图 7-80 "符号标注"对话框

图 7-81 "基准特征符号"对话框

（5）表面粗糙度符号

表面粗糙度符号命令用于在指定表面轮廓线上标注表面粗糙度。

单击"注释"工具条上的"表面粗糙度符号"按钮，或选择【菜单】|【插入】|【注释】|【表面粗糙度符号】，弹出"表面粗糙度"对话框，如图 7-82 所示。操作步骤如下。

① 在对话框中"原点"区域，设置指定表面粗糙度符号尖顶放置的位置。

② 当表面粗糙度符号需要引出标注时，需在对话框的"指引线"区域设置指引线的类型、结构和尺寸，如图 7-83 所示。

图 7-82 "表面粗糙度"对话框

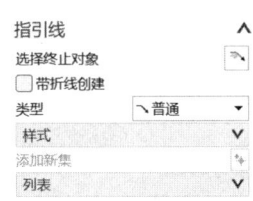

图 7-83 指引线设置

③ "属性"区域用于设定表面粗糙度符号的材料移除方式、相应图例的参数输入等，如图 7-84 所示。

④ "设置"区域用于设置表面粗糙度符号中文字的样式、表面粗糙度符号放置的方向与水平线之间的夹角。当标注表面粗糙度的表面在当前视图中处于实体的下方或右侧时，需勾选"反转文本"复选框，以使表面粗糙度符号的方向与其中的文字方向匹配，并保证文字方向符合国标规定，如图 7-85 所示。

图 7-84 "属性"区域

图 7-85 "设置"区域

（6）剖面线

"剖面线"命令用于在指定区域内创建剖面线图样。

单击"注释"工具条上的"剖面线"按钮，或选择【菜单】|【插入】|【注释】|【剖面线】，弹出"剖面线"对话框，如图 7-86 所示。操作如下。

① 指定区域　在对话框"边界"区域的"选择模式"下拉列表中提供了两种指定边界的方式:"边界曲线"(选择一组边界围成的封闭区域)和"区域中的点"(在封闭区域中任意一点单击)。

② 设置剖面线的属性　在对话框的"设置"区域指定剖面线文件的目录和文件名,设置剖面线的参数、颜色、线型和线宽等。

③ 单击"确定"按钮或"应用"按钮,完成操作。

图 7-86　"剖面线"对话框

7.3.5　工程图样

在制作工程图过程中,为了使图纸符合国标,需要完成大量的设置工作,如设计图框、标题栏,根据用户的操作习惯设置相应的参数。为了方便快捷地使用这些设置,减少重复性劳动,通常先建立独立的含有标注图框和标题栏,参数已按实际需要做了相应设置的图样文件,在需要时直接插入到工程图中。

图样文件的保存有模式格式和普通的 part 文件格式两种。模式格式是 UG NX 12.0 软件建立图样的传统方式,使用时将图样作为整体调入,占用空间小;普通的 part 文件格式图样调用方便,但占用空间较大。

现以 A3 图纸的图样为例,介绍以模式格式创建图样的方法与过程。

(1)单击"标准"工具条中的"新建"按钮,在弹出的"新建"对话框中设置"单位"为"毫米",文件名为"BTL-A3.prt"。

(2)进入"制图"模块,系统弹出"工作表"对话框,在"大小"区域选择"标准尺寸"单选框,在"大小"下拉列表中选择"A3-297x420",在"比例"下拉列表中选择"1:1","图纸页名称"采用默认设置,"单位"选择"毫米","投影"选择"第一角投影",单击"确定"按钮。

(3)在图纸有效区域内绘制图框和标题栏并标注有关文字,如图 7-87 所示。

(4)选择【菜单】|【文件】|【选项】|【保存选项】,弹出"保存选项"对话框,设置对话框中各选项,如图 7-88 所示。

(5)单击"标准"工具条中的"保存"按钮,将图样文档保存。

模式格式的图样文件建立后,绘制工程图的过程中可随时调用,且调用时不会修改图样文件。

普通的 part 文件格式图样文件的创建过程与一般部件文件的创建类似,先绘制图框和标题栏,设置各种参数,保存文件。需要使用该图样绘图时,先打开图样文件,另存后进行建模和绘图操作。

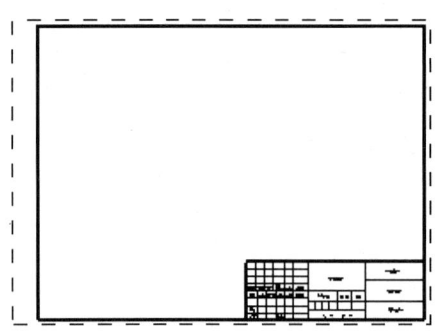

图 7-87　图框与标题栏

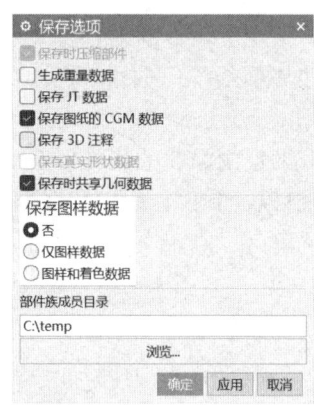

图 7-88　"保存选项"对话框

⚠ 用普通的 part 格式图样文件时，为避免图样文件调用时被修改，创建图样文件后可将文件属性设置成"只读"。

7.4　项目实施

7.4.1　转动轴零件图绘制

项目 7-1　转动轴工程图

（1）单击"标准"工具条中的"打开"按钮，打开下载文件 XM7\CZSL\7.89.prt，文件中的实体为转动轴，如图 7-89 所示。

（2）进入制图模块，单击"视图"工具条中的"新建图纸页"按钮，弹出"工作表"对话框。在对话框中"大小"区域选择"标准尺寸"单选框，在"大小"下拉列表中选择"A3-297×420"，在"比例"下拉列表中选择"1∶1"，"图纸页名称"采用默认设置，"单位"选择"毫米"，"投影"类型选择"第一角投影"，单击"确定"按钮，完成图纸页设置与创建，如图 7-90 所示。

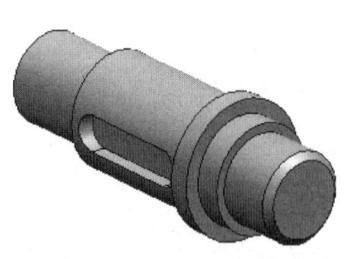

图 7-89　转动轴

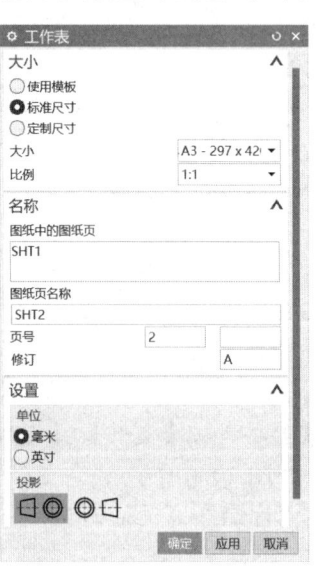

图 7-90　"工作表"对话框

（3）选择【菜单】|【首选项】|【制图】，弹出"制图首选项"对话框。

① 单击"视图"选项，取消勾选"显示"复选框，如图 7-91 所示。

② 在"视图"区域选择"表区域驱动"中的"设置"，取消勾选"显示背景"和"显示前景"复选框，如图 7-92 所示。

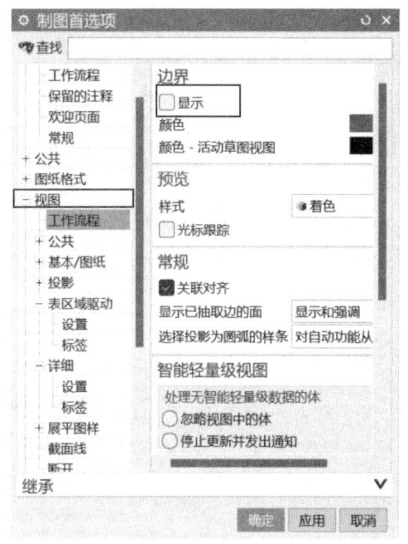

图 7-91 "制图首选项"对话框 1

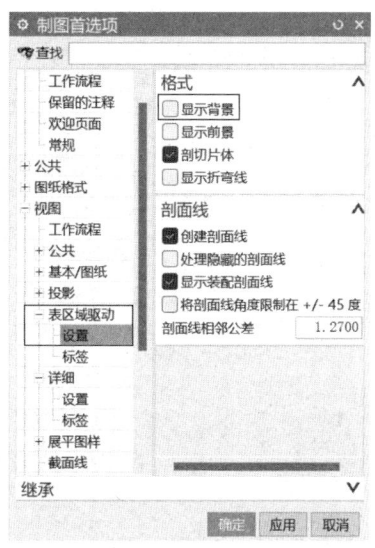

图 7-92 "制图首选项"对话框 2

③ 在"视图"区域选择"表区域驱动"中的"标签"，"格式"区域的"位置"选择"上面"，设置"前缀"文本框为空，在"字符高度因子"文本框中输入数值 2，其他选项采用默认设置，设置结果如图 7-93 所示。

④ 在"视图"区域选择"展平图样"中的"截面线"，选择剖切线类型为"GB 标准"，对"箭头"区域的"长度"和"箭头线"区域的参数进行设置，如图 7-94 所示，单击"确定"按钮，完成设置。

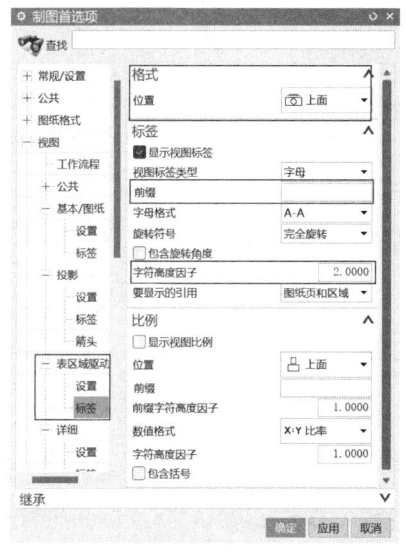

图 7-93 "制图首选项"对话框 3

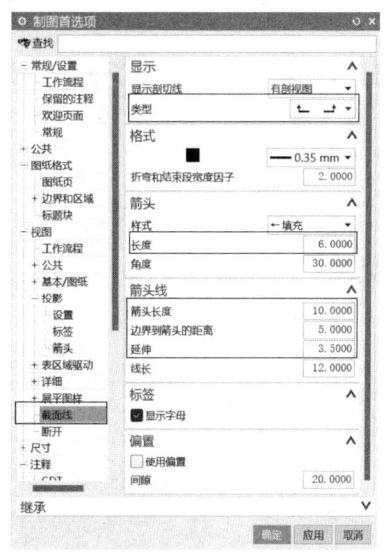

图 7-94 "制图首选项"对话框 4

（4）单击"视图"工具条中的"基本视图"按钮，弹出"基本视图"对话框，在"模型视图"区域"要使用的模型视图"下拉列表中选择主视图"前视图",在"比例"下拉列表中选择"1∶1",在"视图原点"区域的"方法"下拉列表中选择"自动判断",拖动鼠标将主视图预览图像移动到绘图窗口的适当位置,单击鼠标左键生成主视图,如图7-95所示。

(5)单击"视图"工具条中的"剖视图"按钮，弹出"剖视图"快捷工具栏,取消勾选"关联对齐"复选框,选择主视图为父视图,选择键槽水平边缘的中点为剖切点位置,向右拖动鼠标在适当位置单击,生成轴的剖面图,并选中剖视图移动至合适位置。

(6)单击"注释"工具条中的"中心标记"按钮，或选择【菜单】|【插入】|【中心线】|【中心标记】,弹出"中心标记"对话框,选择剖面图圆周捕捉圆心作为中心标记放置位置,单击"确定"按钮,生成中心标记,结果如图7-96所示。

(7)选择【菜单】|【首选项】|【制图首选项】,弹出"制图首选项"对话框。

① 选择"尺寸"区域的"倒斜角",设置如图7-97所示,单击"应用"按钮。

② 选择"尺寸"区域的"文本",分别对其中的"单位""附加文本""尺寸文本"和"公差文本"进行设置,如图7-98所示,单击"确定"按钮。

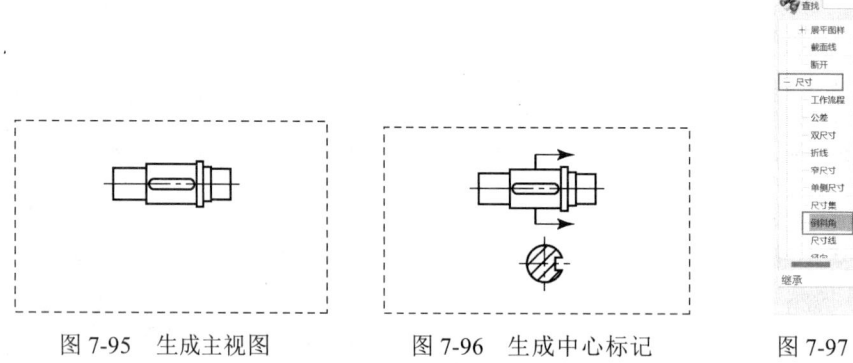

图7-95　生成主视图　　　图7-96　生成中心标记　　　图7-97　倒斜角设置

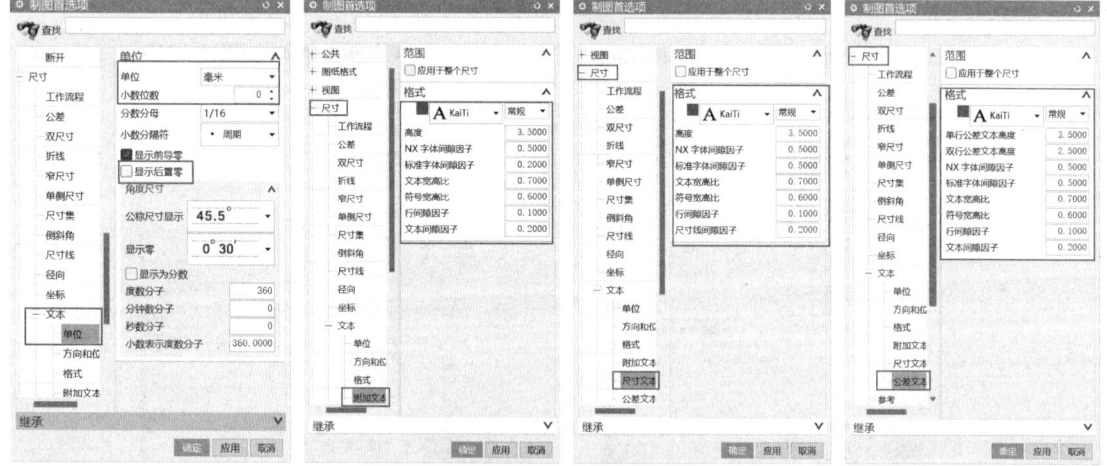

图7-98　文本设置

(8)单击"尺寸"工具条中的"快速"按钮，或"线性"按钮，标注主视图上的水平尺寸,如图7-99所示。

(9)单击"尺寸"工具条中的"快速"按钮，或"线性"按钮，在弹出的快捷工具栏上选择"单向负公差"，并输入数值-0.02,将尺寸放在合适位置,如图7-100所示。

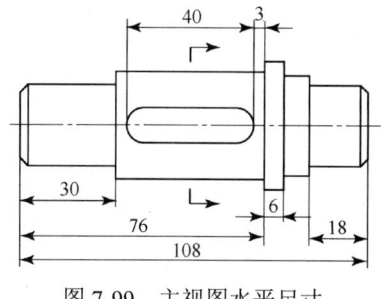

图 7-99 主视图水平尺寸

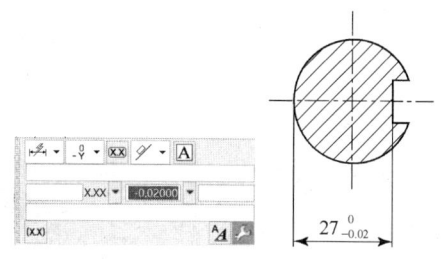

图 7-100 剖视图水平尺寸

（10）参照（9）内容标注图 7-101 中槽高尺寸。

（11）单击"尺寸"工具条中的"快速"按钮 ，设置测量方法为"圆柱式" ，在主视图上标注不带公差的圆柱直径尺寸 $\phi 30$、$\phi 38$，如图 7-102 所示。

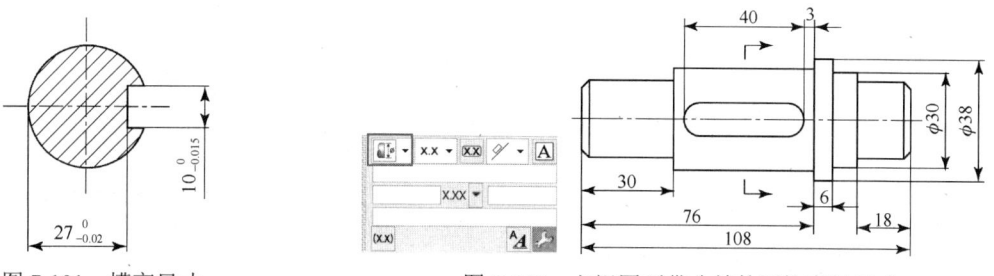

图 7-101 槽高尺寸　　　　　　图 7-102 主视图不带公差的圆柱直径尺寸

（12）单击"尺寸"工具条中的"快速"按钮 ，在主视图上标注带公差的两端圆柱直径尺寸 $\phi 25$，设置测量方法为"圆柱式" ，选择"双向公差" ，设置上偏差为 0.015，下偏差为 0.002，将尺寸放在合适位置；同理标注带有上下偏差的 $\phi 32$ 圆柱直径尺寸，如图 7-103 所示。

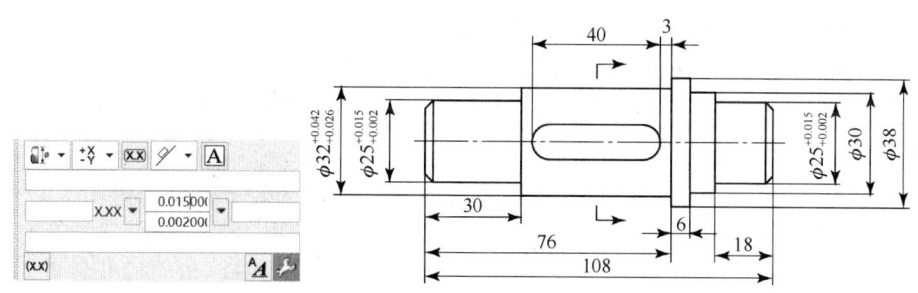

图 7-103 主视图带公差的圆柱直径尺寸

（13）单击"尺寸"工具条中的"倒斜角"按钮 ，在弹出的"倒斜角"快捷工具栏上输入倒角偏置符号"C"，将尺寸放在合适位置，完成主视图倒角尺寸，如图 7-104 所示。

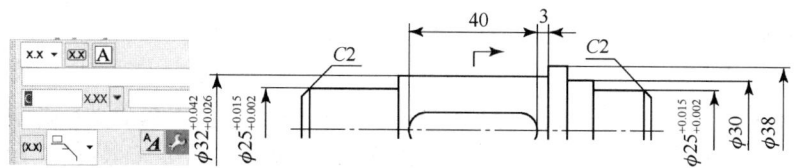

图 7-104 主视图倒角尺寸

（14）单击"注释"工具条中的"特征控制框"按钮，弹出"特征控制框"对话框。展开"指引线"区域，接着展开"样式"区域，将"短划线长度"设置为5，如图7-105所示；展开"设置"区域，单击"设置"按钮，弹出"设置"对话框，对其中的文本参数进行设置，如图7-106所示，单击"关闭"按钮。

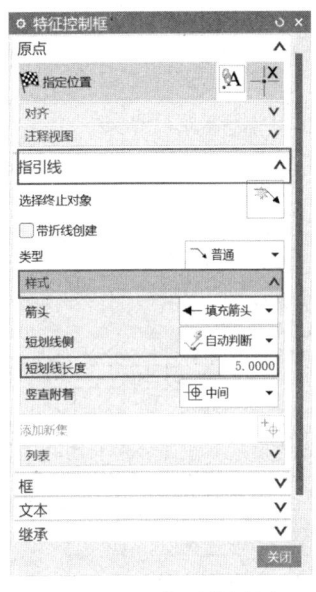

图 7-105　指引线设置　　　　　图 7-106　文本设置

① 在对话框"框"区域的"特性"下拉列表中选择形位公差类型为"直线度"，在"框样式"下拉列表中选择形位公差框格类型为"单框"，在"公差"文本框中输入公差的数值 0.020，在"指引线"区域设置"类型"为"普通"，在主视图 $\phi32$ 圆柱轮廓线上按住鼠标左键并拖动至合适的位置；完成后可以双击形位公差将"短划线长度"改为 5，如图 7-107①所示。

② 在对话框"框"区域的"特性"下拉列表中选择形位公差类型为"对称度"，在"公差"文本框中输入公差值 0.015，在"第一基准参考"下拉列表中选择基准为"C"，其他设置同上，在剖面图键槽宽度尺寸线端部按住鼠标左键并拖动至合适的位置，定位框格，建立对称度公差，如图 7-107②所示。

③ 在对话框"框"区域的"特性"下拉列表中选择形位公差类型为"圆跳动"，在"公差"文本框中输入公差值 0.030，单击"复合基准参考"按钮，弹出"复合基准参考"对话框，在"基准参考"下拉列表中选择基准为"A"，单击"添加新集"按钮，在"基准参考"下拉列表中选择基准为"B"，单击"确定"按钮返回"特征控制框"对话框，其他设置同上，在主视图 $\phi32$ 圆柱轮廓线上按住鼠标左键并拖动至合适的位置，定位框格，建立圆跳动公差，如图 7-107③所示。

（15）单击"注释"工具条中的"基准特征符号"按钮，弹出"基准特征符号"对话框。在对话框"指引线"区域设置"类型"为"基准"，"箭头样式"为"填充基准"，选择基准标识符"A"，单击"设置"按钮，弹出"基准特征符号设置"对话框，对其中的文本参数进行设置，如图 7-108 所示，单击"关闭"按钮。在主视图左端 $\phi25$ 尺寸线端点按住鼠标左键并拖动至合适的位置，定位创建基准标识符 A；依次选择基准标识符"B""C"，其他设置同上，可分别创建基准标识符 B、C，如图 7-109 所示。

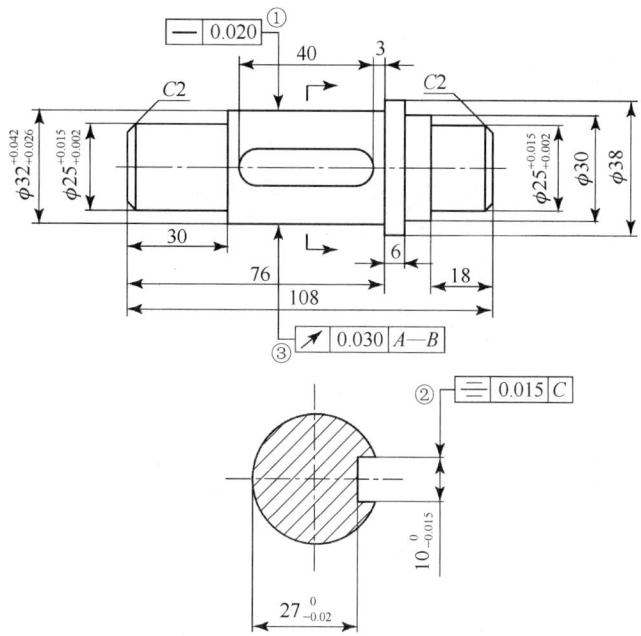

图 7-107 标注形位公差

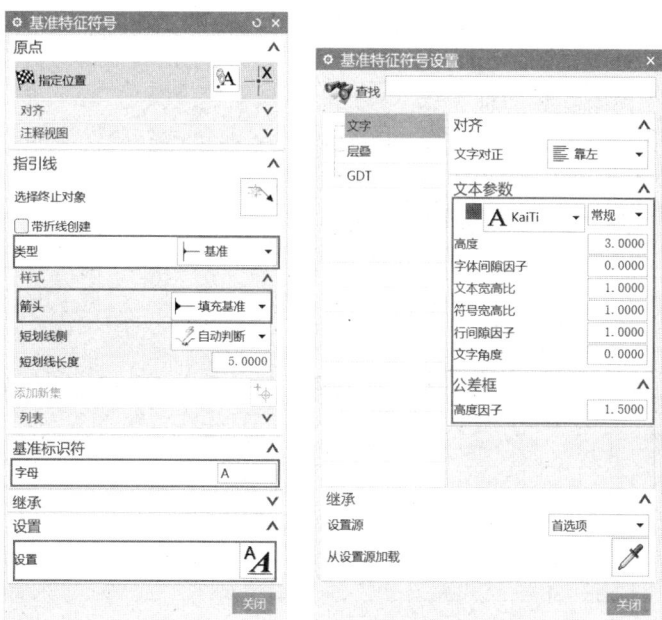

图 7-108 基准特征符号设置

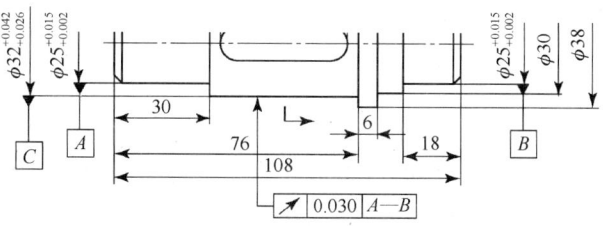

图 7-109 标注形位公差基准

（16）单击"注释"工具条中的"表面粗糙度符号"按钮√，弹出"表面粗糙度"对话框。

① 在"属性"区域的"除料"下拉列表中选择符号类型为"修饰符，需要除料"，在粗糙度数值"c"项文本框中输入 1.6；在"设置"区域的文本样式中设置符号文本大小为 3.5mm，符号颜色为黑色，符号线型为实线，符号线宽为细线；符号放置"角度"输入 0；在"原点"区域的"对齐"方式中勾选"捕捉点处的位置"复选框，取消勾选其他复选框；捕捉主视图上 $\phi 32$ 的尺寸线上端点，生成 $\phi 32$ 轴段的圆柱表面粗糙度符号。

② 返回"表面粗糙度"对话框，在"属性"区域粗糙度数值"c"项文本框中输入 0.8，其他参数同上；在"指引线"区域选择指引线类型为"普通"，"箭头"形式为"填充的箭头"，"短划线侧"选择"自动判断"，输入"短划线长度"为 5mm；其他选项设置同上。捕捉主视图右端 $\phi 25$ 的尺寸线上端作为指引线起点，拖动鼠标指定另一点作为指引线终点，再指定一点作为符号放置位置，生成右端 $\phi 25$ 轴段柱面的表面粗糙度符号。

③ 返回"表面粗糙度"对话框，在"设置"区域的符号放置"角度"文本框中输入 180，勾选"反转文本"复选框。在主视图左端 $\phi 25$ 的轴段下侧轮廓线上选择一点作为指引线起点，拖动鼠标指定另一点作为指引线终点，再指定一点作为符号放置位置生成左端 $\phi 25$ 轴段柱面的表面粗糙度符号。

④ 返回"表面粗糙度"对话框，在"属性"区域粗糙度数值"c"项文本框中输入 6.3，在"设置"区域的符号放置"角度"文本框中输入 0，取消勾选"反转文本"复选框；其他设置同上。捕捉剖面图上键宽尺寸线中点附近一点作为指引线起点，拖动鼠标指定另一点作为指引线终点，再指定一点作为符号放置位置，生成键槽侧面的表面粗糙度符号。

⑤ 返回"表面粗糙度"对话框，在"属性"区域粗糙度数值"c"项文本框中输入 12.5，在"e"项文本框中输入"其余"；在"设置"区域的文本样式中设置符号文本大小为 7mm，选择图纸右上方适当位置，单击鼠标左键放置其余未标注的表面粗糙度符号。

表面粗糙度标注结果如图 7-110 所示。

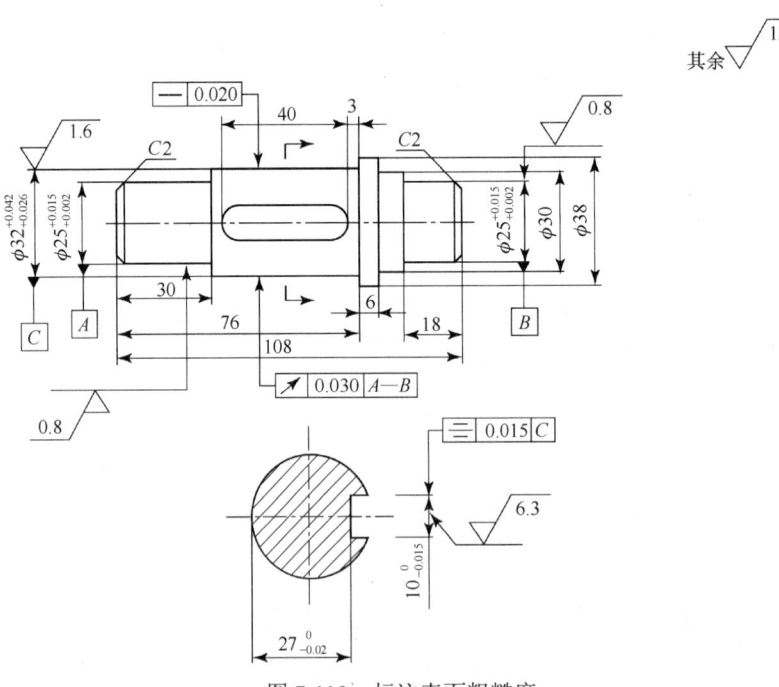

图 7-110　标注表面粗糙度

（17）选择【菜单】|【文件】|【导入】|【部件】，弹出"导入部件"对话框，如图 7-111 所示，单击"确定"按钮，选择图样文件"BTL-A3.prt"，单击"OK"按钮，弹出"点"对话框，如图 7-112 所示，指定图样插入点为坐标原点，单击"确定"按钮导入图样，实现图纸格式插入，如图 7-113 所示。

（18）单击"注释"工具条中的"注释"按钮 **A**，弹出"注释"对话框。在"文本输入"区域的文本输入框中输入零件图技术要求的内容，拖动鼠标至合适的位置，单击创建技术要求文本；在图纸的标题栏中填写相关信息，完成零件图的全部设计内容，如图 7-113 所示。

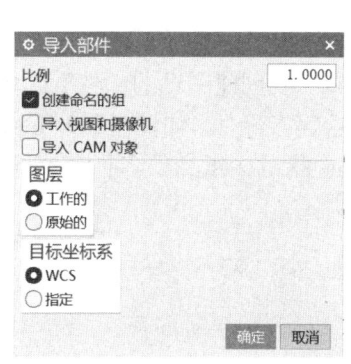

图 7-111 "导入部件"对话框

图 7-112 "点"对话框

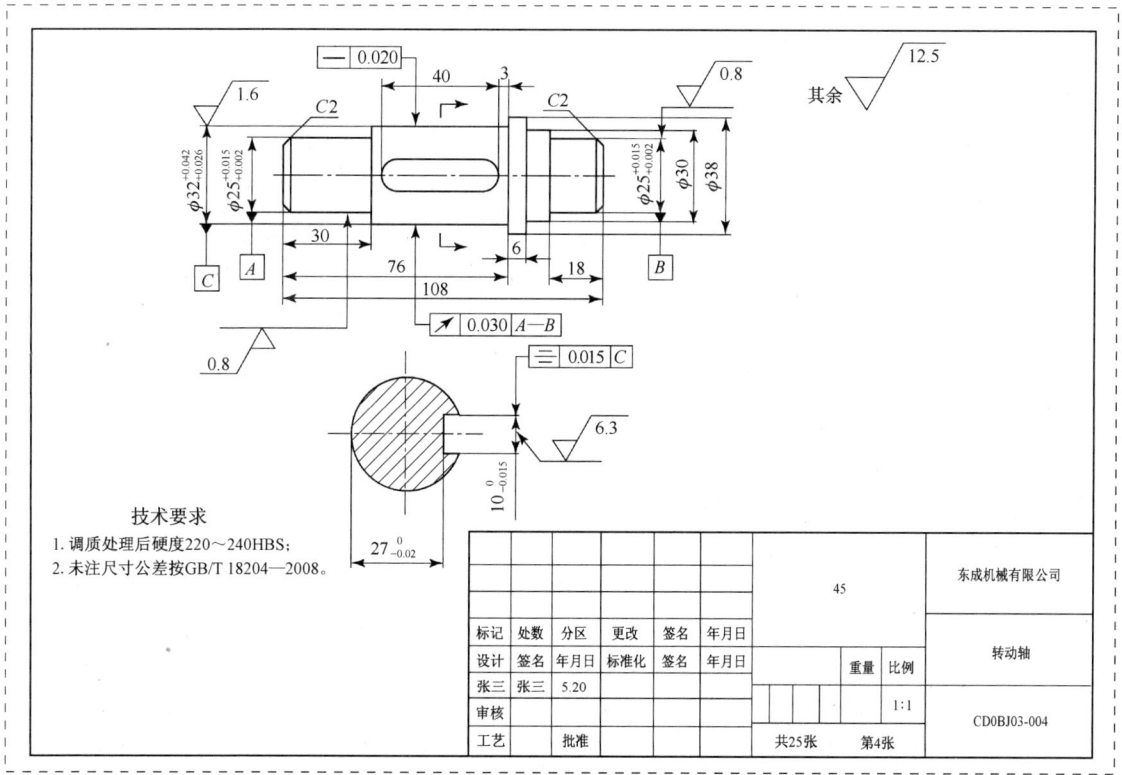

图 7-113 转动轴零件图

（19）保存部件文件。

7.4.2 连接部件装配图绘制

(1) 单击"标准"工具条中的"打开"按钮 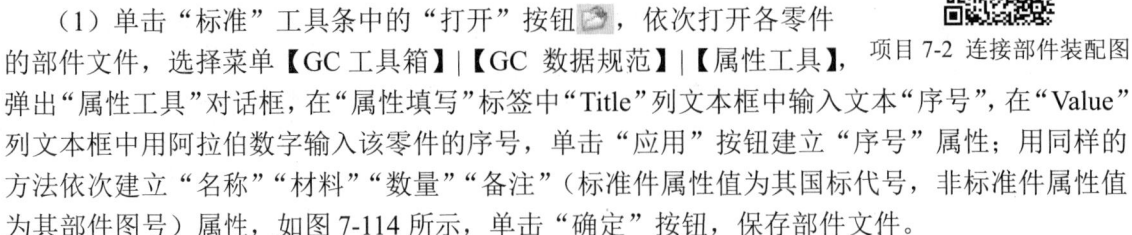，依次打开各零件的部件文件，选择菜单【GC 工具箱】|【GC 数据规范】|【属性工具】，弹出"属性工具"对话框，在"属性填写"标签中"Title"列文本框中输入文本"序号"，在"Value"列文本框中用阿拉伯数字输入该零件的序号，单击"应用"按钮建立"序号"属性；用同样的方法依次建立"名称""材料""数量""备注"（标准件属性值为其国标代号，非标准件属性值为其部件图号）属性，如图 7-114 所示，单击"确定"按钮，保存部件文件。

项目 7-2 连接部件装配图

(2) 单击"标准"工具条中的"新建"按钮，弹出"新建"对话框，选择"图纸"标签，在"模板"区域设置尺寸单位为"毫米"，根据需要选择系统提供的（或自行绘制的）、大小适当的图纸模板或空白图纸（此处以空白图纸为例）；在"要创建图纸的部件"区域打开下载文件 XM7\CZSL\ZPSL\ZhuangPei.prt，文件中的实体为螺栓连接组件，如图 7-115 所示；在"文件夹"文本框中指定图纸文件存放的目录；在"名称"文本框中指定图纸文件名称"ZhuangPei_dwg.prt"，单击"确定"按钮，进入制图工作界面。

图 7-114 "属性工具"对话框

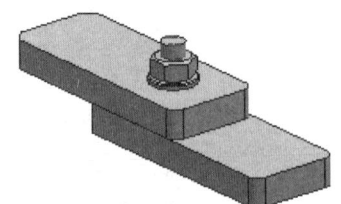

图 7-115 螺栓连接组件

(3) 单击"视图"工具条中的"新建图纸页"按钮，弹出"工作表"对话框。在对话框中"大小"区域选择"标准尺寸"单选框，在"大小"下拉列表中选择"A3-297×420"，在"比例"下拉列表中选择"1∶1"，"图纸页名称"采用默认设置，"设置"区域的"单位"选择"毫米"，"投影"类型选择"第一角投影"，单击"确定"按钮，完成图纸页设置与创建。

(4) 选择【菜单】|【首选项】|【视图标签】，弹出"视图标签首选项"对话框，在"类型"区域依次选择"剖视图""其他"，在"视图标签"区域取消勾选"视图标签"复选框；在"视图比例"区域取消勾选"视图比例"复选框；其他选项采用默认设置，单击"确定"按钮。

(5) 选择【菜单】|【首选项】|【视图】，弹出"视图首选项"对话框，在"隐藏线"标签中勾选"隐藏线"复选框，线型设置成"不可见"；在"可见线"标签中设置可见轮廓线为实线，线宽为中粗线，颜色为黑色；在"光顺边"标签中取消勾选"光顺边"复选框；为了使装配剖视图中相邻零件的剖面线方向相反，在"截面线"标签中勾选"装配剖面线"复选框，其他标签及选项采用默认设置，单击"确定"按钮。

(6) 选择【菜单】|【首选项】|【制图】，弹出"制图首选项"对话框，在"视图"标签的

"边界"区域取消勾选"显示边界"复选框,单击"确定"按钮。

(7)选择【菜单】|【首选项】|【注释】,弹出"注释首选项"对话框。设置方法同零件工作图创建步骤。

(8)单击"视图"工具条中的"基本视图"按钮,弹出"基本视图"对话框,在对话框中"模型视图"区域"要使用的模型视图"下拉列表中选择"俯视图",在"比例"下拉列表中选择"1:1",在"视图原点"区域的"方法"下拉列表中选择"自动判断",拖动鼠标将俯视图预览图像移动到绘图窗口的适当位置,单击鼠标左键生成俯视图。

(9)单击"主页"选项卡中的"剖视图"按钮,弹出"剖视图"对话框,单击"设置"区域的"非剖切"按钮,在俯视图中用鼠标捕捉剖视图中不剖切的零件(螺栓、螺母、垫圈),也可以在"装配导航器"中选择部件名称,当选择多个对象时需在选择的同时按住<Ctrl>键。然后单击"截面线段"区域的"指定位置",选择俯视图上螺栓端面圆心,确定剖切平面经过的位置,向上拖动鼠标在适当位置单击,生成剖切的主视图。

(10)标注装配图尺寸,填写技术要求,如图 7-116 所示。

(11)选择【菜单】|【文件】|【导入】|【部件】,弹出"导入部件"对话框,单击"确定"按钮,选择图样文件"BTL-A3.prt",单击"OK"按钮,弹出"点"对话框,指定图样插入点为坐标原点,单击"确定"按钮导入图样,实现图纸格式插入。

(12)在标题栏中填写装配图的相关信息。

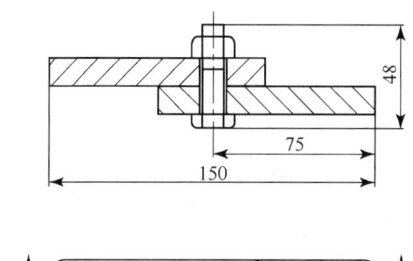

技术要求
1. 连接可靠,工作时两被连接件之间不得产生错动;
2. 螺栓头部、螺母支承面应平整。

图 7-116 添加视图并标注尺寸

(13)选择【菜单】|【插入】|【表】|【零件明细表】,将零件明细表添加到标题栏上方,如图 7-117 所示。

(14)将鼠标指向"QTY"列单击鼠标右键,在弹出的快捷菜单中选择【插入】|【在右边插入列】;用同样的方法在"QTY"列右侧再插入一列,如图 7-118 所示。

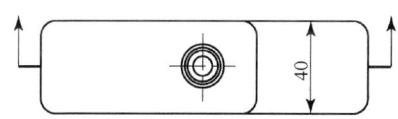

图 7-117 添加零件明细表　　　　　　　图 7-118 在明细表中插入列

(15)选择"PC NO"列并单击鼠标右键,在弹出的快捷菜单中选择"设置",弹出"设置"对话框,在对话框中选择"列"标签,如图 7-119 所示。在"类别"下拉列表中选择"常规";单击"属性名称"按钮,弹出"属性名称"对话框,从中选择"序号",如图 7-120 所示,单击"确定"按钮,返回"设置"对话框,单击"关闭"按钮,则在明细表的"序号"列的标题单元格中自动输入中文"序号"以代替现有的标题"PC NO"。

图 7-119 "设置"对话框

图 7-120 "属性名称"对话框

用同样的方法输入"PART NAME"列的信息,以各零件的中文名称替换现有的名称;接着依次选择"QTY"列和剩余两列,用上述方法自动输入零件的数量、材料、备注(各非标准件的图号或标准件的国标代号)信息。

(16)将鼠标指向相邻两列分界线,出现拖动箭头光标时拖动鼠标,按标准要求调整各列宽度,并使整个明细表与标题栏宽度相同,结果如图 7-121 所示。

5	螺母	1	45	GB/T 6J70 N10
4	垫圈	1	45	GB/T 97.2 10
3	螺栓	1	45	GB/T 5783 M10×40
2	被连接件 2	1	45	0002
1	被连接件 1	1	45	0001
序号	名称	数量	材料	备注

图 7-121 填写零件明细表信息

(17)选择明细表中的所有文字,单击鼠标右键,在弹出的快捷菜单中选择"样式",弹出"注释样式"对话框。在"文字"标签中设置明细表中字符大小等数据,选择字符类型为"仿宋",单击对话框中的"应用"按钮;在"单元格"标签中设置文本对齐方式为"中心",单击对话框中的"确定"按钮,完成明细表文本格式设置。

(18)在零件明细表左上角单击明细表标识符选择整个明细表,单击鼠标右键,在弹出的快捷菜单中选择"排序",弹出"排序"对话框,选择列表中的"序号",单击"确定"按钮。

(19)选择整个明细表,单击鼠标右键,在弹出的快捷菜单中选择"自动符号标注",或选择【菜单】|【插入】|【表格】|【自动符号标注】,弹出"零件明细表自动符号标注"对话框,在窗口中或部件导航器中选择零件明细表,弹出另一个"零件明细表自动符号标注"对话框,如图 7-122 所示。选择需要标注零件 ID 符号的主视图,单击"确定"按钮,在主视图上生成 ID 符号。选择所有 ID 符号,从右键快捷菜单中选择"样式",弹出"注释样式"对话框,选择"直线/箭头"标签,选择箭头类型为"填充圆点",圆点大小为 3;选择"文字"标签,设置字符大小为 5;选择"符号"标签,设置标识符大小为 7,单击"确定"按钮;用鼠标按住 ID 符号拖动调整排放位置,完成装配图全部设计内容,结果如图 7-123 所示。

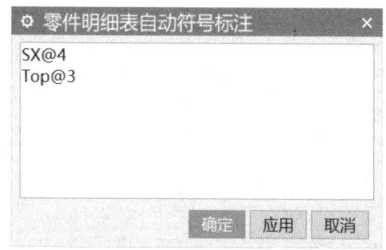

图 7-122 "零件明细表自动符号标注"对话框

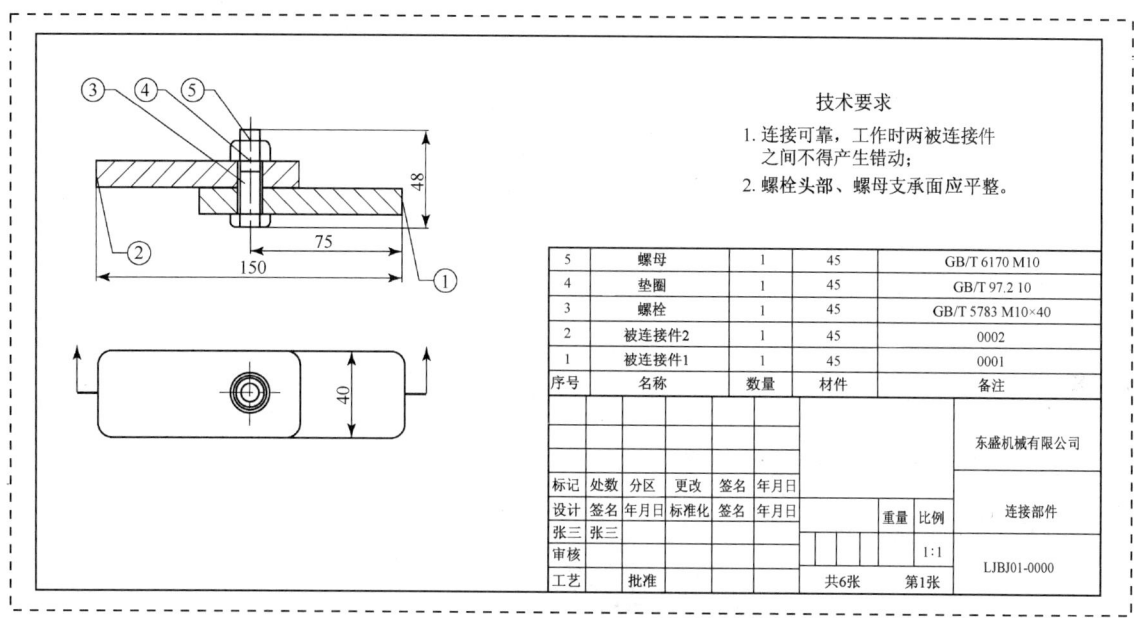

图 7-123 装配工程图

 导入图样的工程图在保存并关闭后重新打开时可能会丢失图样中的部分信息,操作时可先打开图样文件,然后打开工程图文件。

思考题与项目训练

7-1 思考题

7-1.1 UG NX 12.0 工程图的作用是什么?

7-1.2 工程图视图的选择原则主要有哪些?

7-1.3 删除父视图时,与其相关的视图是否会被删除?

7-1.4 剖视图剖面线角度和间距是否可以随意改变?

7-2 项目训练

7-2.1 打开下载文件 XM7\CZLX\7-2.1.prt 文件,创建图 7-2.1 所示工程图(含标题栏),并进行尺寸标注。

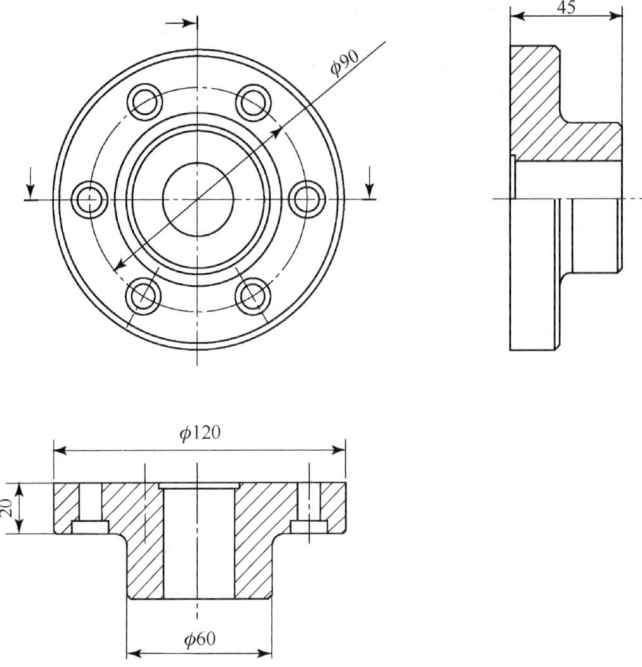

图 7-2.1 标注尺寸

7-2.2 利用 XM7\CZLX\GunLun\文件夹中提供的零件模型，完成图 7-2.2 所示滚轮的装配，并选择合适比例生成滚轮装配件的装配工程图（含标题栏）。

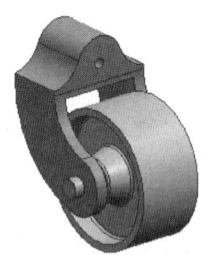

图 7-2.2 滚轮装配件

项目 8

螺旋千斤顶设计与运动仿真

螺旋千斤顶是简易的小型起重装置，常用于施工现场、汽车维修等应用场景。本章主要介绍螺旋千斤顶的结构、工作原理，以及采用自底向上的方法创建螺旋千斤顶零件模型、装配模型、工程图及运动仿真的操作过程。

8.1 螺旋千斤顶结构与工作原理

螺旋千斤顶由 7 个零件组成，装配示意图如图 8-1 所示。底座 1 主要起支承作用，其结构尺寸如图 8-2 所示。螺套 2 结构尺寸如图 8-3 所示，支承在底座 1 上，底座上 $\phi67$ 的孔与螺套上 $\phi67$ 的轴段同轴配合；底座上 $\phi81$ 孔的底面与螺套台阶平面接触；底座与螺套上各有 M12 的半螺纹孔，两者同轴；螺套的内孔有大径 $\phi51$ 的矩形牙内螺纹。

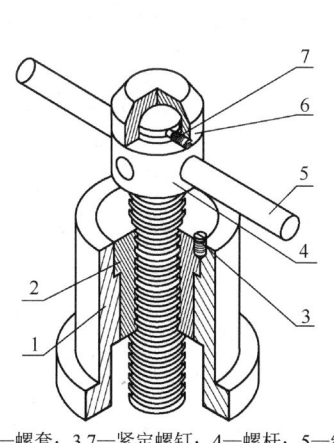

1—底座；2—螺套；3,7—紧定螺钉；4—螺杆；5—绞杠；6—压盖。

图 8-1 螺旋千斤顶装配示意图

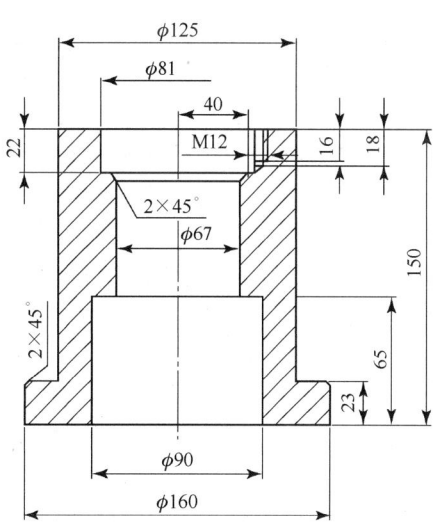

图 8-2 底座的结构尺寸

紧定螺钉 3 结构尺寸如图 8-4 所示，安装时旋入底座与螺套上 M12 的螺纹孔内，使底座与螺套之间做周向定位。紧定螺钉与相应的螺纹孔同轴，紧定螺钉的端面与底座顶面平齐或略低。

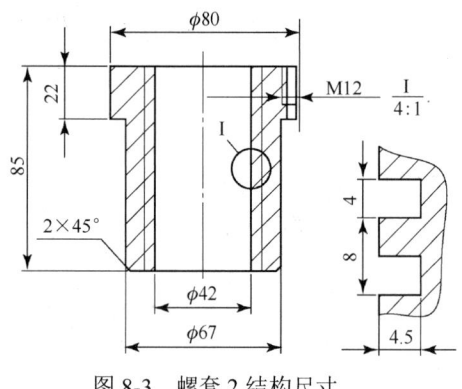

图 8-3　螺套 2 结构尺寸

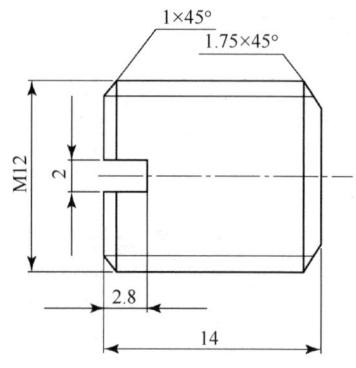

图 8-4　紧定螺钉 3 结构尺寸

螺杆 4 是工作时的主要传力构件，其结构尺寸如图 8-5 所示。大径为 50mm 的矩形牙外螺纹与螺套上的矩形牙内螺纹旋合，产生相对轴向移动；正交方向各有一个 $\phi22$ 的孔用于插入绞杠 5，端部有 SR25 的球形结构。

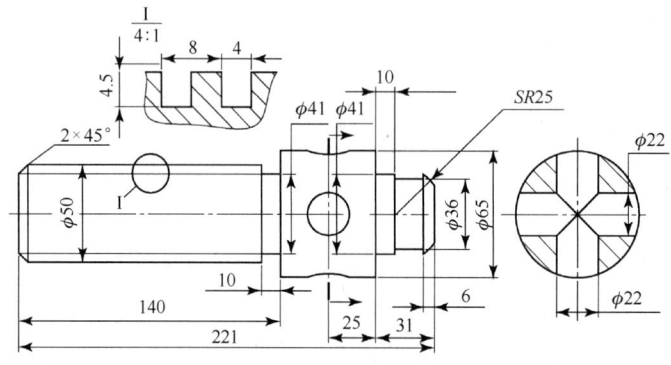

图 8-5　螺杆 4 结构尺寸

绞杠 5 结构尺寸如图 8-6 所示。$\phi20$ 的圆柱面与螺杆上 $\phi22$ 的圆柱孔同轴；工作时用于施加力矩驱使螺杆转动，同时产生轴向移动提升重物。

压盖 6 结构尺寸如图 8-7 所示。$\phi36$ 的顶面与被提升的重物接触；SR25 的内球面与螺杆上 SR25 的外球面同心接触，产生相对球面运动，既可以保证螺杆转动时千斤顶与被提升物接触部位不会产生磨损，又可以自动消除由于顶部支承面与底座底面倾斜而产生的侧弯的影响；外圆柱面上有 M12 的螺纹孔。

紧定螺钉 7 结构尺寸如图 8-8 所示。M12 的螺纹旋入压盖上 M12 的螺纹孔中，$\phi8.5$ 的圆柱端部顶在螺杆 $\phi36$ 的圆柱面上，既保证压盖在螺杆上可以绕轴线自由转动，又不会脱落。

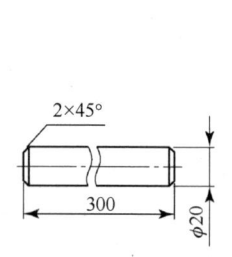

图 8-6　绞杠 5 结构尺寸

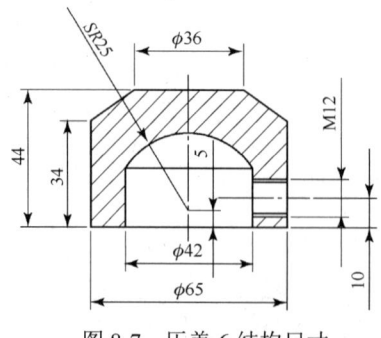

图 8-7　压盖 6 结构尺寸

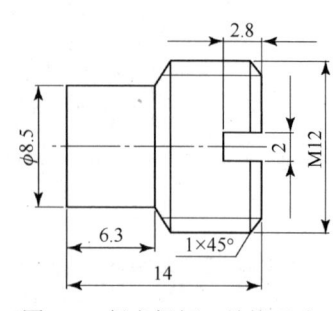

图 8-8　紧定螺钉 7 结构尺寸

8.2 千斤顶零件设计

8.2.1 项目任务

完成螺旋千斤顶 7 个零件的三维建模和属性添加，并对其中的非标准件，如底座 1、螺套 2、螺杆 4、绞杠 5 和压盖 6 生成工程图。

8.2.2 项目分析

螺旋千斤顶的各零件以回转特征居多，其主体可以综合选用圆柱、孔、球、拉伸、布尔运算等命令创建，细节特征需要选用倒斜角、螺旋、扫掠等命令，过程中视具体情况灵活运用工作坐标系、移动对象、修剪体、创建点和直线等功能进行辅助建模。

根据零件的结构复杂程度选用大小合适的工程图纸，导入对应的图样文件，然后创建基本视图，视具体情况用已创建视图作为父视图生成断开视图、剖视图、局部放大图、局部剖视图，最后添加尺寸、技术要求和标题栏信息。

8.2.3 项目实施

1. 底座 1 设计

项目 8-1 底座 1

启动 UG NX 12.0 软件，新建部件文件 QJD001.prt，单位设置为"毫米"，在模板中选择模型模块。

1）三维建模

（1）单击"特征"工具条中的"圆柱"按钮 ，弹出"圆柱"对话框，在"类型"选项中选择"轴、直径和高度"，在"轴"选项"指定矢量"右侧的下拉列表中选择"ZC 轴"为轴线方向，单击"指定点"右侧的"点对话框"按钮 ，选择"WCS"为参考，指定点（0，0，0）为底面圆心位置。在"尺寸"选项中，输入直径 160，高度 23，单击"应用"按钮，生成如图 8-9 所示的圆柱体。

（2）继续在"类型"选项中选择"轴、直径和高度"，单击鼠标左键拾取圆柱的端面，指定其面法向为轴矢量方向，选择图 8-9 所示圆柱的顶面圆心作为第二段圆柱的底面圆心；在"尺寸"选项中输入直径 125，高度 127，选择布尔运算方式为"合并"，单击"确定"按钮，生成如图 8-10 所示的凸台。

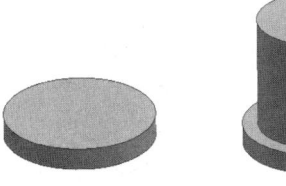

图 8-9　创建圆柱　　图 8-10　创建凸台

（3）单击"特征"工具条中的"孔"按钮 ，弹出"孔"对话框。在"类型"选项中选择孔的类型为"常规孔"；选择图 8-10 所示凸台的顶面圆心作为位置选项的指定点，即孔口的中心点；在"孔方向"下拉列表中选择"垂直于面"；在"形状和尺寸"选项的"成形"下拉列表中选择孔的子类型为"简单孔"；在对话框"形状和尺寸"选项中输入直径 81，设置"深度限制"为"值"，输入深度 22，顶锥角 0°，选择布尔运算方式为"减去"，单击"应用"按钮，生成如图 8-11 所示的平底孔。

（4）在"孔"对话框中单击"位置"选项的"指定点"，捕捉图 8-11 所示孔的底面圆心作为新孔的顶面中心位置，在"形状和尺寸"选项中输入直径 67，设置"深度限制"为"贯通体"，其他设置同步骤（3），单击"应用"按钮，生成如图 8-12 所示的通孔。

（5）捕捉图 8-13①所示底座的底面圆心作为孔的顶面中心位置，设置"孔方向"为"沿矢量"，在"指定矢量"右侧的下拉列表中选择"ZC 轴"为孔的轴线方向，在"形状和尺寸"选项中输入直径 90，设置"深度限制"为"值"，输入深度 65，顶锥角 0，其他设置同步骤（4），单击"确定"按钮，生成如图 8-13②所示的通孔。

图 8-11　生成平底孔

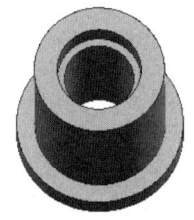
图 8-12　生成通孔

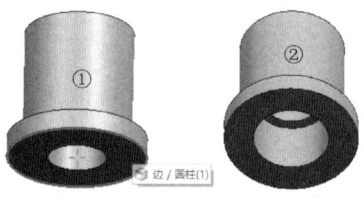
图 8-13　生成底部通孔

（6）单击"特征"工具条中的"倒斜角"按钮，弹出"倒斜角"对话框，选择图 8-14 ①所示孔台阶的内边缘和上部的外边缘，在对话框的"偏置"选项中设置"横截面"为"对称"型，输入距离 2，单击"确定"按钮，生成图 8-14②所示的倒角。

（7）双击工作坐标系 WCS，其形式变为"动态"，选择"WCS 原点手柄"，拖动并捕捉底座顶面的圆心作为新的工作坐标系原点，如图 8-15 所示。

（8）单击"特征"工具条中的"点"按钮，弹出"点"对话框。在"输出坐标"选项中，在"参考"下拉列表中选择"WCS"，输入坐标值（40，0，0）作为点的位置。单击"确定"按钮，生成 1 个辅助点。

（9）单击"特征"工具条中的"孔"按钮，弹出"孔"对话框，在"类型"选项中选择孔的类型为"螺纹孔"；选择步骤（8）创建的点作为孔的顶面中心位置指定点；在"孔方向"下拉列表中选择"沿矢量"，在"指定矢量"右侧的下拉列表中，选择"–ZC 轴"为孔的轴线方向；在"形状和尺寸"选项的"大小"下拉列表中选择"M12×1.75"，选择"深度类型"为"定制"，输入螺纹深度 16；在"尺寸"选项中输入孔深度 18，顶锥角 118，单击"确定"按钮，隐藏辅助点，生成如图 8-16 所示的螺纹孔。

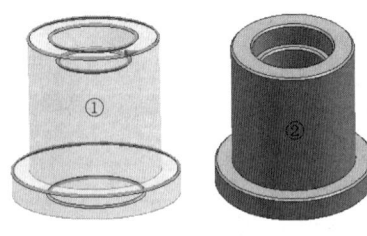
图 8-14　倒斜角

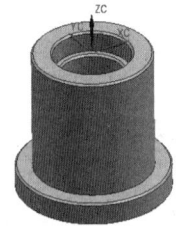
图 8-15　平移坐标系

图 8-16　生成螺纹孔

2）绘制工程图

（1）单击"应用模块"选项卡中的"制图"按钮，进入制图环境。

（2）单击"主页"选项卡中的"新建图纸页"按钮，弹出"工作表"对话框。在对话框的"大小"选项中选择"定制尺寸"单选框，在"高度"文本框中输入 420，在"长度"文本框中输入 297，在"比例"下拉列表中选择"1∶1"。在"名称"选项中，"图纸页名称"采用默认设置，单击"确定"按钮。在"设置"选项中，默认"单位"为毫米，"投影"为第一角投影，创建 A3 幅面竖向放置的图纸页。

（3）选择【菜单】|【文件】|【导入】|【部件】，采用默认设置，单击"确定"按钮，选择图样文件"BTL-A3(Li).prt"，单击"OK"按钮，弹出"点"对话框，在"输出坐标"选项中，在"X""Y"右侧的文本框中都输入 0，指定图样插入点为图纸坐标原点（0，0），单击"确定"按钮，导入 A3 幅面竖向放置的图样。填写标题栏信息，如图 8-17 所示。

底座			比例	1∶1	图号	QJD-001
			件数	1	材料	HT200
设计	张三	2023-1-2	×××××× 有限公司			
制图	张三	2023-1-2				
审核	李四	2023-1-8				

图 8-17 标题栏

（4）在"模型历史记录"中，隐藏基准坐标系。单击"视图"工具条中的"基本视图"按钮 ，弹出"基本视图"对话框，在"视图原点"选项的"方法"下拉列表中选择"自动判断"，在"模型视图"选项的"要使用的模型视图"下拉列表中选择"俯视图"。在"比例"下拉列表中选择"1∶1"，拖动鼠标将俯视图预览图像移动到绘图窗口的适当位置，单击鼠标左键生成俯视图，如图 8-18 所示。

（5）单击"视图"工具条中的"断开视图"按钮 ，弹出"断开视图"对话框，在"类型"选项中选择断开视图的类型为"单侧"；选择俯视图作为主模型视图，在对话框的"方向"选项中指定"YC 轴"为断裂方向；在"设置"选项中取消勾选"显示断裂线"复选框；在俯视图上指定断裂线位置。单击"确定"按钮，完成操作，结果如图 8-19 所示。

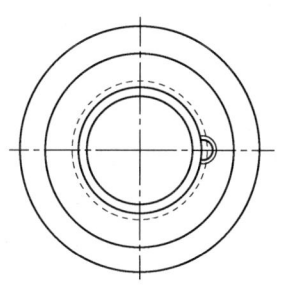
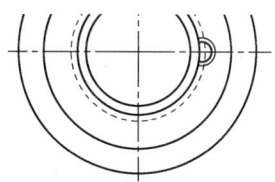

图 8-18 生成俯视图　　　　图 8-19 生成断裂的俯视图

（6）选择俯视图，单击鼠标右键选择"活动草图视图"，单击"草图"工具条中的"艺术样条"按钮 ，弹出"艺术样条"对话框，用样条曲线修复俯视图断裂处的边界，选择绘制的样条曲线；在快捷工具条中选择"编辑显示"按钮 ，在"常规"选项中，设置宽度为 0.18 mm 的细实线，在"草图"工具条中单击"完成草图"按钮 ，结果如图 8-20 所示。

（7）单击"视图"工具条中的"剖视图"按钮 ，弹出"剖视图"对话框，在"截面线"选项中将"定义"和"方法"分别选为"动态"和"简单剖/阶梯剖"；选择俯视图为父视图；单击"截面线段"选项的"指定位置"，选择俯视图上主孔的中心点为剖切线经过的位置；单击鼠标左键，向上拖动鼠标至合适位置单击左键，生成全剖的主视图，如图 8-21 所示。

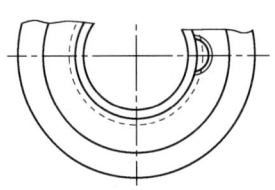
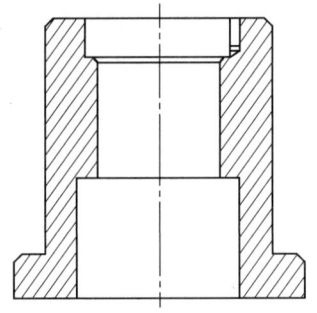

图 8-20 修复俯视图边界　　　　　图 8-21 生成全剖的主视图

（8）单击"尺寸"工具条中的相应按钮，标注主视图上的水平尺寸、竖直尺寸、圆柱尺寸、圆角和倒角尺寸；单击"注释"工具条中的"表面粗糙度符号"按钮√，标注相关表面的粗糙度，结果如图 8-22 所示。

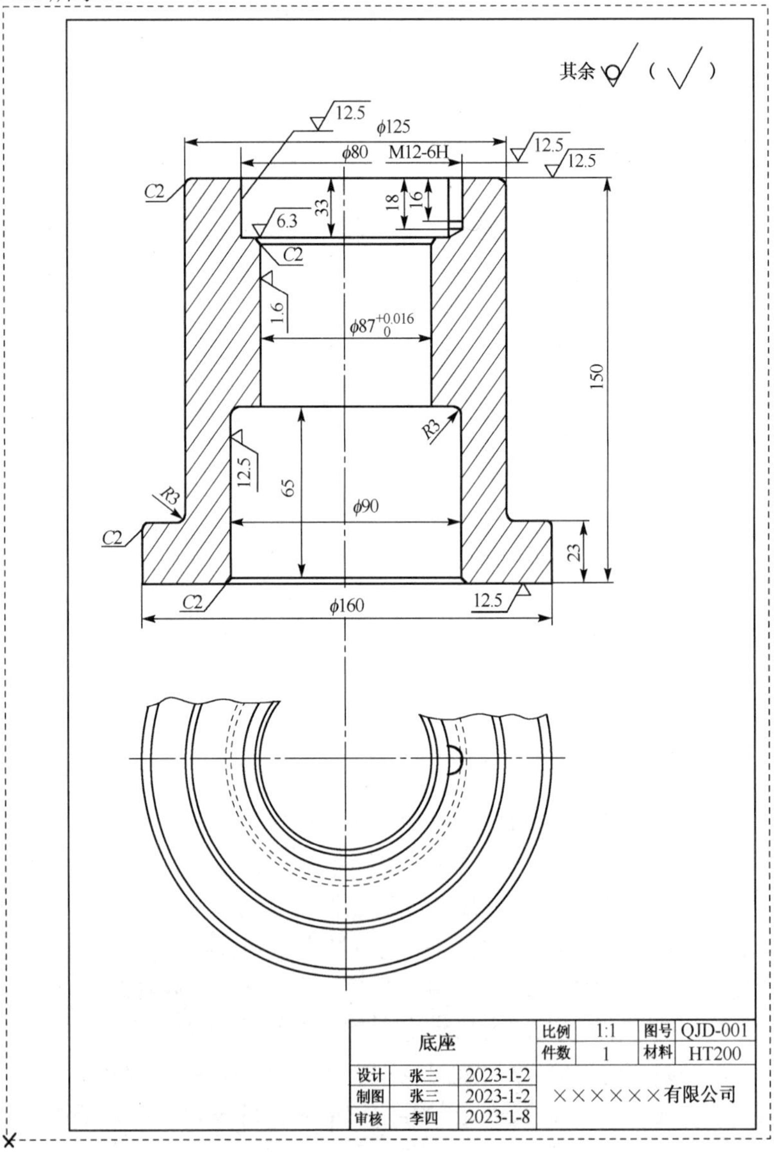

图 8-22 底座零件工程图

3. 添加属性

单击"标准化工具-GC 工具箱"工具条中的"属性工具"按钮 ，弹出"属性工具"对话框，在"属性填写"标签中"标题"列文本框中分别输入文本"序号""名称""材料""数量""备注"，在"值"列文本框中分别输入对应的属性值：001、底座、HT200、1、QJD-001，单击"确定"按钮，建立属性，如图 8-23 所示。

保存已修改的部件文件。

图 8-23　添加属性

2. 螺套 2 设计

新建部件文件 QJD002.prt，单位设置为"毫米"，在模板中选择模型模块。

项目 8-2　螺套 2

1）三维建模

（1）单击"特征"工具条中的"圆柱"按钮，弹出"圆柱"对话框，在"类型"选项中选择"轴、直径和高度"，在"轴"选项"指定矢量"右侧的下拉列表中选择"ZC 轴"为轴线方向，单击"指定点"右侧的"点对话框"按钮，在"输入坐标"选项中，选择参考坐标系为 WCS，输入坐标值（0，0，0）作为底面圆心位置，在"尺寸"选项中输入直径 67，高度 63，单击"应用"按钮，生成图 8-24 所示的圆柱体。

（2）继续在"类型"选项中选择"轴、直径和高度"，在"轴"选项"指定矢量"右侧的下拉列表中选择"ZC 轴"为轴线方向，选择图 8-24 所示圆柱顶面的圆心为新圆柱的底面圆心位置，在"尺寸"选项中输入直径 80，高度 22，选择布尔运算方式为"合并"，单击"确定"按钮，生成如图 8-25 所示的凸台。

（3）单击"特征"工具条中的"孔"按钮，弹出"孔"对话框，在"类型"选项中选择孔的类型为"常规孔"；选择图 8-25 所示凸台的顶面圆心作为孔的顶面中心位置指定点；设置孔方向为"垂直于面"，在"形状和尺寸"选项的"成形"下拉列表中选择孔的子类型为"简单孔"；输入直径 42，设置"深度限制"为"贯通体"，单击"应用"按钮，生成图 8-26 所示的中心孔。

（4）在"孔"对话框的"类型"选项中选择孔的类型为"螺纹孔"；选择图 8-26 所示凸台顶面圆周的象限点作为孔的顶面中心位置；在"孔方向"下拉列表中选择"沿矢量"，在"指定矢量"右侧下拉列表中选择"ZC 轴"为孔的轴线方向；在"形状和尺寸"选项的"大小"下拉列表中选择"M12×1.75"，选择"深度类型"为"定制"，输入螺纹深度 16，选择螺纹旋向为"右旋"；在"尺寸"选项中设置"深度限制"为"贯通体"，其他参数和选项采用默认设置，单击"确定"按钮，生成如图 8-27 所示的半幅螺纹通孔。

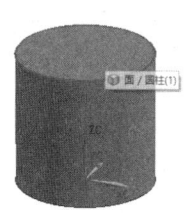   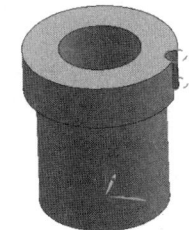

图 8-24　创建圆柱　　图 8-25　创建凸台　　图 8-26　生成中心孔　　图 8-27　生成半幅螺纹通孔

（5）单击"特征"工具条中的"倒斜角"按钮，弹出"倒斜角"对话框，选择图 8-27 所示螺套的底面外边缘，在对话框中设置"横截面"为"对称"型，输入距离 2，单击"确定"按钮，生成如图 8-28 所示的倒斜角。

（6）隐藏已生成的螺套实体。

（7）单击"曲线"工具条中的"螺旋"按钮，弹出"螺旋"对话框，在"类型"选项中选择"沿矢量"，单击"指定坐标系"右侧的"坐标系对话框"按钮，选择参考坐标系为 WCS，分别输入 XC、YC、ZC 的坐标为（0，0，-20），将此点作为螺旋线底面圆心位置，单击"确定"按钮，返回"螺旋"对话框；在"大小"选项中选择"半径"单选框，输入半径值 20，螺距值 8，在"长度"选项中设置圈数为 15，设置"旋转方向"为"右手"，如图 8-29 所示，单击"确定"按钮，生成第一条螺旋线。

（8）重复步骤（7），在"螺旋"对话框中输入半径 25.5，螺距 8，圈数 15，"旋转方向"设置为"右手"；其他参数及点的位置选择同上，单击"确定"按钮，生成图 8-30 所示的第二条螺旋线。

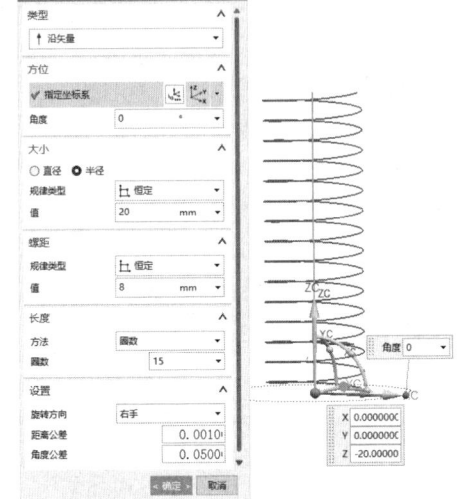

图 8-28　倒斜角　　　　图 8-29　创建第一条螺旋线　　　　图 8-30　创建第二条螺旋线

（9）选择【菜单】|【编辑】|【移动对象】，弹出"移动对象"对话框，选择刚创建的两条螺旋线，在"变换"选项"运动"下拉列表中选择"距离"，在"指定矢量"右侧的下拉列表中，选择"ZC 轴"为移动方向，输入距离 4，在"结果"选项中选择"复制原先的"单选框，单击"确定"按钮，生成图 8-31 所示的两条复制的螺旋线和两条原先的螺旋线。

（10）单击"曲线"工具条中的"直线"按钮，弹出"直线"对话框，用鼠标依次拾取螺旋线下端的相邻端点，单击"确定"按钮，生成直线；重复上述直线绘制步骤，生成图 8-32 所示的四边形截面曲线。

（11）单击"曲面"工具条中的"扫掠"按钮，弹出"扫掠"对话框。在对话框的"截面"选项中单击"选择曲线"，选择步骤（10）创建的四边形截面曲线；在对话框的"引导线"选项中单击"选择曲线"，选择添加 1 条螺旋线作为"引导 1"，依次"添加新集"，选择另外两条螺旋线作为"引导 2"和"引导 3"；其他参数和选项采用默认设置；单击"确定"按钮，生成图 8-33 所示的矩形截面螺旋体。

（12）重新显示已生成的螺套实体，如图 8-34 所示。

（13）单击"特征"工具条中的"减去"按钮，弹出"求差"对话框。在窗口中选择螺套实体作为目标体，选择矩形截面螺旋体作为工具体，其他选项采用默认设置；单击"确定"按钮，隐藏无须显示的曲线，生成图 8-35 所示的螺套。

项目8　螺旋千斤顶设计与运动仿真

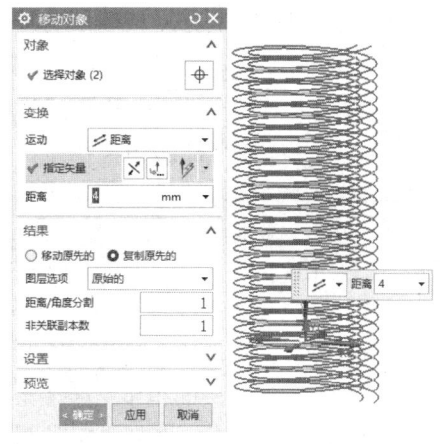
图8-31　复制螺旋线

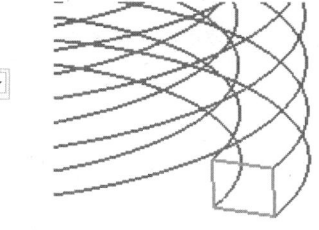
图8-32　创建四边形截面曲线

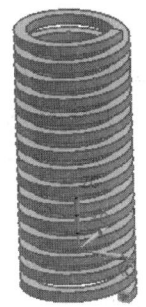
图8-33　创建矩形截面螺旋体

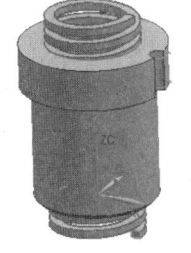
图8-34　显示实体

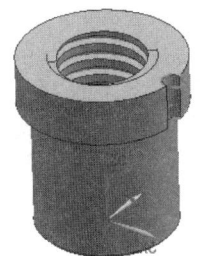
图8-35　生成螺套

2）绘制工程图

（1）单击"应用模块"选项卡中的"制图"按钮 ，进入制图环境。

（2）单击"主页"选项卡中的"新建图纸页"按钮 ，弹出"工作表"对话框。在对话框的"大小"选项中选择"标准尺寸"单选框，在"大小"选项中选择"标准尺寸"单选框，在"大小"下拉列表中选择"A4-210×297"，在"比例"下拉列表中选择"1∶1"，"名称"选项中"图纸页名称"采用默认设置，单击"确定"按钮，创建横向放置的A4幅面的图纸页。

（3）选择【菜单】|【文件】|【导入】|【部件】，采用默认设置，单击"确定"按钮，选择图样文件"BTL-A4.prt"，单击"OK"按钮，弹出"点"对话框，在"输出坐标"选项中，在"X""Y"右侧的文本框中都输入0，指定图样插入点为图纸坐标原点（0，0），单击"确定"按钮，导入A4幅面横向放置的图样。填写标题栏中的信息，如图8-36所示。

螺套		比例	1∶1	图号	QJD-002
		件数	1	材料	ZCuAl10Fe3
设计	张三	2023-1-20			
制图	张三	2023-1-20	××××××有限公司		
审核	李四	2023-1-25			

图8-36　标题栏

（4）在"模型历史记录"中，隐藏基准坐标系。单击"视图"工具条中的"基本视图"按钮 ，弹出"基本视图"对话框，在"视图原点"选项的"方法"下拉列表中选择"自动判断"，在对话框中"模型视图"选项的"要使用的模型视图"下拉列表中选择"俯视图"，在"比例"下拉列表中选择"1∶1"，拖动鼠标将俯视图预览图像移动到绘图窗口的适当位置，单击鼠标左键生成工程图中的左视图；选择"注释"工具条中的"中心标记"按钮⊕，选择左视图中直径最大的圆，捕捉其圆心，放置中心标记，如图 8-37 所示。

（5）单击"视图"工具条中的"剖视图"按钮，弹出"剖视图"对话框，在"截面线"选项中将"定义"和"方法"分别选为"动态"和"简单剖/阶梯剖"；选择左视图为父视图；单击"截面线段"选项的"指定位置"，选择左视图上主孔的中心点为剖切线经过的位置，向左拖动鼠标在适当位置单击，生成全剖的主视图，如图 8-38 所示。

（6）单击"视图"工具条中的"局部放大图"按钮，弹出"局部放大图"对话框。在"局部放大图"对话框的"类型"选项中指定放大范围的类型为"圆形"。在"边界"选项中单击"指定中心点"，用鼠标在矩形螺纹牙区域捕捉指定圆形放大区域的中心点；继续单击"边界"选项的"指定边界点"，拖动鼠标在图形窗口中捕捉一点作为边界点，确定放大区域的范围；在"比例"下拉列表中选择放大比例为"2:1"；在"原点"选项的"方法"下拉列表中选择"自动判断"，拖动鼠标至适当的位置，单击鼠标左键，生成局部放大图，如图 8-39 所示。

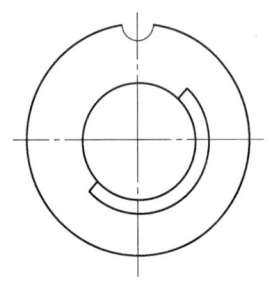 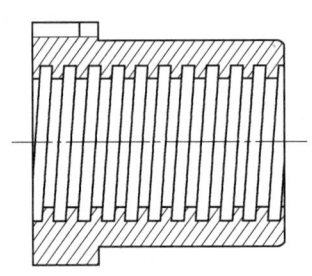 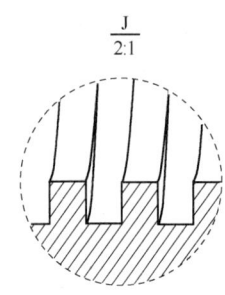

图 8-37　生成左视图　　　　图 8-38　生成全剖的主视图　　　　图 8-39　生成局部放大

（7）单击"尺寸"工具条中的相应按钮，标注线性尺寸、直径尺寸、圆角和倒斜角尺寸等；单击"注释"工具条中的"表面粗糙度符号"按钮√，标注相关表面的粗糙度，结果如图 8-40 所示。

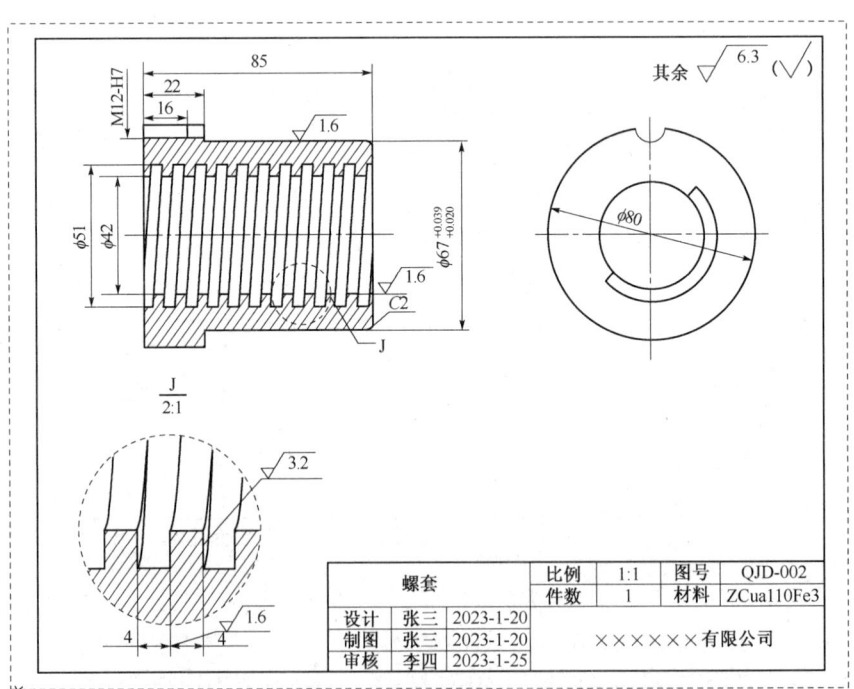

图 8-40　螺套零件工程图

3）添加属性

单击"标准化工具-GC 工具箱"工具条中的"属性工具"按钮，弹出"属性工具"对话框，在"属性填写"标签中"标题"列文本框中分别输入文本"序号""名称""材料""数量""备注"，在"值"列文本框中分别输入对应的属性值：002、螺套、ZCuAl10Fe3、1、QJD-002，单击"确定"按钮，建立属性，如图 8-41 所示。

保存已修改的部件文件。

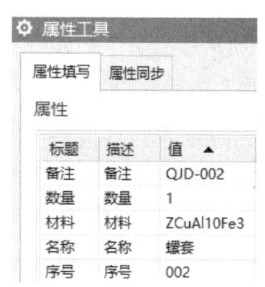

图 8-41 添加螺套属性

3. 紧定螺钉 3 设计

新建部件文件 QJD003.prt，单位设置为"毫米"，在模板中选择模型模块。

1）三维建模

（1）单击"特征"工具条中的"圆柱"按钮，弹出"圆柱"对话框，在"类型"选项中选择"轴、直径和高度"，在"轴"选项"指定矢量"右侧的下拉列表中选择"ZC 轴"为轴线方向，单击"指定点"右侧的"点对话框"按钮，在"输出坐标"选项中设置参考为 WCS，输入 XC、YC、ZC 的坐标为 (0，0，0)，单击"确定"按钮，返回"圆柱"对话框，输入直径 12，高度 14，单击"确定"按钮，生成图 8-42 所示的圆柱。

（2）单击"特征"工具条中的"倒斜角"按钮，弹出"倒斜角"对话框，选择图 8-42 所示圆柱的底边缘；在"偏置"选项中，设置"横截面"为"对称"型，输入距离 1.75，单击"应用"按钮，生成图 8-43 所示的底面边缘倒角。

（3）选择图 8-43 所示顶面边缘；在"偏置"选项中，设置"横截面"为"对称"型，输入距离 1，单击"确定"按钮，生成图 8-44 所示的顶面边缘倒角。

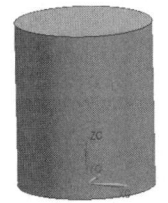  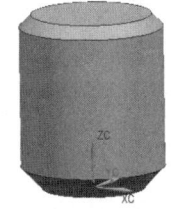

图 8-42 创建圆柱　　图 8-43 生成底面边缘倒角　　图 8-44 生成顶面边缘倒角

（4）单击"特征"工具条中的"拉伸"按钮，弹出"拉伸"对话框，选择图 8-44 所示模型的上顶面为草图绘制面，进入草图绘制模式；如图 8-45 所示，绘制长 15mm、宽 2mm 的矩形；在"草图"工具条中单击"完成"按钮，返回拉伸对话框；在"指定矢量"右侧的下拉列表中选择"-ZC 轴"，在"限制"选项中，"开始"与"结束"都选择"值"，开始的"距离"为 0，结束的"距离"为 2.8，选择布尔运算方式为"减去"，单击"确定"按钮，生成图 8-46 所示的腔体。

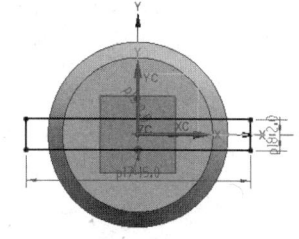 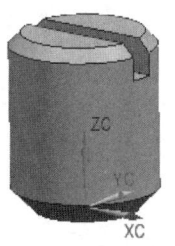

图 8-45 腔体选型与定位方式　　图 8-46 创建腔体

(5)单击"特征"工具条中的"螺纹刀"按钮，弹出"螺纹切削"对话框，螺纹类型选为"符号"，"旋转"设置为"右旋"；选择图 8-47①所示圆柱面作为螺纹加工面；选择图 8-47②所示顶面作为螺纹起始面，单击"螺纹轴反向"按钮，调整螺纹轴线指向-ZC 方向；在"成形"右侧的下拉列表中选择"GB193"，在"长度"右侧的编辑框中输入 16；单击"从表中选择"按钮，在列表中选择"M12×1.75"，单击"确定"按钮返回"螺纹切削"对话框，其他参数和选项采用默认设置，单击"确定"按钮，生成图 8-47③所示的符号螺纹。

2）添加属性

单击"标准化工具-GC 工具箱"工具条中的"属性工具"按钮，弹出"属性工具"对话框，在"属性填写"标签中"标题"列文本框中分别输入文本"序号""名称""材料""数量""备注"，在"值"列文本框中分别输入对应的属性值：003、紧定螺钉 3、45、1、GB/T 73—1985 M12×14，单击"确定"按钮，建立属性，如图 8-48 所示。

保存已修改的部件文件。

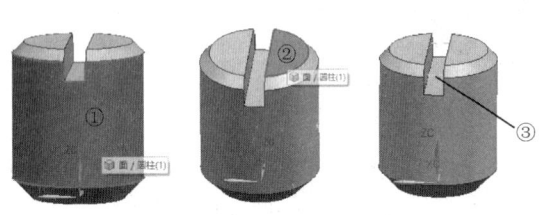

图 8-47 创建螺纹

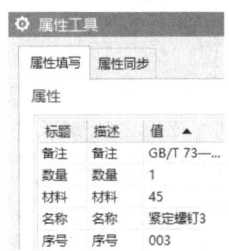

图 8-48 添加紧定螺钉属性

4．螺杆 4 设计

新建部件文件 QJD004.prt，单位设置为"毫米"，在模板中选择模型模块。

1）三维建模

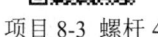

项目 8-3 螺杆 4

(1)单击"特征"工具条中的"球"按钮，弹出"球"对话框，选择"中心点和直径"建模类型，单击"指定点"右侧的"点对话框"按钮，在"参考"右侧的下拉列表中选择"WCS"，指定坐标（0，0，0）为球心位置，单击"确定"按钮，返回"球"对话框；输入直径 50，单击"确定"按钮，生成图 8-49 所示的球体。

(2)单击"特征"工具条中的"修剪体"按钮，弹出"修剪体"对话框，选择步骤（1）创建的球体作为目标体；在"工具选项"右侧的下拉列表中选择平面类型为"新建平面"，在"指定平面"右侧单击"平面对话框"按钮，弹出"平面"对话框，在 "类型"下拉列表中选择"XC-YC 平面"，在"距离"右侧输入相对于 WCS 坐标系的偏置距离 21，通过对话框中的"反向"图标调整要切除部分的方位；单击"确定"按钮，生成图 8-50 所示的平面。

(3)单击"特征"工具条中的"修剪体"按钮，弹出"修剪体"对话框，选择图 8-51 所示的修剪体作为目标体；切割平面的确定方法与步骤（2）相同，在"修剪体"对话框中输入相对于 WCS 坐标系的偏置距离-15；通过对话框中的"反向"图标调整要切除部分的方位；切割位置和方位如图 8-52 所示；单击"确定"按钮，生成新的修剪体。

(4)单击"特征"工具条中的"圆柱"按钮，弹出"圆柱"对话框，捕捉修剪体的底面圆心，作为轴选项的"指定点"，将圆柱底面圆心定位在修剪体底面的圆心处，在"指定矢量"右侧下拉列表中选择"-ZC 轴"；在"尺寸"选项中输入直径 36，高度 15，选择布尔运算方式为"合并"，生成图 8-53 所示的圆柱。

项目 8　螺旋千斤顶设计与运动仿真

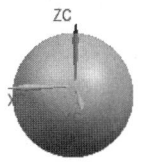
图 8-49　生成球体

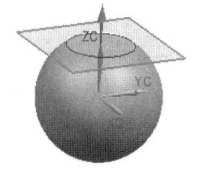
图 8-50　生成平面

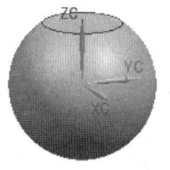
图 8-51　修剪体

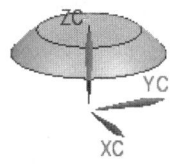
图 8-52　生成新的修剪体

（5）再连续重复四次步骤（4），创建另四段圆柱，各段参数分别设置为：直径 41、65、41、50，高度 10、50、10、130；其中，最后一段圆柱的布尔运算方式设置为"无"，生成图 8-54 所示的实体。

（6）单击"特征"工具条中的"倒斜角"按钮，弹出"倒斜角"对话框，在绘图区选择图 8-54 所示左端边缘，设置"横截面"为"对称"型，输入距离 2，单击"确定"按钮，生成图 8-55 所示的倒斜角。

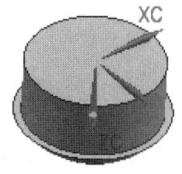
图 8-53　创建圆柱

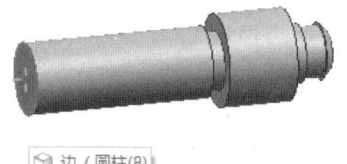
图 8-54　创建多段圆柱

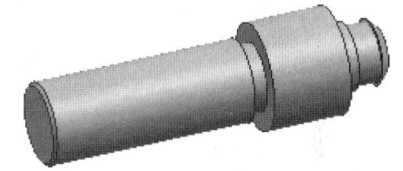
图 8-55　倒斜角

（7）双击工作坐标系 WCS，其形式变为"动态"，选择"WCS 原点手柄"，拖动手柄并捕捉最粗段下端面的圆心作为新的工作坐标系原点，工作坐标系移动结果如图 8-56 所示。

（8）单击"特征"工具条中的"点"按钮，弹出"点"对话框，在"类型"选项中选择"自动判断的点"，在"参考"下拉列表中选择"WCS"，在"XC""YC""ZC"右侧分别输入坐标值（40，0，25）作为点的位置；单击"确定"按钮，生成 1 个辅助点。

（9）单击"特征"工具条中的"孔"按钮，弹出"孔"对话框，在"类型"选项中选择孔的类型为"常规孔"；单击"位置"选项中的"指定点"，选择步骤（8）创建的辅助点作为孔的端面中心；设置孔的方向为"沿矢量"，在"指定矢量"右侧的下拉列表中选择 "–XC 轴"为孔的轴线方向；在"形状和尺寸"选项的"成形"下拉列表中选择孔的子类型为"简单孔"；输入直径 22，设置"深度限制"为"贯通体"，单击"确定"按钮，生成如图 8-57①所示的孔。重复以上操作，将孔的轴线方向设置为沿 YC 轴，创建第 2 个辅助点，点的位置坐标设置为（0，–40，25），生成图 8-57②所示的正交孔。

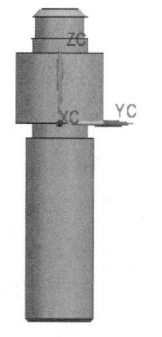
图 8-56　平移坐标系

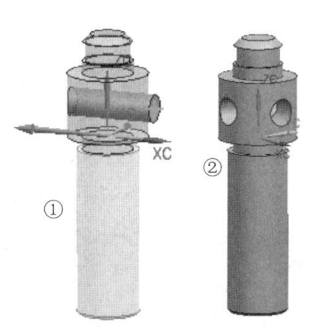
图 8-57　生成孔

（10）隐藏已生成的螺杆实体。

（11）创建螺杆上的矩形螺纹。首先创建矩形截面螺旋体，创建方法与"螺套2设计"中的步骤（7）～（11）相同，只需将参数设置为：第一条螺旋线圈数18，螺距8，半径20.5，螺旋方向"右旋"；第二条螺旋线圈数18，螺距8，半径25.5，螺旋方向"右旋"；生成的矩形截面螺旋体如图8-58所示。

（12）显示已生成的直径为50、高度为130的圆柱体，单击"特征"工具条中的"减去"按钮，弹出"求差"对话框。在窗口中选择螺杆实体作为目标体，选择矩形截面螺旋体作为工具体，其他选项采用默认设置；单击"确定"按钮；显示其余螺杆实体，单击"特征"工具条中的"合并"按钮，选择螺杆头为目标体，选择螺纹部分为工具，其余选项采用默认设置，生成图8-59所示的螺杆。

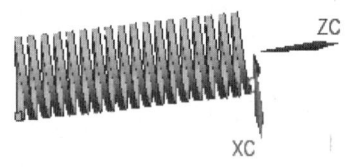
图8-58　生成矩形截面螺旋体

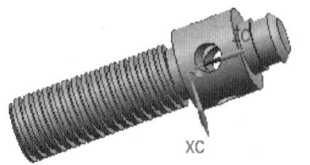
图8-59　螺杆

2）绘制工程图

（1）单击"应用模块"选项卡中的"制图"按钮，进入制图环境。

（2）单击"主页"选项卡中的"新建图纸页"按钮，弹出"工作表"对话框。在对话框的"大小"选项中选择"标准尺寸"单选框，在"大小"下拉列表中选择"A3-297×420"，在"比例"下拉列表中选择"1∶1"，"名称"选项中的"图纸页名称"采用默认设置，单击"确定"按钮，创建横向放置的A3幅面的图纸页；单击"取消"按钮退出"视图创建向导"。

（3）选择【菜单】|【文件】|【导入】|【部件】，采用默认设置，单击"确定"按钮，选择图样文件"BTL-A3.prt"，单击"OK"按钮，弹出"点"对话框，指定图样插入点为图纸坐标原点（0，0），单击"确定"按钮，导入A3幅面的横向放置的图样。填写标题栏信息，如图8-60所示。

螺杆		比例	1∶1	图号	QJD-004
		件数	1	材料	45
设计	张三	2023-1-20	××××××有限公司		
制图	张三	2023-1-20			
审核	李四	2023-1-25			

图8-60　标题栏

（4）在"模型历史记录"中隐藏基准坐标系，单击"视图"工具条中的"基本视图"按钮，弹出"基本视图"对话框，在"视图原点"选项的"方法"下拉列表中选择"自动判断"；在"模型视图"选项的"要使用的模型视图"下拉列表中选择"俯视图"，在"比例"下拉列表中选择"1∶1"，拖动鼠标将该视图预览图像移动到绘图窗口右侧左视图的位置，单击鼠标左键生成工程图中的左视图，如图8-61所示；向左拖动鼠标至适当位置单击鼠标左键，生成工程图中的主视图，如图8-62所示；隐藏左视图，调整主视图的位置。

（5）单击"视图"工具条中的"剖视图"按钮，弹出"剖视图"对话框，在"截面线"选项中将"定义"和"方法"分别选为"动态"和"简单剖/阶梯剖"；默认选择主视图为父视图，单击"截面线段"选项的"指定位置"，选择图上孔的中心点为剖切线经过的位置，向左拖动鼠标至适当位置单击，生成全剖的断面图，如图8-63所示。

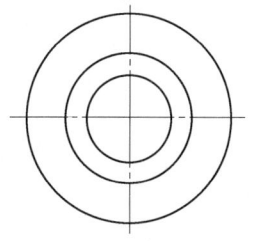

图 8-61　生成左视图

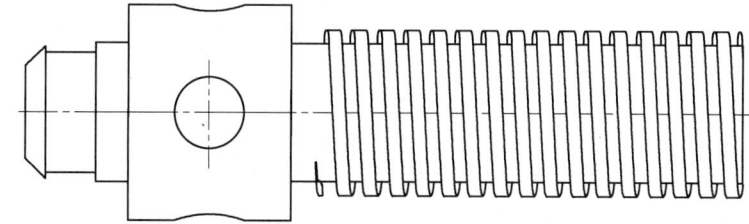

图 8-62　生成主视图

（6）选择主视图，单击鼠标右键，弹出快捷菜单，从中选取"活动草图视图"。单击"草图"工具条中的"艺术样条"按钮，绘制样条曲线作为断裂线，勾选"参数化"选项的"封闭"复选框，将主视图上要剖开的矩形螺纹部位包围起来；单击"确定"按钮，关闭"艺术样条"对话框，在"草图"工具条中单击"完成草图"按钮。

（7）单击"视图"工具条中的"局部剖"按钮，弹出"局部剖"对话框，选择主视图作为要剖切的视图；单击"局部剖"对话框中的"指出基点"按钮，在断面图上选择圆心作为剖切平面经过的位置；在断面图上定义剖切的撕扯方向向左（相当于主视图上向外）；单击"局部剖"对话框中的"选择曲线"按钮，选择步骤（6）在主视图中创建的断裂线；单击"确定"按钮，系统会在选择的视图中生成图8-64所示的局部剖视图。

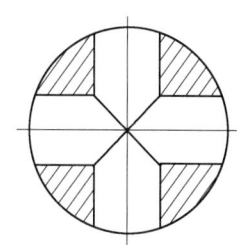

图 8-63　生成全剖的断面图

（8）单击"视图"工具条中的"局部放大图"按钮，弹出"局部放大图"对话框。在对话框的"类型"选项中选择指定放大范围的类型为"圆形"。单击"边界"选项中的"指定中心点"，选择主视图上剖开的矩形螺纹牙处选择1个点作为圆形放大区域的中心点；单击"指定边界点"右侧的"点对话框"按钮，拖动鼠标在图形窗口中捕捉一点作为边界点，确定放大区域的范围；在"比例"下拉列表中选择放大比例为"5∶1"；拖动鼠标至适当位置单击，生成局部放大图。

（9）选择局部放大图，在右键快捷菜单中选择"转换为独立的局部放大图"选项，使局部放大图成为独立视图；将鼠标放在局部放大图边界线上，当边界线被选中时，单击鼠标右键，在弹出的快捷菜单中选择"视图相关编辑"，弹出"视图相关编辑"对话框，在"添加编辑"选项中单击"擦除对象"按钮，选择局部放大图上剖开的矩形螺纹牙背后的轮廓线予以擦除，结果如图8-65所示。

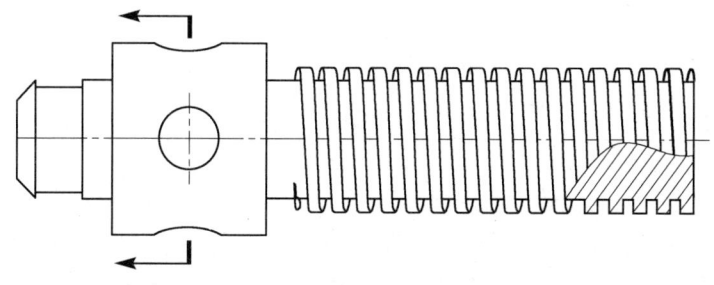

图 8-64　生成局部剖视图

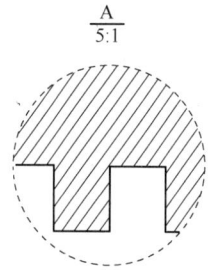

图 8-65　生成局部放大图

（10）单击"尺寸"工具条上的相应按钮，标注水平尺寸、竖直尺寸、圆柱尺寸、圆角和倒角尺寸；单击"注释"工具条上的"表面粗糙度符号"按钮√，标注相关的表面粗糙度，结果如图 8-66 所示。

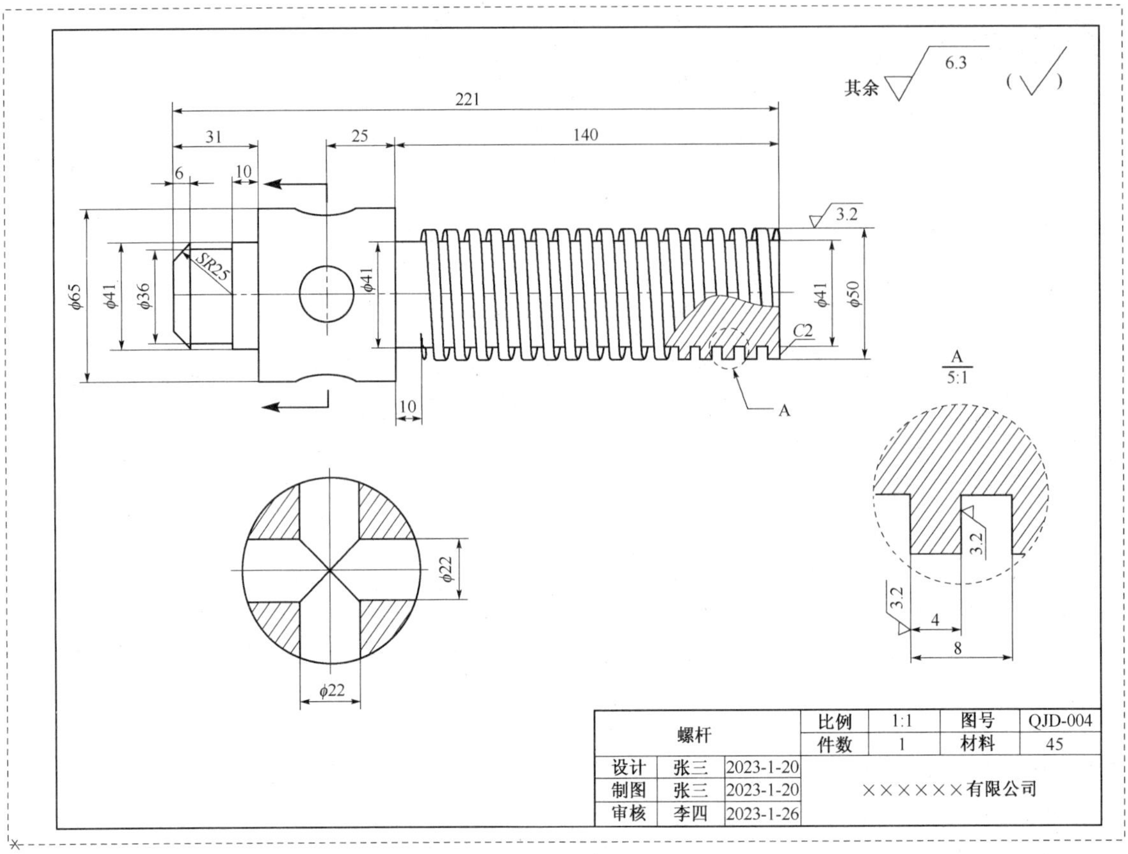

图 8-66 螺杆零件工程图

3）添加属性

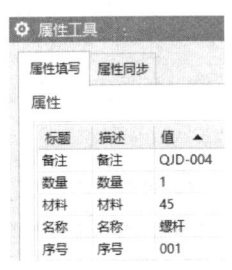

图 8-67 添加螺杆属性

单击"标准化工具-GC 工具箱"工具条中的"属性工具"按钮，弹出"属性工具"对话框，在"属性填写"标签中"标题"列文本框中分别输入文本"序号""名称""材料""数量""备注"，在"值"列文本框中分别输入对应的属性值：004、螺杆、45、1、QJD-004，单击"确定"按钮，建立属性，如图 8-67 所示。

保存已修改的部件文件。

5. 绞杠 5 设计

新建部件文件 QJD005.prt，单位设置为"毫米"，在模板中选择模型模块。

1）三维建模

（1）单击"特征"工具条中的"圆柱"按钮，弹出"圆柱"对话框，在"类型"选项中选择"轴、直径和高度"，在"轴"选项"指定矢量"右侧的下拉列表中选择"XC 轴"为轴线方向，默认坐标（0，0，0）为底面圆心位置；在"尺寸"选项中，输入直径 20，高度 300，单击"确定"按钮，生成图 8-68 所示的圆柱。

（2）单击"特征"工具条中的"倒斜角"按钮，弹出"倒斜角"对话框，选择图 8-68 所示圆柱的两端边缘,在"偏置"选项中设置"横截面"为"对称"型,输入距离2,单击"确定"按钮,生成如图8-69所示的倒斜角。

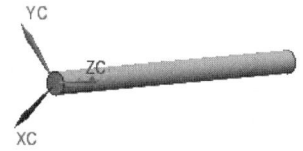
图8-68 生成圆柱

图8-69 生成倒斜角

2)绘制工程图

(1)单击"应用模块"选项卡中的"制图"按钮，进入制图环境。

(2)单击"主页"选项卡中的"新建图纸页"按钮，弹出"工作表"对话框。在对话框中选择"标准尺寸""A4-210×297","比例"选择"1:1","名称"选项中的"图纸页名称"采用默认设置,创建横向放置的A4幅面的图纸页,单击"取消"按钮退出"视图创建向导"。

(3)选择【菜单】|【文件】|【导入】|【部件】,采用默认设置,单击"确定"按钮,选择图样文件"BTL-A4.prt",单击"OK"按钮,弹出"点"对话框,指定图样插入点为图纸坐标原点(0,0),单击"确定"按钮,导入A4幅面的横向放置的图样。填写标题栏中的信息,如图8-70所示。

绞杠			比例	1:1	图号	QJD-005
			件数	1	材料	Q235A
设计	张三	2023-1-20	××××××有限公司			
制图	张三	2023-1-20				
审核	李四	2023-1-25				

图8-70 标题栏

(4)在"模型历史记录"中隐藏基准坐标系,单击"视图"工具条中的"基本视图"按钮，弹出"基本视图"对话框,在"视图原点"选项的"方法"下拉列表中选择"自动判断",在对话框中"模型视图"选项的"要使用的模型视图"下拉列表中选择"前视图",在"比例"下拉列表中选择"1:1",拖动鼠标将该视图预览图像移动到绘图窗口的适当位置,单击鼠标左键生成工程图中的主视图。

(5)单击"视图"工具条中的"断开视图"按钮，弹出"断开视图"对话框,在"类型"选项中选择"常规";捕捉现有的主视图作为主模型视图,在对话框的"方向"中用矢量构造器指定轴线方向作为断裂方向;单击"断裂线1"选项的"指定锚点",在视图上指定左侧断裂线的位置,通过输入"偏置"的数值微调断裂线1的位置;单击"断裂线2"选项的"指定锚点",在视图上指定右侧断裂线的位置;通过输入"偏置"的数值微调断裂线2的位置;在"设置"选项中,设置两条断裂线之间的间隙、断裂线的样式、断裂线弯曲的幅值、断裂线颜色和宽度等;单击"确定"按钮,完成断开视图的创建操作;单击"注释"工具条中的"2D中心线"按钮，捕捉主视图上下轮廓线,添加中心线,单击"确定"按钮,结果如图8-71所示。

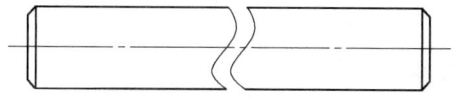
图8-71 生成断裂的主视图

（6）单击"尺寸"工具条中的相应按钮，线性尺寸、直径尺寸和倒斜角尺寸；单击"注释"工具条中的"表面粗糙度符号"按钮 √，标注相关表面的粗糙度，结果如图 8-72 所示。

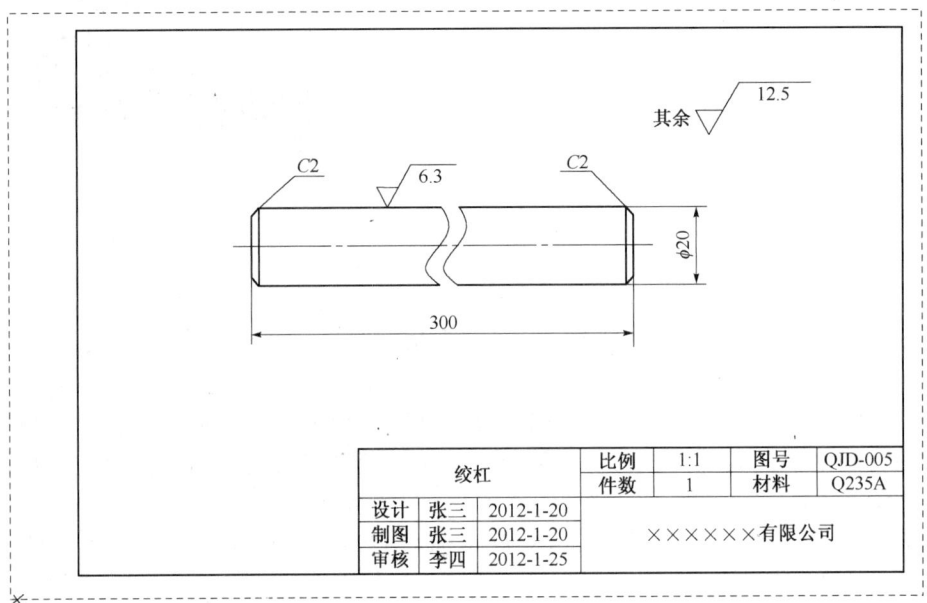

图 8-72 绞杠零件工程图

3）添加属性

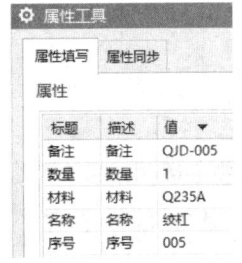

图 8-73 添加绞杠属性

单击"标准化工具-GC 工具箱"工具条中的"属性工具"按钮，弹出"属性工具"对话框，在"属性填写"标签中"标题"列文本框中分别输入文本"序号""名称""材料""数量""备注"，在"值"列文本框中分别输入对应的属性值：005、绞杠、Q235A、1、QJD-005，单击"确定"按钮，建立属性，如图 8-73 所示。

保存已修改的部件文件。

6. 压盖 6 设计

新建部件文件 QJD006.prt，单位设置为"毫米"，在模板中选择模型模块。

1）三维建模

（1）单击"特征"工具条中的"圆柱"按钮，弹出"圆柱"对话框，在"类型"选项中选择"轴、直径和高度"，在"轴"选项中，在"指定矢量"右侧的下拉列表中选择"ZC 轴"为轴线方向，默认坐标（0，0，0）为底面圆心位置，在"尺寸"选项中，输入直径 65，高度 44，单击"确定"按钮，生成图 8-74 所示的圆柱。  项目 8-4 压盖 6

（2）单击"特征"工具条中的"倒斜角"按钮，弹出"倒斜角"对话框，选择图 8-74 所示上底的边缘；在"偏置"选项中设置"横截面"为"非对称"型，距离 1 输入 10，距离 2 输入 14.5，利用"反向"按钮设置倒斜角的方向，单击"确定"按钮，生成图 8-75 所示的倒斜角。

（3）隐藏已生成的压盖实体。

（4）单击"特征"工具条中的"球"按钮，弹出"球"对话框，选择"中心点和直径"

建模类型，单击"指定点"右侧的"点对话框"按钮，在"参考"右侧的下拉列表中选择"WCS"，指定坐标（0，0，5）为球心位置，单击"确定"按钮返回"球"对话框；输入直径50，单击"确定"按钮，生成图8-76所示的球体。

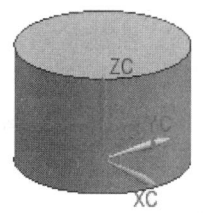 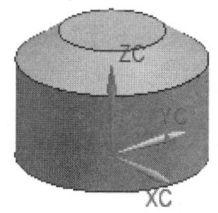 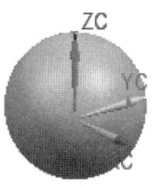

图 8-74　生成圆柱　　　　　图 8-75　生成倒斜角　　　　　图 8-76　生成球体

（5）单击"特征"工具条中的"修剪体"按钮，弹出"修剪体"对话框，选择步骤（4）创建的球体作为目标体；在"工具选项"右侧的下拉列表中选择平面类型为"新建平面"，在"指定平面"右侧单击"平面对话框"按钮，弹出"平面"对话框，在"类型"下拉列表中选择"XC-YC 平面"，在"距离"右侧输入相对于 WCS 坐标系的偏置距离0，单击对话框中的"反向"按钮调整要切除部分的方位，如图8-77所示；单击"确定"按钮，生成切割体。

（6）单击"特征"工具条中的"圆柱"按钮，弹出"圆柱"对话框，在"类型"选项中选择"轴、直径和高度"，在"轴"选项"指定矢量"右侧的下拉列表中选择"ZC 轴"为轴线方向，默认坐标（0，0，0）为底面圆心位置，输入直径42，高度35，单击"确定"按钮，生成图8-78所示的圆柱。

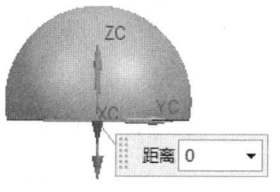 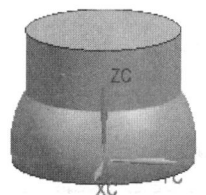

图 8-77　生成切割体　　　　　　　　　　图 8-78　生成圆柱

（7）单击"特征"工具条中的"相交"按钮，弹出"相交"对话框。在窗口中选择圆柱作为目标体，选择球形切割体作为工具体，其他选项采用默认设置；单击"确定"按钮，生成图8-79所示的交运算实体。

（8）显示已生成的压盖实体，如图8-80所示。

（9）单击"特征"工具条中的"减去"按钮，弹出"求差"对话框。在窗口中选择压盖实体作为目标体，选择交运算实体作为工具体，其他选项采用默认设置；单击"确定"按钮，生成图8-81所示的空心压盖。

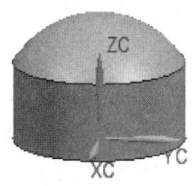 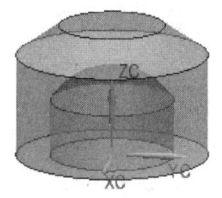 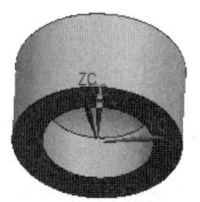

图 8-79　生成交运算实体　　　图 8-80　显示压盖实体　　　图 8-81　生成空心压盖

（10）单击"特征"工具条中的"孔"按钮，弹出"孔"对话框，在"类型"选项中选择"螺纹孔"；在"位置"选项中单击"绘制截面"按钮，以 *XC-ZC* 平面作为草绘平面，创建相对于 WCS 的坐标点（35，0，10），如图 8-82①所示，作为孔的开口中心位置，退出草图绘制环境；在"方向"选项中，设置孔的方向为"沿矢量"，在"指定矢量"右侧的下拉列表中选择"–XC 轴"为孔的轴线方向；在"形状和尺寸"选项中，在"大小"右侧的下拉列表中选择"M12×1.75"，选择"深度类型"为"全长"，"旋向"选择"右旋"；在"尺寸"选项中设置"深度限制"为"值"，输入深度 35（大于实体厚度但不能穿入另一侧壁，生成通孔）；单击"确定"按钮，生成图 8-82②所示的螺纹孔。

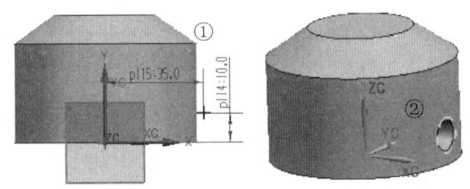

图 8-82　创建螺纹孔

2）绘制工程图

（1）单击"应用模块"选项卡中的"制图"按钮，进入制图环境。

（2）单击"主页"选项卡中的"新建图纸页"按钮，弹出"工作表"对话框。在对话框中"大小"选项选择"标准尺寸"单选框，在"大小"下拉列表中选择"A4-210×297"，在"比例"下拉列表中选择"1：1"，"名称"选项中的"图纸页名称"采用默认设置，单击"确定"按钮，创建 A4 幅面的横向放置的图纸页；单击"取消"按钮退出"视图创建向导"。

（3）选择【菜单】|【文件】|【导入】|【部件】，采用默认设置，单击"确定"按钮，选择图样文件"BTL-A4.prt"，单击"OK"按钮，弹出"点"对话框，指定图样插入点为图纸坐标原点（0，0），单击"确定"按钮，导入 A4 幅面的横向放置的图样。填写标题栏信息，如图 8-83 所示。

压盖			比例	1：1	图号	QJD-006
			件数	1	材料	45
设计	张三	2023-1-20	××××××有限公司			
制图	张三	2023-1-20				
审核	李四	2023-1-25				

图 8-83　标题栏

（4）在"模型历史记录"中隐藏基准坐标系，单击"视图"工具条中的"基本视图"按钮，弹出"基本视图"对话框，在"视图原点"选项的"方法"下拉列表中选择"自动判断"；在对话框中"模型视图"选项的"要使用的模型视图"下拉列表中选择"俯视图"，在"比例"下拉列表中选择"1：1"，拖动鼠标将俯视图预览图像移动到绘图窗口的适当位置，单击鼠标左键生成俯视图，如图 8-84 所示。

（5）单击"视图"工具条中的"剖视图"按钮，弹出"剖视图"对话框，在"截面线"选项中将"定义"和"方法"分别选为"动态"和"简单剖/阶梯剖"；默认选择俯视图为父视图；单击"截面线段"选项的"指定位置"，选择俯视图上的中心点为剖切线经过的位置；单击鼠标左键，向上拖动鼠标至合适位置单击左键，生成全剖的主视图，如图 8-85 所示。

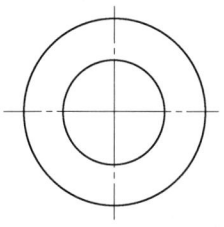
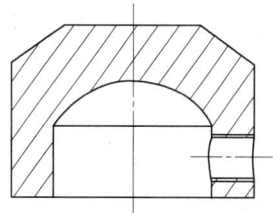

图 8-84　生成俯视图　　　　　　　图 8-85　生成全剖的主视图

（6）隐藏俯视图，将主视图移动到图面的中央。

（7）单击"尺寸"工具条上的相应按钮，标注水平尺寸、竖直尺寸、圆柱尺寸、圆角和倒角尺寸；单击"注释"工具条上的"表面粗糙度符号"按钮√，标注相关的表面粗糙度，结果如图 8-86 所示。

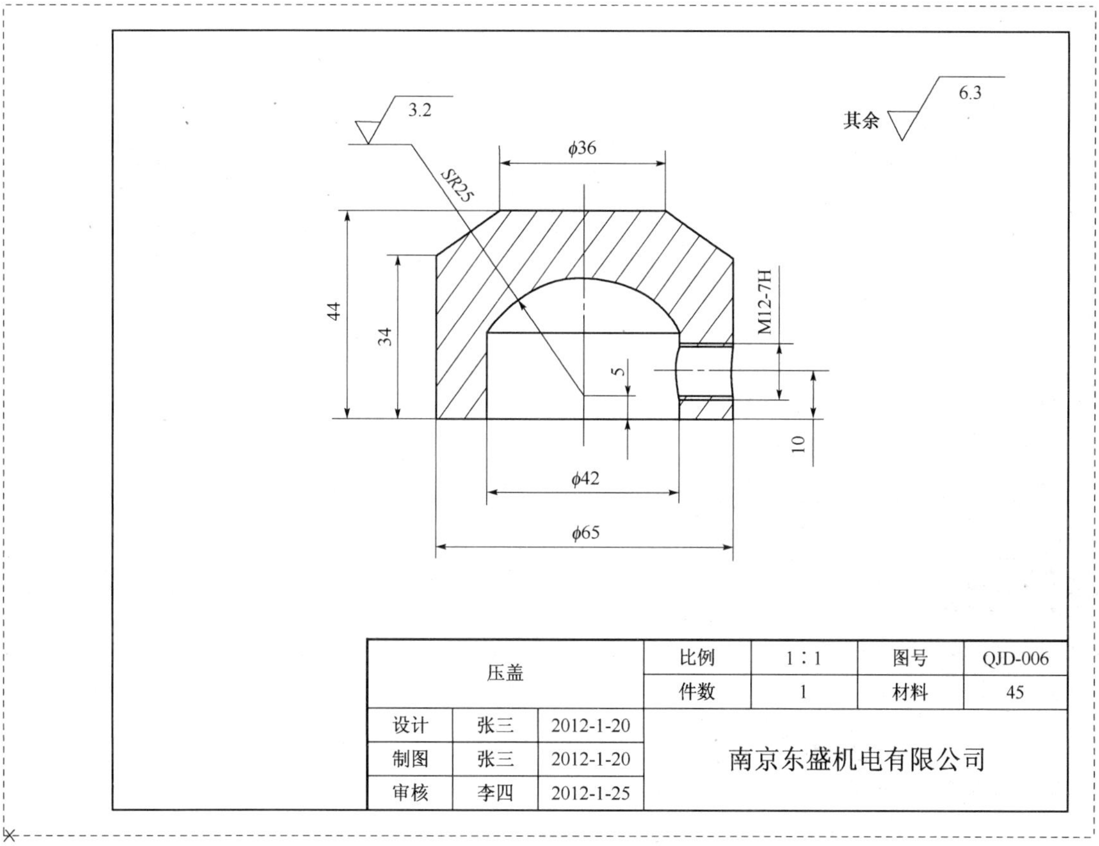

图 8-86　压盖零件工程图

3）添加属性

单击"标准化工具-GC 工具箱"工具条中的"属性工具"按钮，弹出"属性工具"对话框，在"属性填写"标签中"标题"列文本框中分别输入文本"序号""名称""材料""数量""备注"，在"值"列文本框中分别输入对应的属性值：006、压盖、45、1、QJD-006，单击"确定"按钮，建立属性，如图 8-87 所示。

保存已修改的部件文件。

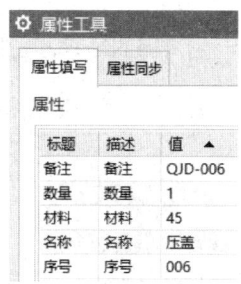

图 8-87　添加压盖属性

7．紧定螺钉 7 设计

1）打开并另存部件文件

打开部件文件 QJD003.prt。选择【文件】|【另存为】，弹出"另存为"对话框，在同一文件目录下另存为文件名 QJD007.prt，单击"OK"按钮，建立紧定螺钉 7 的部件文件。

2）编辑与建模

（1）在图 8-88 所示部件导航器的"模型历史记录"中双击"圆柱"，在弹出的"圆柱"对话框中将圆柱高度由 14 改为 7.7，单击"确定"按钮，生成图 8-89 所示的实体。

（2）单击"特征"工具条中的"圆柱"按钮，弹出"圆柱"对话框，在"类型"选项中选择"轴、直径和高度"；在"轴"选项中，在"指定矢量"右侧下拉列表中选择"-ZC 轴"为轴线方向，捕捉图 8-89 所示实体的底面圆心作为圆柱底面定位圆心；在"尺寸"选项中，输入直径 8.5，高度 6.3，选择布尔运算方式为"合并"，单击"确定"按钮，生成图 8-90 所示的圆柱凸台。

图 8-88　部件导航器

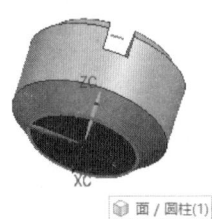
图 8-89　生成圆柱

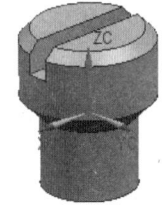
图 8-90　创建凸台

图 8-91　添加紧定螺钉 7 的属性

3）添加属性

单击"标准化工具-GC 工具箱"工具条中的"属性工具"按钮，弹出"属性工具"对话框，在"属性填写"标签中"标题"列文本框中分别输入文本"序号""名称""材料""数量""备注"，在"值"列文本框中分别输入对应的属性值：007、紧定螺钉 7、45、1、GB/T75—1985 M12×14，单击"确定"按钮，建立属性，如图 8-91 所示。

保存已修改的部件文件。

8.3　千斤顶装配设计

8.3.1　项目任务

在 UG NX 12.0 的装配模块中完成螺旋千斤顶装配模型的创建，并在制图模块生成装配工程图。

8.3.2　项目分析

根据千斤顶的工作原理，在装配模块，采用自底向上的方法将 8.2 节中创建的三维零件模型进行组装，首先添加底座 1 并将其设为固定约束，然后依次添加其他零件，并视具体情况添加接触、中心轴对齐、距离等装配约束。

在制图模块，创建 A1 图纸并导入图样文件，生成俯视图和全剖视图并标注尺寸，添加技术要求、标题栏和明细栏,最后自动标注零件序号。

8.3.3 项目实施

首先新建部件文件 QJD000.prt,单位设置为"毫米",在模板中选择装配模块。

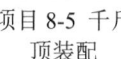

项目 8-5 千斤顶装配　　项目 8-6 千斤顶运动仿真

1. 导入底座 1

单击"组件"工具条中的"添加"按钮 ,弹出"添加组件"对话框,单击"打开"按钮 ,查找到底座的部件文件 QJD001.prt,将其导入"已加载的部件"列表中;在"放置"选项中选择"约束"单选框,底座底面圆心默认定位在工作坐标系的原点处,选择约束类型为"固定",单击"应用"按钮,添加结果如图 8-92 所示。

由于底座的位置及放置方式直接影响整个装置的位置及放置方式,对工程图的绘制也会有直接的影响,因此,底座导入时必须准确定位。

2. 安装螺套 2

1) 添加螺套

单击"添加组件"对话框中的"打开"按钮 ,打开螺套部件文件 QJD002.prt,将其导入"已加载的部件"列表中;在"放置"选项中选择"移动"单选框,单击"指定方位",在窗口空白处单击鼠标左键,将螺套暂时定位在空白处,单击"确定"按钮,添加结果如图 8-93 所示。

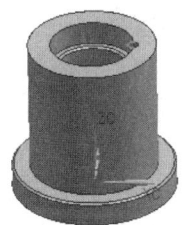
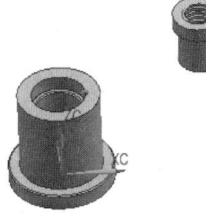

图 8-92　底座部件　　　　　　　图 8-93　添加螺套部件

2) 建立装配关系

(1) 单击"组件位置"工具条中的"装配约束"按钮 ,弹出"装配约束"对话框;选择约束类型为"接触对齐",在"方位"下拉列表中选择"自动判断中心/轴",如图 8-94 所示;分别选择底座和螺套的圆柱面,使两部件的中心轴自动对齐,单击"应用"按钮;在"方位"下拉列表中选择"接触",选择螺套外部的台阶平面作为装配件的接触面,如图 8-95①所示;选择底座内孔台阶的环形平面作为基准件的接触面,如图 8-95②所示;所选的两表面处于同一平面,装配结果如图 8-96 所示,单击"应用"按钮。

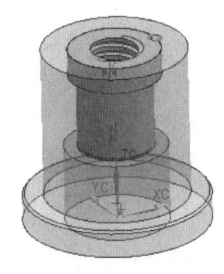

图 8-94　装配约束　　　　　图 8-95　建立装配关系　　　　图 8-96　装配结果

（2）在"装配约束"对话框中选择约束类型为"同心"，捕捉螺套上 M12 螺纹孔的上边缘半圆弧的圆心作为装配件的同心基点，如图 8-97①所示；捕捉底座上 M12 螺纹孔的上边缘半圆弧的圆心作为基准件的同心基点，如图 8-97②所示；单击"确定"按钮，则两部件上 M12 的螺纹孔保持同心位置关系。

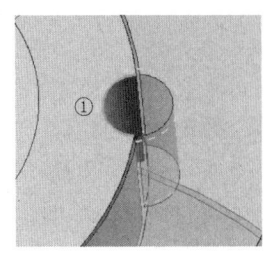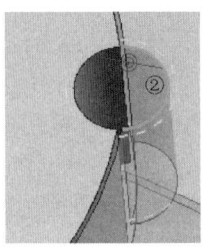

图 8-97　同心约束

3．安装紧定螺钉 3

1）添加紧定螺钉 3

单击"组件"工具条中的"添加"按钮，弹出"添加组件"对话框，在对话框中导入紧定螺钉 3 部件文件 QJD003.prt；在"放置"选项中选择默认方式"移动"，单击"指定方位"，用鼠标在窗口中空白处单击，将紧定螺钉 3 暂时定位在该点处，添加结果如图 8-98 所示，单击"确定"按钮。

2）建立装配关系

（1）单击"组件位置"工具条中的"装配约束"按钮，弹出"装配约束"对话框；选择约束类型为"接触对齐"，在"方位"下拉列表中选择"自动判断中心/轴"，分别捕捉螺钉的轴线和底座上螺纹孔的轴线，使两部件的中心轴自动对齐，如图 8-99 所示，单击"应用"按钮；

（2）选择约束类型为"距离"，分别捕捉底座的顶面和螺钉的顶面，设置距离为-0.5，单击"确定"按钮，装配结果如图 8-100 所示。

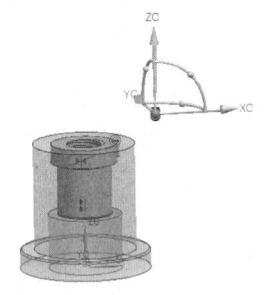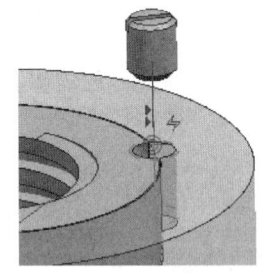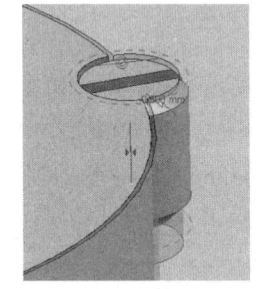

图 8-98　添加紧定螺钉 3 部件　　图 8-99　建立对齐装配关系　　图 8-100　装配紧定螺钉 3 部件

 建立装配关系时，已建立的装配关系不能处于抑制状态，否则会影响后续装配关系的正常建立。

4．安装螺杆 4

1）添加螺杆 4

单击"组件"工具条中的"添加"按钮，弹出"添加组件"对话框，在对话框中导入螺杆 4 部件文件 QJD004.prt；其他选项同上，用鼠标在窗口中空白处单击，将螺杆 4 的原点暂时定位在该点处,单击"确定"按钮,添加结果如图 8-101 所示。

2)建立装配关系

(1)隐藏底座与紧定螺钉 3。

(2)单击"组件位置"工具条中的"装配约束"按钮 ,弹出"装配约束"对话框;选择装配类型为"接触对齐",在"方位"下拉列表中选择"自动判断中心/轴",选择螺杆上任一段圆柱面的轴线作为装配件同轴的几何对象,再选择螺套上任一段圆柱面的轴线作为基准件同轴的几何对象,则螺杆与螺套处于同轴的位置,如图 8-102 所示,单击"确定"按钮。

(3)单击"组件位置"工具条中的"移动组件"按钮 ,弹出"移动组件"对话框;选择组件螺杆 4,默认运动方式为"动态",单击对话框中的"指定方位",捕捉动态工作坐标系的 ZC 箭头向负方向移动,结果如图 8-103 所示,单击"确定"按钮。

图 8-101 添加螺杆 4 部件

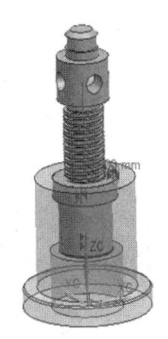
图 8-102 建立同轴约束

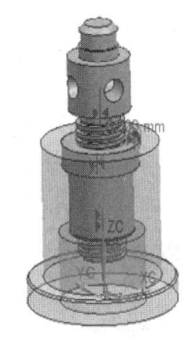
图 8-103 装配结果

5.安装绞杠 5

1)添加绞杠 5

单击"组件"工具条中的"添加"按钮 ,弹出"添加组件"对话框,在对话框中导入绞杠 5 部件文件 QJD005.prt;其他选项同上,用鼠标在窗口中空白处单击,将绞杠 5 的原点暂时定位在该点处,单击"确定"按钮,添加结果如图 8-104 所示。

2)建立装配关系

单击"组件位置"工具条中的"装配约束"按钮 ,弹出"装配约束"对话框;选择装配类型为"接触对齐",在"方位"下拉列表中选择"自动判断中心/轴",捕捉绞杠的轴线作为装配件中心线对齐的几何对象,如图 8-105①所示;选择螺杆上水平孔的轴线作为基准件中心线对齐的几何对象,如图 8-105②所示,则所选的两部件的轴线处于共线状态。

选择约束类型为"距离",分别捕捉绞杠的端面和螺杆的中心线,设置距离为 150,如图 8-105③所示,单击"确定"按钮,完成绞杠 5 的装配。

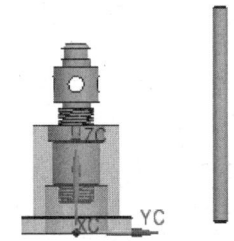
图 8-104 添加绞杠 5 部件

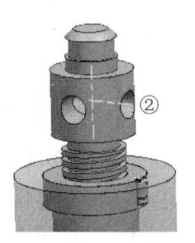

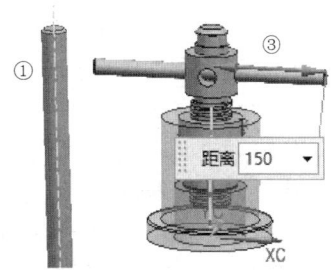
图 8-105 建立同轴装配关系

6. 安装压盖6

1）添加压盖6

单击"组件"工具条中的"添加"按钮，弹出"添加组件"对话框，在对话框中导入压盖6部件文件QJD006.prt；其他选项同上，单击"确定"按钮，用鼠标在窗口中空白处单击，将压盖6的原点暂时定位在该点处，添加结果如图8-106所示。

2）建立装配关系

（1）单击"组件位置"工具条中的"装配约束"按钮，弹出"装配约束"对话框；选择装配类型为"接触对齐"，在"方位"下拉列表中选择"自动判断中心/轴"，捕捉压盖的竖直轴线作为装配件中心线同轴的几何对象，如图8-107①所示；捕捉螺杆的轴线作为基准件中心线同轴的几何对象，如图8-107②所示；则所选的两轴线处于共线状态。

（2）在"方位"下拉列表中选择"接触"；捕捉压盖上SR25的球面作为装配件接触面，如图8-107③所示；选择螺杆上SR25的球面作为基准件的接触面，如图8-107④所示，则两部件上SR25的球面保持接触关系；单击"确定"按钮，装配结果如图8-107⑤所示。

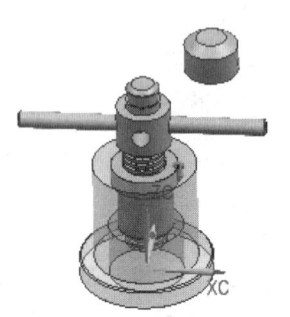

图8-106 添加压盖6部件

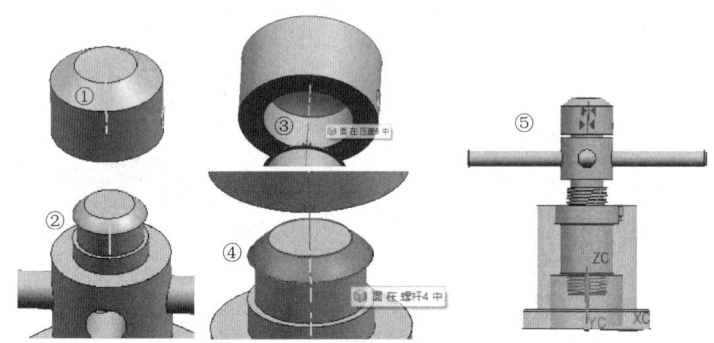

图8-107 建立接触与同轴装配关系

7. 安装紧定螺钉7

1）添加紧定螺钉7

单击"组件"工具条中的"添加"按钮，在弹出的对话框中导入紧定螺钉7部件文件QJD007.prt；其他选项同上，用鼠标在窗口中空白处单击，将紧定螺钉7的原点暂时定位在该点处，单击"确定"按钮，添加结果如图8-108所示。

2）建立装配关系

（1）单击"组件位置"工具条中的"装配约束"按钮，弹出"装配约束"对话框；选择装配类型为"接触对齐"，在"方位"下拉列表中选择"自动判断中心/轴"，捕捉紧定螺钉7中心线的上端，如图8-109①所示，将此中心线作为装配件中心线对齐的几何对象；捕捉压盖上螺纹孔中心线的外端，如图8-109②所示，将此中心线作为基准件中心线对齐的几何对象，则所选的两轴线处于共线状态；同轴约束后，如果紧定螺钉7的方向有误，则通过单击对话框中的按钮进行方向调整。

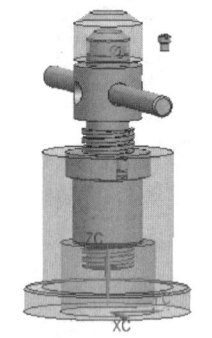

图8-108 添加紧定螺钉7部件

（2）在"方位"下拉列表中选择"接触"，选取紧定螺钉7的尾部端面，如图8-109③所示；选取螺杆凹槽圆柱面，如图8-109④所示；则紧定螺钉7端面与螺杆上凹槽的圆柱面相切，如图8-109⑤所示，单击"确定"按钮，完成该部件的装配。

千斤顶的最终装配结果如图 8-110 所示。

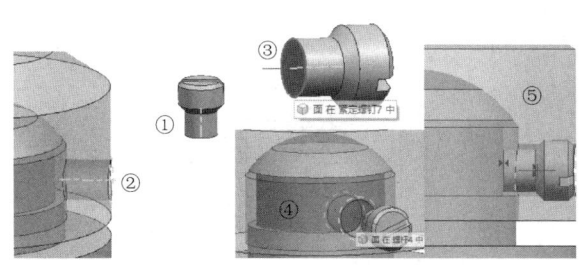
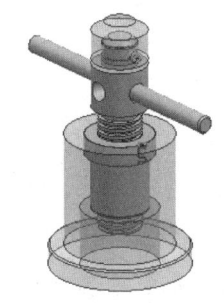

图 8-109　建立同轴与接触装配关系　　　　图 8-110　千斤顶装配结果

8．绘制装配工程图

（1）单击"应用模块"选项卡中的"制图"按钮，进入制图工作界面。

（2）单击"主页"选项卡中的"新建图纸页"按钮，弹出"工作表"对话框。在对话框"大小"选项中选择"定制尺寸"单选框，在"高度"文本框中输入841，在"长度"文本框中输入594，在"比例"下拉列表中选择"1∶1"，"图纸页名称"采用默认设置，单击"确定"按钮，创建A1幅面的竖向放置的图纸页。

（3）选择【文件】|【导入】|【部件】，采用默认设置，单击"确定"按钮，选择图样文件"BTL-A1(Li).prt"，单击"OK"按钮，弹出"点"对话框，指定图样插入点为图纸坐标原点（0，0），单击"确定"按钮，导入A1幅面的竖向放置的图样。填写标题栏中的信息，如图8-111所示。

							×××××有限公司	
标记	处数	分区	更改	签名	年月日		螺旋千斤顶	
设计	签名	年月日	标准化	签名	年月日	重量	比例	
张三							1∶1	
审核	李四							QJD000
工艺			批准			共6张	第1张	

图 8-111　标题栏

（4）单击"视图"工具条中的"基本视图"按钮，弹出"基本视图"对话框，在对话框中"模型视图"选项的"要使用的模型视图"下拉列表中选择"俯视图"，在"比例"下拉列表中选择"1∶1"，在"视图原点"的"放置方法"下拉列表中选择"自动判断"，拖动鼠标将俯视图预览图像移动到绘图窗口的适当位置，单击鼠标左键生成俯视图，如图8-112所示。

（5）单击"视图"工具条中的"剖视图"按钮，弹出"剖视图"对话框，在"截面线"选项中将"定义"和"方法"分别选为"动态"和"简单剖/阶梯剖"；默认选择俯视图为父视图；单击"设置"选项的"设置"按钮，弹出"剖视图设置"对话框，在对话框中设置剖切线类型、格式，箭头及箭头线的大小、样式、颜色、线型、线宽等参数；在"设置"选项的"非剖切"选项中单击"选择对象"，在"装配导航器"中按住<Ctrl>键选择不剖切的部件名称（QJD003、QJD004、QJD005、QJD007）；单击"截面线段"选项的"指定位置"，选择俯视图上底座的底面圆心确定剖切平面经过的位置，向上拖动鼠标在适当位置单击，生成剖切的主视图，如图8-113所示。

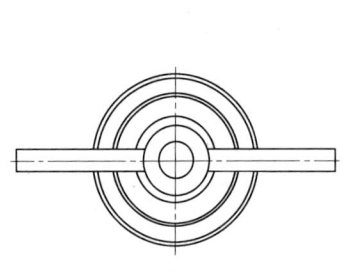

图 8-112 生成俯视图 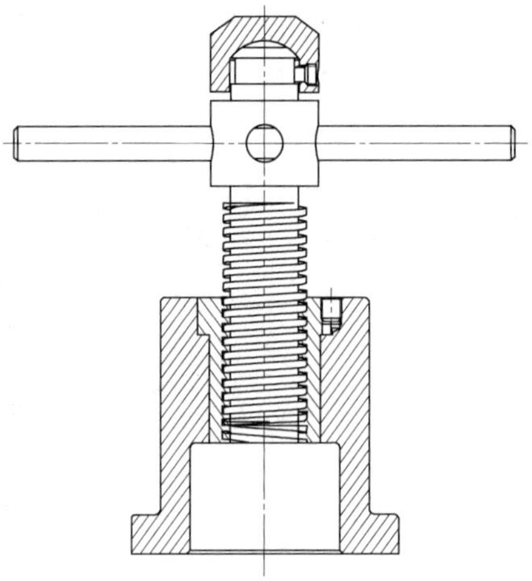　　　　图 8-113 生成剖切的主视图

（6）标注装配图尺寸，填写技术要求，如图 8-114 所示。

（7）选择【菜单】|【插入】|【表】|【零件明细表】，单击左侧的"部件导航器"，用鼠标右键单击"零件明细表"，选择"编辑级别"，取消选择"主模型"；将零件明细表添加到标题栏上方。

（8）用鼠标右键单击"QTY"列，在弹出的快捷菜单中选择【插入】|【在右侧插入列】，用同样的方法在"QTY"列右侧再插入一列；用鼠标右键单击"PC NO"单元格，在弹出的快捷菜单中选择"编辑单元格"，将该列标题"PC NO"改为"序号"。

（9）选择"PART NAME"列并单击鼠标右键，在弹出的快捷菜单中选择"列"，再次选择该列并单击鼠标右键，在弹出的快捷菜单中选择"设置"，在弹出的对话框的列类别中选择"常规"；单击"属性名称"右侧的"属性名称"按钮，弹出"属性名称"对话框，从中选择"名称"，依次单击"确定"和"关闭"按钮，在明细表的"名称"列中自动输入各部件的中文名称以代替现有的名称。用同样的方法依次导入数量、材料、备注信息。

技术要求

（1）最大顶起质量1.5吨；
（2）整机外表面涂防锈漆。

图 8-114 注释技术要求

（10）选择明细表中所有文字，单击鼠标右键，在弹出的快捷菜单中选择"设置"，弹出"设置"对话框。在"文字"标签中设置明细表中的字符大小等数据，选择字符类型为"chinese_fs"，在"单元格"标签中设置"文本对齐"方式为"中心"，单击对话框中的"关闭"按钮，完成明细表文本格式设置。

（11）在零件明细表左上角单击明细表标识符，选择整个明细表，单击鼠标右键，在快捷菜单中选择"排序"，弹出"排序"对话框，选择列表中的"序号""名称"，单击"确定"按钮，则明细表各行按序号大小排列，结果如图 8-115 所示。

7	紧定螺钉7	1	45	GB/T 75—1985 M12×14
6	压盖	1	45	QJD-006
5	绞杠	1	Q235A	QJD-005
4	螺杆	1	45	QJD-004
3	紧定螺钉3	1	45	GB/T 73—1985 M12×14
2	螺套	1	ZCuAl10Fe3	QJD-002
1	底座	1	HT200	QJD-001
序号	名称	数量	材料	备注

图 8-115 零件明细表

（12）将鼠标指向相邻两列的分界线，出现箭头状光标时拖动鼠标，按标准要求调整各列宽度，并使整个明细表与标题栏宽度相同。

（13）选择【菜单】|【插入】|【表】|【自动符号标注】，弹出"零件明细表自动符号标注"对话框，选择零件明细表，单击"确定"按钮，在对话框中选择需要标注零件 ID 符号的主视图，单击"确定"按钮，则在主视图上生成 ID 符号。选择所有 ID 符号，单击鼠标右键，在弹出的快捷菜单中选择"设置"，弹出"设置"对话框，设置"直线/箭头""文字""符号"等标签，单击"关闭"按钮；用鼠标按住 ID 符号拖动调整排放位置；个别无法按顺序排列的 ID 符号，可将其删除，然后单击"注释"工具条上的"标识符号"按钮，在弹出的对话框中设置后手动添加；完成装配图的全部设计内容，结果如图 8-116 所示。

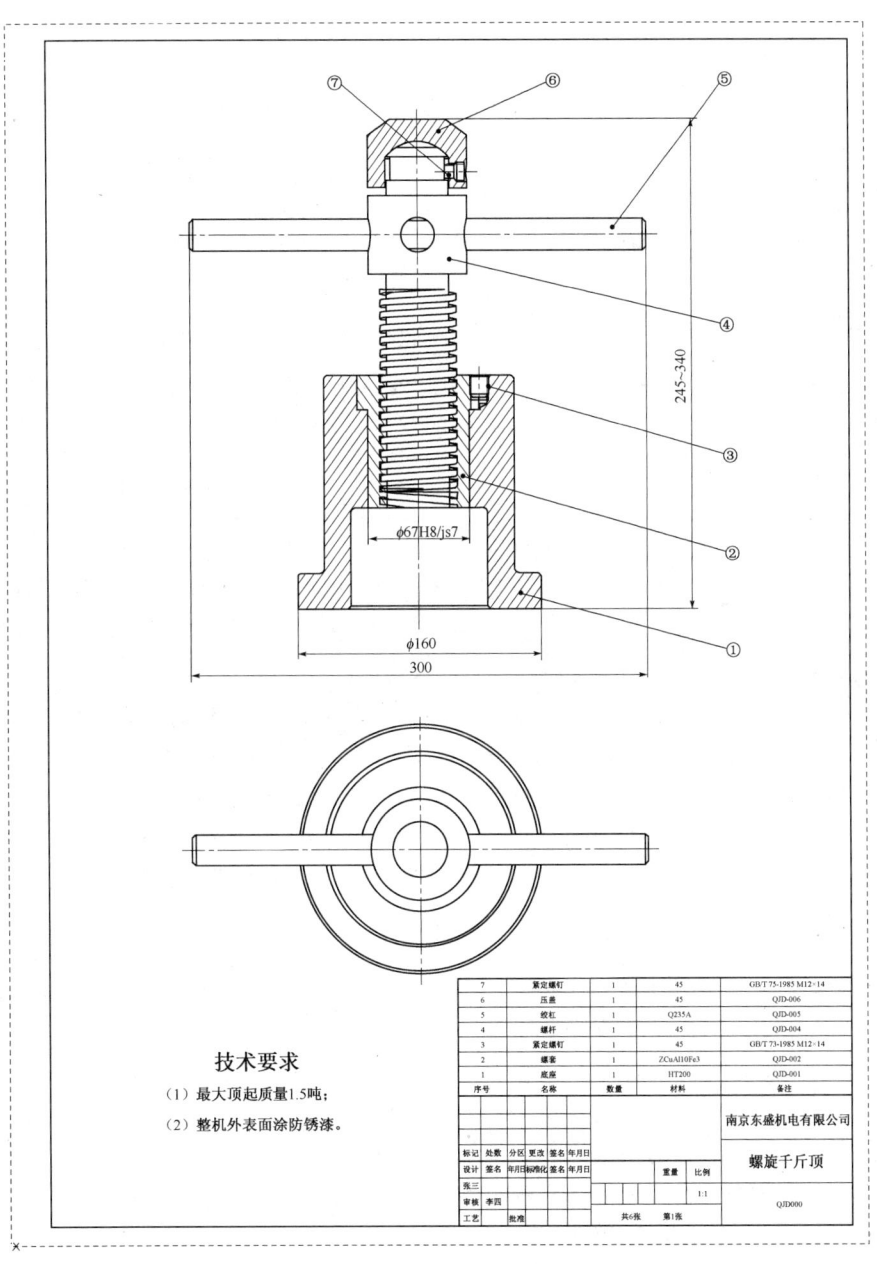

图 8-116 装配工程图

8.4 千斤顶运动仿真

运动仿真是 UG NX 12.0 软件中的重要模块,用于建立机构模型以分析模型的运动规律,可对二维或三维机构进行运动学分析及静力学分析。

8.4.1 项目任务

在第 8.3 节创建的装配体基础上进行运动仿真设计,实现螺旋千斤顶的顶出运动。

8.4.2 项目分析

在螺旋千斤顶的各零件中,底座 1、螺套 2、紧定螺钉 3 是相对工作台面固定不动的,螺杆 4 相对螺套 2 沿轴向螺旋运动;绞杠 5 与螺杆 4 可以看作一个整体同步运动;压盖 6 和紧定螺钉 7 也是同步运动关系,其二者仅沿轴向运动,与螺杆 4 的轴向运动同步。

8.4.3 项目相关知识

1. 基本概念

UG NX 12.0 运动仿真模块中具有众多的概念及术语,在此介绍几个基础概念及术语。

(1) 机构　由一定数量的连杆和固定连杆所组成,能够在指定驱动下完成特定动作的装配体,图 8-117 所示为典型的四杆机构。

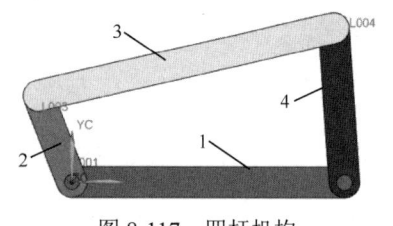

图 8-117　四杆机构

(2) 连杆　它是组成机构的零件单元,可以是三维实体、二维曲线及点,也可以是它们的混合。在图 8-117 所示的四杆机构中,零件 1~4 均为连杆,分为固定连杆和活动连杆两种。

(3) 自由度　机构在空间中具有独立运动形式的数目,可以是 0。

(4) 运动副　使两个连杆直接接触而又产生一定相对运动的可动连接。

(5) 连接器　用于实现零件的弹性连接、阻尼连接、定义接触约束等。

(6) 驱动　用于定义运动副的运动参数,如初位移、速度、加速度等。

(7) 解算方案　用于设定运动的解算条件,如类型、分析类型、时间、步数、重力方向等。

2. 仿真流程

UG NX 12.0 的运动仿真是基于主模型文件的,主模型可以是未经装配的部件文件,也可以是已装配好的机构文件。运动仿真的基本操作流程如下。

(1) 创建运动仿真文件。
(2) 构建运动模型的连杆,设置每个构件的连杆特性。
(3) 设置两连杆间的运动副,添加载荷及传动副等。
(4) 设置运动参数,提交运动仿真模型数据,解算运动仿真。
(5) 运动分析结果的数据输出。

3. 运动副

UG NX 12.0 中的运动副又称为接头，共有 15 种。以下几种较为常用。

（1）滑动副 滑动副又称为滑块，用来实现两个连杆相互接触而又保持相对的滑动。其约束了五个自由度，两连杆间只有一个相对滑动的自由度。滑动副可以添加驱动，可以规定运动极限。

（2）旋转副 旋转副用来实现两个连杆绕经过同一个原点的同一轴线做相对转动。可以对某一连杆添加驱动，也可以规定其运动极限（如旋转角度）。图 8-118 所示的连杆 1 为固定连杆，没有自由度；连杆 2 被添加了旋转副（含一个旋转驱动），约束了五个自由度，两连杆只可以绕同一轴旋转。

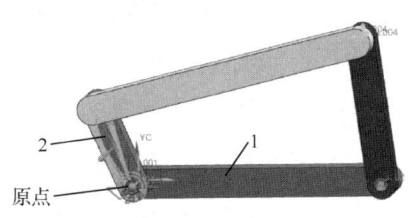

图 8-118 旋转副

（3）柱面副 柱面副又称为圆柱副，用来实现两个构件之间相对转动和轴向移动的连接。柱面副约束了四个自由度，可以添加驱动，也可以规定运动极限。

（4）球面副 球面副用来实现两个连杆之间的各个自由度方向的相对转动。球面副有三个旋转自由度，不可以添加驱动，不可以规定运动极限。

（5）平面副 平面副用来实现两个连杆以平面接触，互相约束。平面副有一个旋转自由度，两个移动自由度，不可以添加驱动，不可以规定运动极限。

（6）螺旋副 螺旋副用来实现两个构件间的螺旋运动。螺旋副不能对两个连杆进行约束，必须配合柱面副和滑动副使用。螺旋副有一个旋转自由度、两个移动自由度，不可以添加驱动和极限。

（7）万向联轴器副 万向联轴器副用来连接两个成一定角度的连杆。万向联轴器副有两个旋转自由度，不可以添加驱动，不可以规定运动极限。

（8）固定副 固定副可以定义两个连杆之间没有相对运动，也可以通过排除约束的方式获取一定数目的自由度。

4. 传动副

传动副，又称耦合副，是机械结构中必不可少的组成部分，可以用来改变转矩的大小、控制输出力的类型等。在 UG NX 12.0 仿真中常用的传动副有齿轮副、齿轮齿条副、蜗轮蜗杆副等。

（1）齿轮副 齿轮副用来模拟齿轮传动。定义传动副之前需要先定义 2 个旋转副或圆柱副，再定义其传动比和啮合点，但不能定义驱动。

（2）齿轮齿条副 齿轮齿条副用来模拟齿轮与齿条之间的传动。定义齿轮齿条副之前需要先定义 1 个旋转副和 1 个滑动副，再定义其传动比和啮合点，也不能定义驱动。

（3）蜗轮蜗杆副 蜗轮蜗杆副用来模拟蜗杆与蜗轮之间的传动。定义蜗轮蜗杆副之前需要先定义 2 个旋转副，但不能定义驱动和接触点。

5. 连接器

常用的连接器包括弹簧、3D 接触、2D 接触、阻尼器等。

（1）弹簧 弹簧具有受力发生形变，且变形量与受力大小成正比，受力大小不变时，变形量与刚度成反比的特性。

（2）3D 接触 通过定义 3D 接触实现两个连杆相互接触或碰撞而不发生"穿墙而过"的现象。

(3) 2D 接触　2D 接触兼具线在线上约束和碰撞载荷的特点,用于实现平面中的曲线接触仿真。

(4) 阻尼器　阻尼器对物体的运动起阻碍作用,其大小与物体运动速度成反比。

8.4.4 项目实施

1. 进入运动仿真界面

选择"应用模块"选项卡,单击"仿真"工具条中的"运动"按钮,进入运动仿真模块,界面如图 8-119 所示。

2. 新建运动仿真文件

在"主页"选项卡中,单击"新建仿真"按钮,或用鼠标右键单击"运动导航器"中的文件名,然后在弹出的快捷菜单中选择"新建仿真",打开"新建仿真"对话框。

选择合适的文件目录,新文件名称为"QJD000_motion3.sim",单击"确定"按钮,弹出图 8-120 所示的"环境"对话框,取消勾选"基于组件的仿真"和"新建仿真时启动运动副向导"复选框,单击"确定"按钮,进入运动仿真环境,此时分组区域中的按钮全部激活。

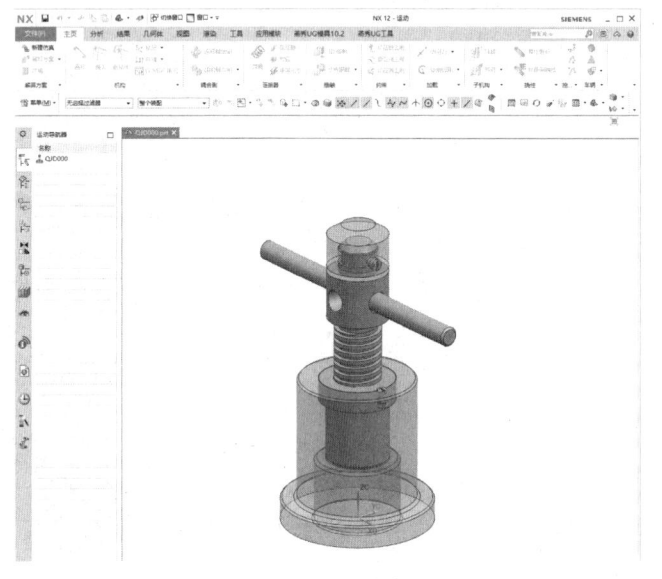

图 8-119　运动仿真界面　　　　　　　　图 8-120　"环境"对话框

3. 定义连杆

(1) 单击"主页"选项卡中"机构"工具条中的"连杆"按钮,弹出"连杆"对话框,在"连杆对象"选项中单击"选择对象",在图形窗口中选择底座 1、螺套 2 和紧定螺钉 3 这 3 个对象作为连杆 L001,在"设置"选项中勾选"无运动副固定连杆"复选框,如图 8-121①所示,单击"应用"按钮。

(2) 取消勾选"无运动副固定连杆"复选框,选择图 8-121②所示的螺杆 4 和绞杠 5 作为连杆对象,单击"应用"按钮,完成连杆 L002 的创建。

(3) 重复步骤(2),选择图 8-121③所示的压盖 6 和紧定螺钉 7 作为连杆对象,完成连杆 L003 的创建。

项目 8 螺旋千斤顶设计与运动仿真

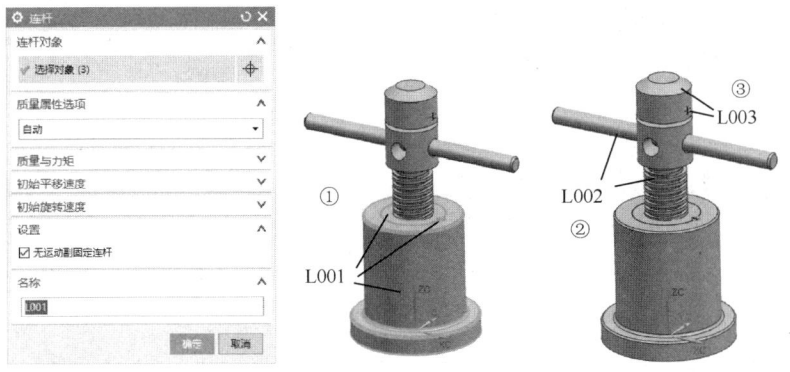

图 8-121　定义连杆

4．定义运动副和驱动

（1）定义螺旋副　单击"主页"选项卡中"机构"工具条中的"接头"按钮，弹出"运动副"对话框。在"类型"选项中选择"螺旋副"；单击"操作"选项中的"选择连杆"，在运动导航器中选择连杆 L002，指定图 8-122 所示螺杆 4 的圆柱面端面圆心为原点，在"方位类型"右侧的下拉列表中选择"矢量"，方向为 ZC；单击"底数"选项的"选择连杆"，在运动导航器中选择连杆 L001；在"方法"选项的下拉列表中选择"比率"，在"类型"右侧的下拉列表中选择"表达式"，值设定为 5，单击"确定"按钮，完成螺旋副的定义。

由于螺旋副对话框不可以添加驱动，所以需要对连杆 L002 增加定义一个旋转副。

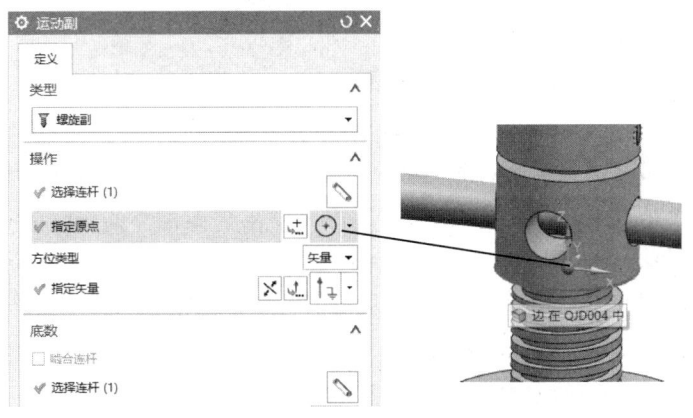

图 8-122　定义螺旋副

（2）定义旋转副及驱动　单击"主页"选项卡中"机构"工具条中的"接头"按钮，弹出"运动副"对话框。如图 8-123 所示，在"类型"选项中选择"旋转副"；单击"操作"选项中的"选择连杆"，在运动导航器中选择连杆 L002，指定圆柱面边线圆心为原点，在"方位类型"右侧的下拉列表中选择"矢量"，方向为 ZC；单击"驱动"选项卡，如图 8-124 所示，在"旋转"选项的下拉列表中选择"多项式"，定义"速度"为 360°/s，单击"确定"按钮，完成旋转副的定义。

（3）定义 3D 接触　单击"主页"选项卡中"接触"工具条中的"3D 接触"按钮，弹出"3D 接触"对话框。在"类型"选项中选择"CAD 接触"，如图 8-125 所示，选择连杆 L003 作为操作体，选择 L002 作为基本体；其他参数和选项采用默认设置，单击"确定"按钮，完成 3D 接触的定义。

图 8-123　定义旋转副操作

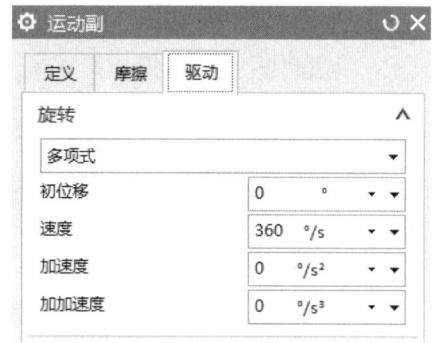
图 8-124　定义驱动

图 8-125　定义 3D 接触

（4）定义固定副　单击"主页"选项卡中"机构"工具条中的"接头"按钮，弹出"运动副"对话框。在"类型"选项中选择"固定副"；单击"操作"选项中的"选择连杆"，选择连杆 L003；如图 8-126 所示，捕捉压盖 6 顶面边线的圆心为原点，在"方位类型"右侧的下拉列表中选择"矢量"，方向为 ZC；在"排除的约束"选项中勾选"Z"复选框，为连杆 L003 增加一个 ZC 方向平移的自由度，单击"确定"按钮。

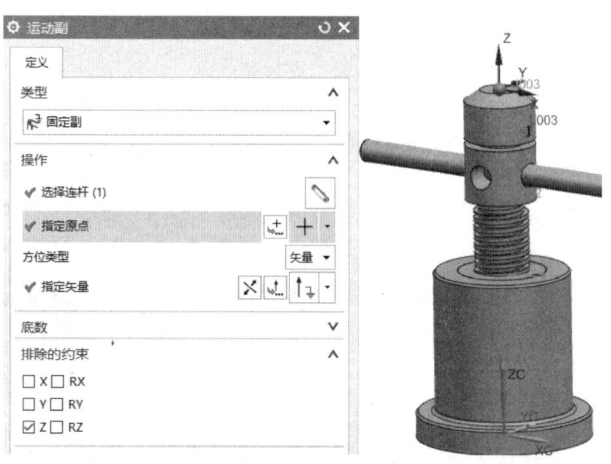
图 8-126　定义固定副

5. 定义解算方案、求解及生成动画

（1）单击"主页"选项卡中"解算方案"工具条中的"解算方案"按钮，弹出"解算方案"对话框，如图 8-127 所示。在"解算方案选项"选项中，设置解算类型为"常规驱动"，分析类型为"运动学/动力学"，时间为 3s，步数设为 150；在"重力"选项中，在"指定方向"右侧的下拉列表中选择-ZC 方向为重力方向，其他参数和选项采用默认设置，单击"确定"按钮，完成解算方案的定义。

图 8-127 "解算方案"对话框

（2）单击"解算方案"工具条中的"求解"按钮，关闭弹出的"信息"对话框。

（3）如图 8-128 所示，单击"结果"选项卡中"动画"分组的"播放"按钮，查看运动仿真结果，单击"完成"按钮。

（4）单击"保存"按钮，完成仿真文件的保存。

图 8-128 播放动画

思考题与项目训练

8-1 思考题

8-1.1 如何在装配模块中对装配体中的零件进行修改?

8-1.2 装配体部件文件与其中的零件部件文件之间是何种关系？零件部件文件改动对装配体中该零件有无影响？

8-2 项目训练

8-2.1 对图 8-2.1 所示的剪式千斤顶模型进行运动仿真。

8-2.2 对图 8-2.2 所示的台虎钳模型进行装配及运动仿真。

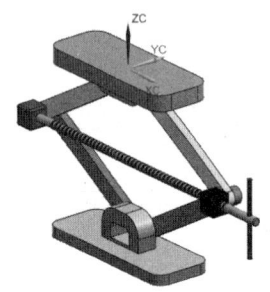
图 8-2.1 剪式千斤顶模型

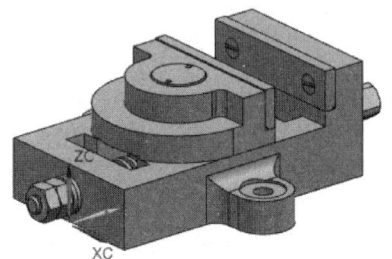
图 8-2.2 台虎钳模型